普通高等教育"十三五"规划教材
新工科建设之路·计算机类规划教材

# C 语言及其程序设计

李国和　主编

赵建辉　张　岩　朱　瑛　副主编

电子工业出版社
Publishing House of Electronics Industry
北京·BEIJING

## 内 容 简 介

C 语言是当今流行、最具代表性、面向过程的计算机高级语言之一，因其代码有描述问题简便、执行效率高、可读性好、可移植性强和高度结构化及模块化等优点，使其广泛应用于系统软件和应用软件的开发中。

本书以"计算思维为指导，程序设计为主线，数据及其操作作为核心"。在内容组织上，以 87 ANSI C 为主要内容，兼顾 C 99 标准，详尽介绍 C 语言的语法和语义及基本算法，主要涵盖各种类型数据、顺序程序设计、选择程序设计、循环程序设计、模块程序设计、数据文件处理等内容。本书突显指针类型数据的重要性，并针对指针知识难点将其分布嵌入多个章节中。通过程序设计实例的分析与说明，融入 C 语言及其程序设计的知识点，提高 C 语言及其程序设计内容的可理解性。本书与《C 语言学习辅导与实践》（赵建辉主编，电子工业出版社，ISBN 978-7-121-34288-2）一书配套，知识结构完善，知识内容充实。本书的宗旨是"确保基础，注重联系，增强应用，提高技能"。

本书及其配套书可以作为本科生"计算机技术基础"核心课程用书，适用于初次接触计算机编程的读者，也可作为自学者和计算机软件开发人员的参考书。通过对本书及其配套书的学习，不仅可以使读者掌握 C 语言及其编程技巧，而且可以指导读者开发软件系统。

**图书在版编目（CIP）数据**

C 语言及其程序设计 / 李国和主编. —北京：电子工业出版社，2018.9

ISBN 978-7-121-34305-6

I. ①C… II. ①李… III. ①C 语言－程序设计－高等学校－教材 IV. ①TP312.8

中国版本图书馆 CIP 数据核字（2018）第 115528 号

策划编辑：章海涛

责任编辑：章海涛　　　　　文字编辑：孟　宇

印　　刷：北京七彩京通数码快印有限公司

装　　订：北京七彩京通数码快印有限公司

出版发行：电子工业出版社

　　　　　北京市海淀区万寿路 173 信箱　　邮编：100036

开　　本：787×1092　1/16　印张：20　　字数：512 千字

版　　次：2018 年 9 月第 1 版

印　　次：2024 年 7 月第 4 次印刷

定　　价：48.00 元

凡所购买电子工业出版社图书有缺损问题，请向购书店调换。若书店售缺，请与本社发行部联系，联系及邮购电话：(010) 88254888，88258888。

质量投诉请发邮件至 zlts@phei.com.cn，盗版侵权举报请发邮件至 dbqq@phei.com.cn。

本书咨询联系方式：mengyu@phei.com.cn。

# 前　言

进入 21 世纪以来，世界各国经济的发展围绕着物质、能源、信息的生产与分配，而信息技术成为当今社会信息快速采集、传输、管理、处理和共享等方面的核心技术，并促进了物质和能源的高效开发生产。计算机技术是信息技术的关键、信息社会的基石，计算机知识和技能也就成为现代社会必备的基本知识和基本技能。各行各业生产和管理人才，除必备人文、数理化、外语和专业知识外，还应掌握计算机知识。

高校是培养掌握专业知识的高层次人才的基地，为适应信息时代的发展，各高校计算机基础教学改革确定了"计算机基础""计算机技术基础（包括软件、硬件技术基础）"和"计算机应用基础"三个层次结构的计算机知识体系。随着计算机应用的普及，有关该层次结构知识体系的教学内容、教学方法和教学手段也在不断更新发展。在"计算机软件技术基础"中，主要内容包括问题描述和问题求解，涉及计算机的数据表示、数据存储和数据操作及数据处理（算法）。通过计算机高级语言及其程序设计的教学，达到理解、掌握"计算机软件技术基础"的核心内涵的目的。近年来，随着计算思维的提出，其核心是：问题形式化表示、数据结构和算法设计、程序实现。C 语言教学可作为载体，用于对学生进行具有直观感受的计算思维培养教育。

计算机高级语言的编程风格大体可分为四类：过程型语言（如 FORTRAN、BASIC、Pascal 等）；逻辑型语言（如 Prolog 等）；函数型语言（如 LISP 等）；面向对象型语言（如 Smalltalk、C++、Java 等）。过程型语言程序设计的核心为数据，即常量、变量、表达式及参数等，其主要过程控制为结构化程序设计，即顺序程序设计、分支程序设计和循环程序设计。函数型语言程序设计的核心是函数定义和函数调用，属于弱数据类型语言，尽管保留无条件转向和条件分支控制程序的走向，但主要还是通过递归调用形式控制程序，其最大特点是：通过函数的定义实现程序的模块化。C 语言是当前计算机高级语言的典型代表，已在国内外广泛流行多年，而且方兴未艾，其吸收了过程型语言的结构化、函数型语言的模块化的优点，该语言同时具有高级语言编程风格、实现低级语言（汇编语言）功能的特点，如访问物理地址、操作硬件、进行位运算、动态分配内存和调用中断服务程序等，同时拥有丰富和灵活描述问题的数据类型和解决问题的操作符。目前，掌握 C 语言可以为进一步深入学习面向对象语言（C++、Java、C#等）奠定基础。由于 C 语言本身具有极强的功能、丰富的表达能力、高度模块化、高效目标代码、良好可读性和可移植性等优点，因此 C 语言不仅被非计算机专业人员用于开发应用软件，而且还被计算机人员用于开发系统软件。

目前，学习 C 语言的人员很多，并且 C 语言的教材也比较丰富，教材种类大体可分为三大类。

## 1. 语言为主的教材

该类教材内容丰富详实，但重点在于介绍 C 语言的词法、语法、语义及简单的算法，可使首次接触编程的读者掌握 C 语言和简易算法，同时形成对计算机问题求解的思路。这类教材基础性强、通俗易懂、方便自学，可作为培养编程思维的入门用书，但对于应用开发的读者不适用。

### 2．案例为主的教材

该类教材通过程序案例介绍语言知识点，其优点是借助问题求解来讲解程序设计的基本概念和方法。由于该类教材把重点放在编程技能上，因此往往忽视语言本身的一些细节等知识内容。这类教材更适合已学习过一种或一种以上计算机语言的读者学习。

### 3．应用为主的教材

该类教材略去 C 语言的基本知识点和简单算法，结合 C 语言开发平台，重点介绍 C 语言的各种应用开发，如 BIOS 编程、图形处理等。其面向的读者是已熟练掌握 C 语言及其编程，或者具备计算机基本原理知识的人员。该类教材具有很强的应用性，适合基于 C 语言的计算机应用研发人员使用，而不适合本科计算机基础教学。

现有面向本科生教学的 C 语言教材概括起来普遍存在两个主要问题。① 内容衔接性差：C 语言教学内容较为孤立，在计算机知识体系中，没能很好地形成与"计算机文化基础"和"计算机应用基础"的衔接，也没有把 C 语言知识应用于各理工科专业的问题描述和求解中。② 缺少应用性：C 语言教材只是更多地强调 C 语言的词法、语法、语义和基本算法，缺少以实际问题求解为背景，采用计算机思维方式开展 C 语言的应用。

本书以"确保基础，注重联系，增强应用，提高技能"为宗旨组织教材内容，并将"以程序设计为主线，数据及其操作作为核心"融入教材编写中，涵盖了教学内容的基本性、技能性和应用性，使读者学习本书及配套教材《C 语言学习辅导与实践》后达到"学以致用"的目的。作者多年来一直从事本科生和研究生的 C 语言课程教学工作，在深知学生对 C 语言知识的渴求和希望达到的 C 语言应用水平后，才逐步确定教材的内容。

本书所有例题及配套教材《C 语言学习辅导与实践》（赵建辉主编，电子工业出版社，ISBN 978-7-121-34288-2）中的程序均在 Visual C++ 6.0 或 Turbo C 2.0 环境中调试通过。如果读者使用其他 C 语言编译系统，那么请参考相应的编译系统资料，略加修改即可通过。

本书由李国和主编，负责本书的总体思路、框架和统稿，并编写第 1 章、第 5 章、第 6 章、第 7 章。朱瑛参编第 2 章、第 8 章，张岩参编第 3 章、第 9 章，赵建辉参编第 3 章、第 4 章。在教材编写过程中，得到中国石油大学（北京）教务处、地球物理与信息工程学院、中国石油大学（北京）克拉玛依校区教务处与国际交流部的大力支持以及"校级 C 语言优秀教学团队"的大力帮助，还有董丹丹、段毛毛等老师的协作，在此一并向他们表示衷心的感谢。同时，也感谢教育部——中锐网络产学合作协同育人项目"面向新工科教育的计算思维培养教学改革与实践——以 C 语言程序设计混合教学模式为例（201801181004）"和新疆维吾尔自治区教改项目"面向新工科教育的计算机基础教学研究与实践（2017JG094）"的支持。由于计算机技术飞速发展，并且作者水平有限，因此不完善之处甚至缺点、错误在所难免，敬请读者批评和指正。

作　者
2018 年 4 月
于中国石油大学（北京）

# 目　　录

# 第 1 章

# C 语言与程序设计

语言是交流思想的媒介，其由一组符号、表达式和处理规则构成。计算机语言是人与计算机交互的一组规范和约定。通过 C 语言与程序设计的学习，从语言应用特点了解计算机语言的发展和分类。针对计算机高级语言的编程风格来了解过程型、函数型、逻辑型和面向对象型计算机高级语言的特点和编程核心；掌握算法的基本概念和特点、算法与程序的关系及算法几种典型的表示方法；掌握结构化与模块化的基本概念；了解 C 语言的特点和上机实践过程。

## 1.1 计算机语言概述

### 1.1.1 计算机语言分类

根据计算机语言的发展历程，计算机语言的发展迄今历经机器语言、汇编语言和高级语言等阶段，并向更高级语言发展，不同的计算机语言各具特点。

#### 1．机器语言（Machine Language）

由硬件（如中央处理器 CPU）生产厂家制定和使用的指令系统所构成的语言称为机器语言，每条指令由 8 位、16 位或 24 位的二进制代码 **0** 和 **1** 组成，如运算指令 **10 00 01 10** 表示"加"，**10 01 01 10** 表示"减"。人和计算机均能理解加、减运算功能，计算机把指令转变为硬件可以实际控制处理的过程，如同人脑进一步实现运算。

根据算法确定的机器指令集合构成机器语言程序。由于机器可以直接接受和理解机器语言程序，因此机器执行效率高且可以直接操作硬件。但是机器语言编写的程序也都是由 **0** 和 **1** 构成的，程序可读性差，不容易掌握、不便人们交流，又由于不同类型机器的指令系统不同，因此程序的可移植性也极差。同时，从事计算机开发的人员都是计算机专家。该语言不仅使软件开发工作量大、效率低，而且难以保证编程质量，同时阻碍了计算机的推广和普及。

#### 2．汇编语言（Assembler Language）

由于二进制代码构成的机器语言不仅可读性极差，而且不易学习、记忆易出错，因此设计出与机器语言一一对应的符号体系，称为汇编语言，如 ADD 表示"加"，SUB 表示"减"。由汇编语言书写的程序为源程序（Source Programme），该语言提高了语言和程序的可读性，但计算机硬件并不识别汇编语言，因此需要把源程序翻译成机器语言，该过程称为代真。若代真过程由计算机自动完成则称为编译，完成源代码编译的软件称为编译系统（也称编译器），源程序经过编译后形成的机器语言程序称为目标程序（Objective Programme）。显然，目标程序具有机器语言程序的优点，但是汇编语言除可读性有所改善外，还存在着机器语言的所有缺点。

机器语言和汇编语言都属于低级语言（Low Level Language）。在层级上，它们紧靠硬件，可以比较方便对硬件进行操作，但它们又依赖于不同类型的机器硬件。在程序设计中，程序员不仅要考虑需要求解的问题，而且必须十分了解计算机内部结构，并需要人为分配和管理内存。这种面向机器的语言（Machine Oriented Language）适合于计算机专家开发系统软件，但编程工作量极大，不适合于一般人员（尤其非计算机专业人员）开发应用软件，这阻碍了计算机的普及使用和迅速发展。

### 3. 高级语言（High Level Programming Language）

为了克服计算机低级语言的不足，20 世纪 50 年代，出现了计算机高级语言（简称高级语言），其中 FORTRAN 语言是最具代表性的高级语言。高级语言都是面向过程的语言（Procedure Oriented Language），因此程序员把精力集中于求解问题的算法以及程序实现上，而无须知道计算机的内部结构和构成，并由计算机统一自动分配和管理内存等计算机资源。高级语言采用近似于人类自然语言的形式，易于表达和理解，大大提高了源程序的可读性、可理解性，如"+"表示"加""-"表示"减"。程序员不仅不用熟记与计算机硬件紧密相关的指令系统，而且无论什么类型的计算机，只要配备有相应的编译系统就可以把高级语言编写的源程序编译为目标程序，最后链接为可执行程序，因此实现了高级语言源程序的可移植性。

虽然高级语言具备了面向过程、可读性、可理解性和可移植性的优点，在一定程度上促进计算机普及和推广，但在层级上，高级语言远离了硬件，不便对硬件进行操作，而且目标程序中往往含有冗余的指令，导致执行效率不如低级语言程序的执行效率甚至会低很多。这两点不足决定了高级语言更适合开发应用软件而不适合开发系统软件。

C 语言兼顾了低级语言（如汇编语言）和高级语言的优点，同时又舍去它们的缺点，具体地说，C 语言是高度结构化、高度模块化的计算机语言，它具有高级语言的优点：面向问题、可读性、可理解性和可移植性，因此 C 语言适合非计算机专业人员开发应用软件。C 语言又具有低级语言的许多优点：目标程序高效性、可直接访问物理地址，以及程序运行中分配和管理内存、进行位运算、操作硬件和执行中断等，因此 C 语言也广泛地被计算机专业人员用于开发系统软件和控制软件。正是由于 C 语言具有高级语言的编程风格同时又具有低级语言的功能，因此把 C 语言称为介于低级语言和高级语言之间的"中间语言"。

### 4. 更高级语言（Higher Level Language）

由于高级语言是面向问题的，因此用高级语言编程不仅要考虑"做什么（What to do）"（即实现目标），而且还要考虑"怎样做（How to do）"（算法设计）。而计算机更高级语言（简称更高级语言）是面向问题的语言（Problem Oreinted Language），即更高级语言编程只需考虑"做什么"的目标，至于"怎样做"完全由计算机系统自动实现，也就是问题求解算法内嵌在计算机内部，只要描述并提交要求解的问题，计算机就可以自行进行问题求解，如 Prolog 语言具有自动搜索、匹配等功能。但迄今为止，更高级语言还没有被计算机界认可，很明显，更高级语言是计算机语言发展的新目标。

上述 4 类语言的层次关系如图 1.1 所示。

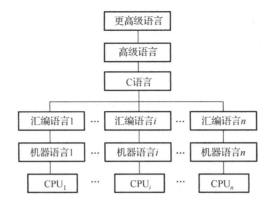

图 1.1　各类语言之间的层次关系

### 1.1.2　高级语言分类

由于计算机高级语言具有面向问题和类自然语言等特点,因此该语言成为计算机应用开发的主要语言。根据计算机高级语言的编程风格,将高级语言分为过程型、函数型、逻辑型和面向对象型 4 种,这 4 种语言各具特色。

#### 1. 过程型高级语言

FORTRAN、BASIC、Pascal 等语言是主要过程型高级语言,其编程核心是数据的访问操作,包括变量、常量、表达式的访问和作为函数子过程的参数传递,而程序流程走向控制分为程序顺序、分支和循环三种结构,以及函数、子过程的调用和返回。过程型高级语言数值处理运算符丰富,主要应用于科学计算和数据处理等。C 语言拥有过程型高级语言的结构化特点。

#### 2. 函数型高级语言

LISP 是主要函数型高级语言,其编程核心是函数定义与函数调用,体现模块化程序封装和系统集成思想,而且具有程序和数据的统一,程序流程控制不具有结构化特点,同时保留无条件转向,主要程序控制形式为递归调用。函数型高级语言弱化数据类型和数值运算,主要应用于符号处理,该语言是人工智能语言之一。C 语言拥有函数型高级语言的模块化特点。

#### 3. 逻辑型高级语言

Prolog 是主要逻辑型高级语言,其以数理逻辑为基础,并且编程核心是谓词逻辑,程序设计的重点是利用事实和规则描述问题。Prolog 是集成系统中内嵌规范化的问题求解过程,如事实和规则的匹配与搜索、变量的实例化与脱解、避免无意义搜索的 CUT 等。另外,该类型程序语句往往与其所在位置无关,程序流程控制只有递归。逻辑型高级语言弱化数据类型和数值运算,主要应用于符号处理,该语言是人工智能语言之一。

#### 4. 面向对象型高级语言

Smalltalk 是主要面向对象型高级语言,其编程核心是对象。对象是数据及其处理的统一体,它具有能动性,即对象具有高度抽象性。除对象外,通过类与继承体现程序的抽象性,从而实现程序代码的共享与重用。在类中,集成数据是对数据加工处理的方法与接口,方法与接口的定义具有多态性,集成数据规范了方法与接口的调用形式。该语言通过消息的传递实现对象之间的联系,并且启动调用方法。由于面向对象型高级语言具有很多优点,以及其概念思想的提升，因此在计算机的许多领域（如软件工程）得到应用，同时后续诞生的计算机语言（如 C++、Java、C#等）都借鉴了面向对象的思想，也成为面向对象型语言。

### 1.1.3 C 语言发展历程

计算机高级语言的发展是一个融合演变的过程。在过程型语言发展中，其目的是：寻求一种具有高级语言编程风格且具有低级语言功能，同时兼顾高级语言的可读性、可理解性和可移植性又具有低级语言高效性的编程语言。

1963 年，剑桥大学提出了 CPL 语言，尽管它具有对硬件进行操作的功能，并且比较接近硬件，但它的规模太大，无法实现。1967 年，Matine Richards 对 CPL 语言进行改进，并提出了 BCPL 语言，它保留了 CPL 语言的优点，但还不够简化，也难于实现。1970 年，美国贝尔实验室 Ken Thompson 对 BCPL 语言进一步简化和改进，提出了 B 语言，该语言很接近硬件并且很简捷，但其功能太简单，尤其没有描述问题的数据类型。1972 年，美国贝尔实验室的 D.M.Ritchie 在 B 语言的基础上最终设计出一种新的语言，即 C 语言，它仍保留了 B 语言的优点，同时还增加了许多运算操作功能和丰富的数据类型，这些优点决定了 C 语言既可用于开发应用软件，又可用于开发系统软件。1973 年，Ken Thompson 和 D.M.Ritchie 用 C 语言改写了他们于 1969 年用汇编语言编写的 UNIX 操作系统，从此以后，随着 UNIX 操作系统的推广使用，C 语言备受关注。随着 C 语言广泛流行，UNIX 操作系统也得到广泛使用。

1978 年，Brian W. Kernighan 和 D.M.Ritchie 合作发表了《The C Programming Language》，这篇文章奠定了标准 C 的基础，同时促进了大、中、小微型机根据标准 C 配备 C 语言编译系统，从而实现 C 语言在这些机型上的可移植性，并且进一步促进了 C 语言在世界上的使用范围。

1983 年，美国国家标准协会（American National Standard Institute，ANSI）对标准 C 进行扩充，制定了 ANSI C 标准。目前，各种 C 语言的编译系统（如微型机上的 Turbo C、Quick C、Microsoft C 等）都是参照 ANSI C 标准开发的，它们都包含了 ANSI C 的内容，保证了 C 程序有较好的可移植性，但这些语言之间又存在着差异。目前，Visual C++也兼容 C 语言，图 1.2 表示 4 种编译系统与 ANSI C 之间的关系。

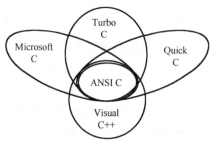

图 1.2　C 编译系统与 ANSI C

## 1.2　算法与程序设计

### 1.2.1　算法与程序

在作文写作时，首先需要明确主题，然后确定如何表达该主题，最后采用某种文字完成作文。实际上，这就是从确定问题、求解"目标"到设计"算法"，最后编写"程序"的流程。

算法就是明确问题求解目标后，再确定问题求解的步骤，如自然数求和，即 $S=1+2+\cdots+n=\sum_{i=1}^{n}i$，可采用如下算法。

算法 1：求和 cal_sum

　　输入：项数 n

　　输出：总和 sum

　　①总和 sum 初始化为 0

　　②累加自然数 i 到总和 sum 直达项数 n

这是用自然语言描述的算法，已表达了自然数求和过程，但是该算法有些抽象。

算法 2：求和 cal_sum()　　　　　//自然数求和

　　输入：项数 n

　　输出：总和 sum

①sum←0　　　　　　　　　　　//初始化

②for i=1 to n　　　　　　　　　//循环次数

　　{

③　　sum←sum+i　　　　　　　//累加

④　　i←i+1　　　　　　　　　//控制变化

　　}

对于上述求和问题也可采用 $S=(1+n)+(2+(n-1))+\cdots+(\lfloor n/2\rfloor+m)$，其中 $\lfloor n/2\rfloor$ 为不大于 $n/2$ 的整数，当 $n=7$ 时，$\lfloor n/2\rfloor=3$；当 $n=8$ 时，$\lfloor n/2\rfloor=4$。如果 n 为奇数，那么 $m=\lfloor n/2\rfloor+1$；如果 n 为偶数，那么 m=0。另一种求和的算法如下。

算法 3：求和 cal_sum()　　　　　//自然数求和

　　输入：项数 n

　　输出：总和 sum

①sum←0　　　　　　　　　　　//初始化

②for i=1 to $\lfloor n/2\rfloor$　　　　　　　//循环次数

　　{

③　　sum←sum+i+(n−i−1)　　　//累加，可改 sum←sum+n−1

④　　i←i+1　　　　　　　　　//控制变化

　　}

⑤if n 为奇数　then

　　sum←sum+i

　end if

甚至采用更简单的算法。

算法 4：求和 cal_sum()　　　　　//自然数求和

　　输入：项数 n

　　输出：总和 sum

①sum←$\lfloor n/2\rfloor$*(n−1)　　　//计算

②if n 为奇数　then

　　sum←sum+i

　end if

可以看出，虽然对问题求解目标唯一，但问题求解的算法并不唯一，而且都具有以下特点。

（1）输入：有零个或多个由外部输入给算法的数据，如输入数据 n。

（2）输出：有一个或多个由算法输出的数据，如输出数据 Sum。

（3）有限性：算法在有限的步骤内应当结束，如循环 n 次。

（4）确定性：算法中任意一条指令清晰、无歧义，如加运算、赋值运算。

（5）有效性：算法中任意一条指令操作有效、无误，如控制变量 i 有效范围。

程序设计是以计算机语言为载体，采用符合计算机语言语法规范的语句来描述算法和数据结构的过程（如同用中文或英文写作过程），得到的结果就是程序（如同完稿的中文或英文作文）。C 语言是计算机语言之一，对于算法也可采用 C 语言进行程序设计。上述算法 2 对应的 C 语言程序如下。

```
int  cal_sum(int n)          //函数定义
{
    int sum, i;              //定义变量
    sum=0;                   //初始化
    i=1;
    while (i<=n)             //循环次数
    {
        sum=sum+i;          //累加
        i=i+1;              //控制变化
    }
    return (sum);           //获得总和
}
```

这个程序存盘后成为源程序，在进一步编译、链接后，成为可运行程序。程序在运行过程中需要占用和消耗计算机资源，即在问题求解过程中消耗的运行时间和内存空间。算法消耗时间和空间的度量是算法时间复杂度和空间复杂度,在进行算法设计时,需要设计时间复杂度低、空间复杂度低的优质算法。

## 1.2.2　结构化程序设计

随着计算机的发展，软件系统也越来越庞大、越来越复杂，并且软件出错机会也越来越多，这样软件给人们留下不可靠的印象。另外，软件开发与维护的成本越来越高，这样软件的低质量与高成本之间的矛盾形成软件危机。为了克服软件危机，必须使程序具有合理、清晰的结构，并且提高程序的可读性，以便对程序进行可靠性评价，因此必须制定一套程序设计方法，易于保证程序的可维护性。这种方法就是结构化程序设计（Structured Programming），结构化程序设计方法规定：程序模块由三种基本结构构成，即顺序结构、分支结构和循环结构，如图 1.3 与图 1.4 所示，其中 A、B 是一个操作或一组操作。

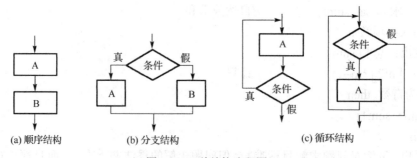

图 1.3　三种结构流程图

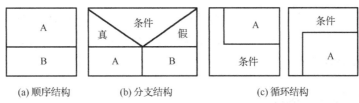

图1.4　三种结构 N-S 图

（1）顺序结构：各个操作执行按书写顺序从上到下依次执行，如图1.3(a)与图1.4(a)所示的顺序结构，A 执行完毕后再执行 B。

（2）分支结构：根据指定的条件结果为真或假，在两个分支路径中选取其中一条路径执行，另一条路径不执行，如图 1.3(b)与图 1.4(b)所示的分支结构，若条件为真则执行 A；否则（条件为假）执行 B。

（3）循环结构：根据给定可满足的条件，反复执行操作直至条件不满足为止。如图 1.3(c)与图 1.4(c)所示，图 1.3(c)中的左图：执行 A 后，若条件为真则继续执行 A，直至条件为假结束；图 1.3(c)中的右图：若条件为真则执行 A，直至条件为假结束。可简单记忆两种循环结构："先执行后判断"和"先判断后执行"，即第一种先执行 A，后判断条件为真；第二种先判断条件为真，后执行 A。

需要说明的是：图 1.3 与图 1.4 中的 A 和 B 可以是单个基本操作（如一条语句），也可是结构（如多条语句）。在实际应用中，任何复杂的程序均可由这三种结构表示。

算法采用自然语言或伪语言，但自然语言描述不够简捷，也容易产生歧义（如算法 1），而用伪语言有时不够直观。鉴于两种语言均存在缺点，所以算法还可以采用结构流程图或 N-S 图表示，如自然数求和的算法分别用 N-S 图和结构流程图表示，如图 1.5 与图 1.6 所示。

图 1.5　N-S 图

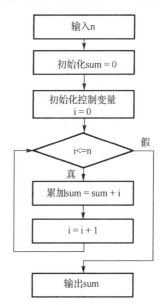

图 1.6　结构流程图

C 语言是结构化程序设计语言，为了便于书写结构化程序，C 语言提供了实现结构化程序设计的语句，即条件语句（if）和循环语句（for，while，do-while），而顺序结构可由语句书写顺序确定。虽然 C 语言保留了无条件转移语句（goto），但是结构化程序设计不提倡使用，目的是避免使得程序走向不清晰，使用 goto 语句会降低程序可读性、可维护性，并且容易导致不可预见性的错误发生。

### 1.2.3　模块化程序设计

建筑物是由柱子、横梁、墙、门和窗等"模块"搭建的，软件系统也可以按模块搭建方式进行构建。为了使程序（软件系统）便于开发、调试、维护以及扩充，可以把一个大程序分成较小且彼此相对独立的模块。这些模块都有相对独立且单一的功能，同时只有一个入口和最多只有一个出口。显然，具有相同功能的入口和出口的任意模块间相互替换时，不影响整个程序和其他模块。所谓模块化程序设计（Modular Programming）就是一个程序作为一组具有一定功能模块集合的程序设计方法。C 语言不仅是结构化程序设计语言，而且是模块化程序设计语言，其模块化体现在它的函数上，因此用 C 语言进行程序设计就是利用 C 语言及其语法规范定义函数和确定函数调用的过程。

必须明确："结构"不同于"模块"。"结构"在"模块"内部，可以完成"模块"的功能，而"模块"是构成整个程序的部件。也就是说，程序是"模块"的集合，而"模块"是由"结构"体现的。"结构"和"模块"的关系就如同儿童积木，每块积木相当于"模块"，而每块积木的材料构成就相当于"结构"，每个积木的凹凸槽就是模块的"接口"。由若干积木搭成的建筑物就相当于程序（软件系统）。

C 语言程序一般由若干源程序构成，而每个源程序一般包括若干预处理命令和若干函数定义。函数定义由函数说明和函数体组成，而函数体由数据说明和若干语句构成（如图 1.7 所示）。在学习过程中，要求掌握图 1.7 中的各个部分，最为关键的是如何利用结构化程序设计方法定义具有一定功能的函数（模块）以及函数之间的相互联系（调用）。

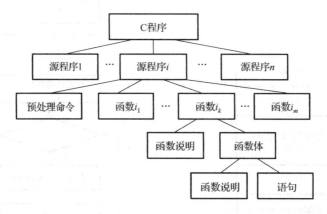

图 1.7　程序构成

C 语言采用自顶向下的程序设计方法（Top-Down Programming），即可执行的 C 程序至少包含主函数（main），还可以有其他函数。程序从主函数开始执行，然后调用其他函数，其他函数又可以相互调用，但不可以调用主函数。这样就把 C 语言程序根据函数调用次序分成若干层次，甚至网状形式。显然，主函数在最顶层，因此主函数又可称为主控函数。下面给出一个程序的例子，帮助了解 C 源程序的完整结构。

**例 1.1**　求一元二次方程 $ax^2+bx+c=0$ 的根。

根据数学知识，一元二次方程的根与 $b^2-4ac$ 的值有关，即

（1）$b^2-4ac>0$ 时，方程有两个根 $x_{1,2}=\dfrac{-b\pm\sqrt{b^2-4ac}}{2a}$；

（2）$b^2-4ac=0$ 时，方程只有一根 $x=\dfrac{-b}{2a}$；

（3）$b^2-4ac<0$ 时，方程有两个共轭复数根 $x_{1,2}=\dfrac{-b}{2a}\pm\dfrac{\sqrt{4ac-b^2}}{2a}i$。

根据上述分析，求一元二次方程根的程序如下（设源程序文件名 example.c）。

```
#include  <math.h>                           /*预处理命令*/
#include <stdio.h>
void main()                                  //定义主函数
{
    float a,b,c;                             /*变量定义*/
    double d;
    void rootgreat(float, float, double);    //函数声明
    void rootlittle(float, float, double);
    void rootzero(float a, float b);
    double dieta(float a, float b, float c);
    printf("input a, b, c: ");
    scanf("%f%f%f",&a,&b,&c);                 /*输入*/
    d=dieta(a,b,c);                           /*求判别式*/
    if(d>1e-6) rootgreat(a,b,d);              /*判别式小于 0，调用求根*/
    else if(d<-1e-6) rootlittle(a, b, d);     /*判别式大于 0，调用求根*/
    else rootzero(a, b);                      /*判别式等于 0，调用求根*/
}
double dieta(float a, float b, float c)  /*计算b*b-4*a*c, 函数定义*/
{
    double d;                                 /*变量定义*/
    d=b*b-4*a*c;                              /*计算*/
    return (d);
}
void rootgreat(float a, float b, double dieta)  //求b*b-4*a*c>0 时的根，函数定义
{
    float x1, x2, sqr;                        /*变量定义*/
    sqr=(float)sqrt(dieta)/(2*a);
    x1=x2=-b/(2*a);                           /*计算*/
    x1=x1+sqr;
    x2=x2-sqr;
    printf("x1=%f, x2=%f\n",x1, x2);
}
void rootlittle(float a, float b, double dieta)   //求b*b-4*a*c<0 时的根，函数定义
{
    float x1, x2, sqr;                        /*变量定义*/
    sqr=(float)sqrt(fabs(dieta));
```

```
        x1=-b/(2*a);                      /*计算*/
        x2=sqr/(2*a);                     /*开平方*/
        printf("x1=%f+%fi, x2=%f-%fi\n", x1, x2, x1, x2);
    }
    void rootzero(float a, float b)      /*b*b-4*a*c=0 时的根，函数定义 */
    {
        float x;                          /*变量定义*/
        x=-b/(2*a);                       /*计算*/
        printf("x=%f\n",x);
    }
```

运行结果：

```
    input a, b, c:2 5 3↵ (回车)
    x1=-1.000000, x2=-1.500000
    input a, b, c:1 4 4↵ (回车)
    x=-2.000000
    input a, b, c:4 2 2↵ (回车)
    x1=-0.250000+0.661438i, x2=-0.250000-0.661438i
```

C 语言为编译型语言。对 example.c 进行编译、链接后形成 example.exe 文件，此时，example.exe 就成为操作系统（如 DOS）的命令。在操作系统状态下，直接输入 example（回车）即可运行。在屏幕上出现"input a,b,c;"并等待输入 3 个数据。"↵"表示按回车键。

（1）example.c 文件包含了编译预处理#include 和 main、dieta、rootgreat、rootlittle、rootzero 用户自定义函数，而且还有一个在 math.h 头文件中开平方的系统函数 sqrt。

（2）当执行 example 时，从主函数 main 开始执行，其他函数 dieta、rootgreat、rootlittle、rootzero 由主函数 main 调用，而函数 rootgreat 和 rootlittle 又调用函数 sqrt，这些函数调用关系如图 1.8 所示。调用其他函数的函数为主调函数（如 main），而被其他函数调用的函数为被调函数（如 sqrt）。主调函数和被调函数都是相对的，如 rootgreat 相对于 main 是被调函数，相对于 sqrt 则是主调函数。

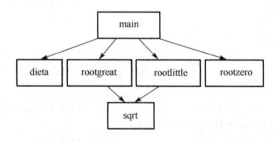

图 1.8　各函数调用关系

必须明确：函数是具有一定功能的模块，并且相对独立，它在源程序文件中，与它所处的位置无关。函数之间的关联关系由函数调用决定，而不是函数在源程序文件中位置决定。无论主函数 main 在什么位置，程序都从它开始执行，因此把 example.c 中函数位置做任何调整都不会影响源文件中函数的关联关系，即函数的关联关系仍为图 1.8 所示的关系。

（3）函数体内有变量定义语句、运算语句和注释行。语句以分号";"结束。/* … */符号对和该符号对中的字符构成注释，这种注释可以换行（即块注释）。两个斜杠"//"及其后字符构成注释，但不能换行（即行注释）。注释是不可执行的，不影响程序的运行。注释可以在源程序的任何地方，只起注释作用，增加程序的可读性，方便理解程序。

（4）主函数 main 的 N-S 图如图 1.9 所示。根据数学知识，需要判断 $b^2-4ac$ 的正、负或零。但由于计算机表示数据的精度和有效数字的影响，实数 0 在计算机中往往表示为非常接近于 0，并非完全为整数 0，因此主函数 main 中的条件语句用 $10^{-6}$（1e-6）和 $-10^{-6}$（–1e-6）区间内的值代表 0，大于 $10^{-6}$ 为正数，小于 $-10^{-6}$ 为负数。提示：在用实数进行比较判断时，由于可能存在误差，因此不能轻易用"等于"的运算。

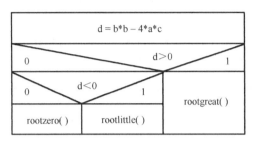

图 1.9  主函数的 N-S 图

（5）函数 sqrt 的功能为实数开平方，其他函数功能见源程序注释。

前几节对 C 语言进行总体介绍，使学生了解大概知识，其中有些特点在后续章节中进行深入介绍。

### 1.2.4  软件开发过程

通过算法、结构化程序设计和模块化程序设计的学习，可以了解到软件实现大概包括以下 3 个基本步骤。

#### 1. 问题分析

确定需要求解问题的任务，并采用"自顶向下、逐级细化"的分解方法，进一步把问题（或任务）划分成一系列的子任务（也称子问题）（如图 1.10 所示）。对每个任务或子任务进行数学抽象和形式化表示。这是客观世界问题到信息世界（人脑抽象）的过程。在后续软件实现上，每一个任务与子任务对应程序的一个功能模块。这个过程对应 C 语言模块化程序设计，而且 C 语言程序至少有一个功能模块。

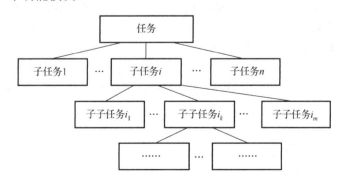

图 1.10  功能/任务分解

**2. 算法确定**

对每个任务和子任务的形式化表示，研究一个求解算法，包括确定算法的输入数据（用变量表示）、输出数据（用变量表示）和问题求解过程。同时需要研究采用时间复杂度与空间复杂度低的优质算法，奠定程序高效运行的基础。算法可采用程序流程图或 N-S 图进行描述表达，这个过程对应 C 语言结构化程序设计。

**3. 程序实现**

在模块化程序设计与结构化程序设计基础上，采用某种计算机语言（如 C、FORTRAN、Java 等）进行编码，从而完成程序设计。C 语言程序是在 Turbo C 或 Visual C++等环境上进行编辑、编译、链接后在操作系统上运行的。在这些 C 语言编程环境上，通过编辑保存，形成.c 的源程序；通过编译保存，形成.obj 的目标程序；通过链接保存，形成.exe 的可执行程序。由于程序的复杂性，每个阶段都有可能出错，需要返回前阶段进行修改，因此"编辑—编译—链接—运行测试"是不断反复的过程，直至程序正确运行。只有满足功能、运行正确的.exe 可执行程序，才能完成软件的开发。

### 1.2.5 程序实现过程

本质上，程序是用计算机语言表述的问题求解过程，其可以在人脑中，也可以在纸面上。但要让计算机能够理解和执行程序，实现问题求解，还需要借助计算机的软件系统进行处理。这软件系统包括编辑软件、编译软件和链接软件等平台工具软件和支撑程序运行的操作系统。通过平台工具软件与操作系统，C 语言作为计算机高级语言之一，其程序处理过程主要包括 4 个步骤。

（1）编辑。编辑软件也称为编辑器，如 Windows 记事本、书写器等。用编辑软件编辑程序，并以文本文件形式保存在计算机磁盘上，形成源程序（也称 ASCII 文件）。C 源程序文件的扩展名为.c。C 语言对大小写英文字母是有区别的，如 petroleum 不同于 Petroleum。习惯上，C 程序语句使用小写英文字母，常量和其他用途的符号可用大写英文字母，而关键字必须用小写英文字母。

（2）编译。编译软件也称编译器。编译器是与计算机语言紧密相关的，如 C 语言只能用 C 语言的编译器。通过编译器，将源程序翻译成二进制目标代码程序（即目标程序）。目标程序保存在计算机磁盘上成为目标程序文件，其扩展名为.obj。在编译过程中，编译器对源程序中每条语句进行语法检查，一旦检查发现语法错误，就在屏幕上显示错误的位置和错误类型信息。只有符合语法规范的源程序才能通过编译，没能通过编译的源程序，需通过编辑器编辑修改后，再进行编译，直至源程序中没有语法错误。

（3）链接。链接软件也称链接器。链接器把多个目标程序和系统提供的标准库函数模块等进行统一编址定位，形成一个总的目标程序（即可执行程序）。可执行程序保留在磁盘中，形成可执行程序文件，其扩展名为.exe。

需要说明的是：目标程序文件和可执行程序文件都是二进制文件，是面向机器的文件，因此编辑器无法直接浏览这些文件。

（4）运行测试。可执行程序可在操作系统环境中直接运行。如果执行程序后达到预期目的，也就是满足性能与实现功能，那么 C 程序的开发工作就完成，否则重复"编辑—编译—链接—运行测试"过程，直到程序取得预期结果为止。

　　上述过程如图 1.11 所示。针对 C 语言程序，大多提供一个开发集成工具软件系统，如 Turbo C 或 Visual C++，将"编辑—编译—链接—运行测试"集成在一个环境中，方便开发人员进行 C 语言软件开发。

　　有关 C 语言程序实践过程，参见与本书配套的辅助教材——《C 语言学习辅导与实践》。

图 1.11　上机实践过程

## 1.3　C 语言特点

　　从前几节介绍中，已对 C 语言及其程序设计的大体轮廓有所认识，在此对 C 语言特点做简要总结，其特点如下。

　　（1）面向问题的函数型语言，每个函数都是一个功能模块，采用模块化程序设计方法构成源程序文件。

　　（2）采用结构化程序设计方法构造函数体，实现函数功能。

　　（3）书写灵活，以分号和花括号为分隔符，可以随意排列语句。大小写英文字母有区别，但均能接受，应使用可读性好的标识符，用于命名变量、数组和函数等。

　　（4）采用 87 ANSI C 标准，没有依赖具体机型的语句，确保程序的可移植性。

　　（5）丰富的数据类型方便描述问题，丰富的运算符又方便对数据实施操作，提高处理能力问题。

　　（6）目标代码质量高，程序执行速度快。

　　（7）具有编译预处理功能，提高程序设计的灵活性。

　　（8）能进行位操作与访问物理地址，以及调用操作系统的中断服务程序等，实现汇编语言的大部分功能，不仅适用于编写应用软件，而且适用于开发系统软件。

　　有关 C 语言的特点读者将在后续章节中体会得到。

## 本章小结

　　计算机语言是人与计算机进行交互的一种协议，涵盖词法、语法和语义。通过计算机语言可以让计算机理解领会人的意图，实现客观问题的求解。从计算机语言的发展对计算机语言进行分类，分为机器语言、汇编语言、高级语言和更高级语言，也就是在进行问题求解过程中，从关注求解问题与计算机资源分配管理的面向机器，到只关注求解问题和无须参与计算机资源分配管理的面向过程的发展；从二进制代码、代码符号的可移植性与可读性差，到类自然语言的可移植性与可读性好的发展；从目前关注"做什么"和"怎么做"，到未来只关注"做什么"的面向问题的发展。从语言发展历程看，C 语言具有高级语言编程的风格，而且具备低级语言的功能，使 C 语言成为"中间语言"。根据高级语言编程的风格特点，计算机高级语言分为过程型、函数型、逻辑型和面向对象型语言。过程型语言的核心是变量，具有顺序、分支和循环三种控制程序过程的结构，属于强类型语言，适用于数值处理；函数型语言的核心是函数及其调用关系，具有弱顺序、分支和无条件转向控制程序过程的结构，但强调递归结构控制，属于弱类型语言，适用于人工智能的符号处理；逻辑型语言的核心是谓词，描述事物及事物的联系，只有递归、自动搜索、匹配和 CUT 等控制结构，属于弱类型语言，适用于人工智能的符号处理；面向对象型语言的核心是对象，具有信息（数据）和处理（方法）统一的特点，同时类、继承、消息、多态等概念实现代码共享，适用于单机或网络软件系统集成开发。

　　C 语言既是过程型又是函数型的计算机高级语言。程序设计等同于算法和数据结构。算法是描述问题求解的过程，其具有输入、输出、有效性、确定性与有穷性的特点。算法可用自然语言、伪代码和程序流程图、N-S 图等表示，但自然语言描述算法不容易精准且容易产生歧义。采用符合计算机语言词法与语法规范进行算法描述就是计算机语言的程序设计。从软件系统实现看，针对功能实现采用结构化程序设计（包括顺序、分支和循环结构）；针对系统集成采用模块化程序设计（模块定义及其调用联系）。C 语言既是结构化程序设计语言（体现在顺序、分支和循环结构语句上），又是模块化程序设计语言（体现在函数定义和函数调用上）。程序设计形成的文档为程序。由高级计算机语言编码的程序为源程序，需要对源程序进行编译形成目标程序，再进行链接形成可执行程序，上机实践过程包括编辑（形成源程序.c）—编译（形成目标程序.obj）—链接（形成可执行程序.exe）—运行，对应系统软件依次为编辑器、编译器、连接器及操作系统。为了便于软件开发，常把编辑器、编译器和链接器集成在一个开发环境中，如 Visual C++。软件开发过程包括问题分析（完成功能分解、形式化描述）、算法确定（完成问题求解步骤）和程序实现（完成计算机语言编码）以及运行测试（完成软件测试、交付使用）。最后总结 C 语言的特点。

## 习题 1

1. 计算机语言发展经历了哪 4 个阶段？各有什么特点？

2. 为什么 C 语言又称中间语言？

3. 根据计算机高级语言的编程风格，计算机高级语言可分为哪几种？各有什么特点？

4. 叙述算法的定义、特点及与程序的关系。

5. 函数

$$y = \begin{cases} 2+3x, & \text{当 } x \leqslant 0 \text{ 时} \\ \sum_{i=1}^{5}(i^2+5), & \text{当 } x > 0 \text{ 时} \end{cases}$$

　　分别用自然语言、伪语言、流程图、N-S 图描述该算法。

6. 什么是结构化程序设计？在结构化程序中有哪三种基本控制结构？

7. 什么是模块化程序设计？在 C 源程序中是如何体现模块化特性的？

8. 采用结构化和模块化程序设计各有什么优点？

9. 叙述软件开发过程。

10. 叙述 C 语言上机实践过程。

11. C 语言有哪些主要特点？

12. 学习计算机语言与程序设计对人的思维方式有什么影响？

# 第 2 章

# C 语言基础

计算机语言是人与计算机甚至是人与人之间交流的媒介和思维工具。语言本质是一种约定的,具有统一编码解码标准的符号系统、表达方式和处理规则,也是一整套的符号、词法、语法与语义以及转换规则。C 语言是计算机高级语言之一,具有自身的符号集、表达方式和处理规则。在对 C 语言符号集、标识符认识的基础上,学习数据类型、常量、变量和表达式等基本概念,尤其从计算机内存数据区的工作原理出发,认识变量、数据单元、单元地址以及指针等关联关系。在数据表示方面,学习整型、浮点型和字符型基本数据类型;在数据加工处理方面,学习算术运算、赋值运算、复合赋值运算、逗号运算、关系运算、逻辑运算,以及语句的构成、作用和分类,掌握程序编写格式要点,以便提高程序的可读性与可理解性。

为了叙述方便,对有些标识进行约定:《XXX》表示 XXX 必不可少,即必选;XXX⊥YYY 表示 XXX 与 YYY 二者选一;⌊XXX⌋表示 XXX 可选可不选,即 XXX 可省略;⌊XXX⌋『表示 XXX 不出现或可多次出现。

## 2.1 简单程序实例

任何语言(包括自然语言)都具有约定的语法规范和语义表达方法。计算机程序也只有严格按照计算机语言规定的语法和表达方式编写,才能保证编写的程序在计算机中正确地执行,同时也便于人们阅读和理解。在第 1 章中已初步了解了 C 语言及其程序的概念,下面再通过一些例子进一步掌握程序结构的基本概念,为后续内容的学习奠定基础。

例 2.1  字符信息输出。

```
void main()                          /*主函数*/
{
    printf("C语言初学者,您好! \n");    //输出信息
}
```

程序运行结果在屏幕上显示:

C 语言初学者,您好!

这个简单的程序包含一些 C 语言基本概念。

(1)主函数 main:C 语言是模块化程序设计语言,模块化体现在函数上。main 函数是用户自定义的主函数。C 语言程序必须而且最多只能有一个主函数,其起到启动 C 语言程序运行的作用,是 C 语言程序运行的入口。有关函数的内容,在第 6 章中进一步学习。一对花括号"{}"构成主函数的函数体,实现函数的功能。

（2）输出函数 printf：该函数的功能是把有关信息输出到屏幕上，是输出函数之一。

（3）语句：在输出函数 printf 后有一个分号 "；"，是 C 语言语句的标志。语句表示计算机需要按语句的内涵（即语义）执行，完成相应的任务。C 语言有多种语句，有关语句将在后续内容中详细介绍。

（4）注释：为了增强程序的可读性，在程序中加入一些注释。注释采用/*…*/或//（两个反斜杠）符号。前者为按块形式（即块注释），可以换行；后者为按行形式（即行注释），每行均以//开头，如：

```
/*This is
    an example of
    C program*/
//This is
//an example of
//C program.
```

注释在程序中并不执行，只是便于人们阅读、理解和交流，增强程序的可读性。在编写程序时，希望养成多添加注释的习惯，以便日后很好地理解程序。

例2.2　输入实数数据，求解三角正弦函数值，并输出。

```
#include "stdio.h"               /*预处理命令*/
#include <math.h>                /*预处理命令*/
void main()
{
    double x,s;                  //变量声明
    printf("input number:");     //输出提示信息
    scanf("%lf",&x);             //从键盘获得一个实数 x
    s=sin(x/180*3.14159);        //求 x 正弦(弧度)，并保存在变量 s 中
    printf("sin( %lf)= %lf\n",x,s); //显示程序运算结果
}
```

运行结果：

```
input number: 30 ↵ （回车）
sin(30.000000)=0.500000
```

"↵（回车）"表示按回车键。除包含主函数、输出函数、语句和注释外，这个程序还涉及以下基本概念。

（1）文件包含命令#include：预处理命令以#开头。预处理命令是在程序文件进入编译阶段前自动进行处理的命令。文件包含命令#include 是预处理命令之一，其作用是把引号""或尖括号<>内指定的文件包含到本程序中，并成为本程序的一部分，再进入编译阶段。被包含的文件通常是由系统提供的，其扩展名为.h，称为头文件或首部文件。头文件中包括各个标准库函数（也称系统函数）的函数原型。凡是在程序中调用库函数时，都必须包含该函数原型所在的头文件。在例 2.2 中，使用 3 个库函数：输入函数 scanf、正弦函数 sin 和输出函数 printf。其中 sin 是数学函数之一，其头文件为 math.h 文件；scanf 函数和 printf 函数是标准输入/输出函数之一，其头文件为 stdio.h。需要说明的是，C 语言规定，scanf 和 printf 函数可省去对其头文件的包含命令，所以在本例中也可以删去第一行的文件包含命令#include。同样，在例 2.1 中使用 printf 函数，也省略了包含命令。被包含文件也可以是其他 ASCII 文件，如 C 语言源程序，

起到文件"链接"作用。最后一点说明，实践环境系统（如 Visual C++或 Turbo C）是按一定目录结构进行安装的，如源程序目录、库文件目录等。在文件包含中，引号""或尖括号<>的使用略有差别，前者表示系统可从实践环境系统目录（实践环境系统根目录）开始查找被包含的文件；而后者表示直接在实践环境系统配置的目录（默认目录）中查找被包含文件。

（2）数据类型与变量：函数体包括声明部分与执行部分。声明部分是根据已有的数据类型（如 double）对变量进行说明，是构成函数的重要组成部分。数据类型可分为整型、浮点型和字符型等，它决定变量数据单元的大小、取值范围和精度。C 语言规定，源程序中所有用到的变量都必须"先声明，后使用"。本例中使用了两个双精度类型的变量 x 和 s，用于接收键盘的输入数据和保留正弦函数值。

（3）输入函数 scanf：该函数的功能是从键盘上接收数据，是输入函数之一。printf 函数和 scanf 函数中引号内容的含义将在后续章节中介绍。

（4）语句执行：在函数体中执行部分由一系列语句构成，用于表示完成程序的功能。执行部分的第 1 行是输出语句，执行 printf 函数语句在显示器上输出提示字符串"input number:"。第 2 行为输入语句，执行 scanf 函数语句，接收键盘输入的实数并存入变量 x 中。第 3 行是调用 sin 函数并把函数值送到变量 s 中保留。第 4 行是执行 printf 函数语句，把变量 x 和 s（正弦值）的值显示在屏幕上。这个执行部分就是典型的顺序程序设计，即逐条语句顺序执行。

（5）书写格式：为了便于阅读、理解及维护，在书写程序时最好遵循："一个说明或一条语句占一行，再加入注释"的原则。

例 2.3　输入长方体的长、宽、高，计算长方体体积，并输出。

```c
#include "stdio.h"
int volume(a,b,c)                    /*定义 volume 函数*/
    int a,b,c;                       /*定义形参变量*/
{
    int p;                           /*定义变量 p*/
    p=a*b*c;                         /*计算体积*/
    return(p);                       /*返回函数值*/
}
void main()
{
    int x,y,z,v;                     /*定义变量*/
    scanf("%d,%d,%d",&x,&y,&z);      /*从键盘输入 x,y,z 的值*/
    v=volume(x,y,z);                 /*调用 volume 函数，取得体积值*/
    printf("v=%d\n ",v);             /*显示体积值*/
}
```

运行结果：

```
5,8,6↵ （回车）
v=240
```

在本例中出现一些新概念：

（1）函数定义：除 printf 函数和 scanf 函数（系统函数）以及 main 主函数（自定义函数）外，还出现用户自定义函数 volume，该函数实现长方体体积的计算。在函数定义中，还指明需要 3 个整型（int）的参数（变量）a，b，c。

（2）函数调用：函数只有通过调用才能确定函数之间的关联关系。在 main 主函数中，出现 volume 函数的调用，3 个参数 x，y，z（变量）的值传给被调函数，被调函数执行后把返回值保留在变量 v 中。当然，main 主函数也调用 scanf 函数和 printf 函数。尽管 volume 函数在 main 主函数的前面，但 main 主函数是唯一启动程序执行的函数，或者说 main 主函数是由操作系统直接调用的，是 C 语言程序运行的入口（起点）。

（3）顺序执行：从 main 主函数开始执行，在执行 scanf 函数语句后，调用 volume 函数，此时，main 主函数处于等待状态。由于 volume 函数是独立的功能模块，因此当 volume 函数被调用时，转向其函数体执行。在 volume 函数执行结束时，把计算的结果返回给 main 主函数，main 主函数继续运行直至结束，整个执行过程的顺序如图 2.1 所示。当然，main 主函数调用 printf 函数和 scanf 函数过程也有类似调用 volume 函数过程。

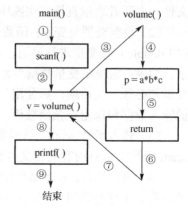

图 2.1　执行顺序

通过上述的 3 个简单程序实例，对 3 个实例中涉及的 C 语言基本概念进行简单介绍，读者对这些基本概念的内涵可能不太理解，只希望大家对 C 语言有初步总体的印象，后续将对上述概念进行深入介绍。

## 2.2　标识符与数据

字符是组成语言的最基本元素，任何语言（尤其是拼音文字语言）都有自己的字符集，进一步可构成词汇、句子和作文。C 语言也有字符集、标识符（相当于词汇）、语句（相当于句子）和程序（相当于作文）。

### 2.2.1　标识符

**1．字符集**

C 语言字符集由英文字母、数字、空格、标点符号与特殊字符组成，具体内容如下。

（1）英文字母：小写英文字母 a~z 共 26 个，大写英文字母 A~Z 共 26 个。

（2）数字：0~9 共 10 个。

（3）空白符：空格符、制表符、换行符，统称为空白符。

空白符只在字符常量和字符串常量中与其他字符起等同作用，就是一个字符（有关常量概念见 2.2.4 节），其他地方出现空白符只起分隔作用。编译系统忽略空白符。因此，在程序中使用空白符与否，对程序的编译并不产生影响，但在程序中适当使用空白符将增加程序的清晰度，同时提高程序可读性。

（4）特殊字符：运算符、分隔符、转义字符和注释符。

① 运算符。C 语言含有丰富的运算符，如算术运算符"+"（加）、"-"（减）、"*"（乘）、"/"（除）等，表示对数据的加工处理。运算符由一个或多个字符组成，运算符与数据（包括变量、常量、函数等）组成表达式，表示对问题的求解。

② 分隔符。在 C 语言中采用的分隔符包括逗号与空格两种。逗号主要用在类型说明和函

数参数表中，分隔各个变量（有关变量概念见 2.2.3 节）。空格多用于语句各标识符之间，用作分隔标识符，如同英文句子中需要空格分隔各单词。在标识符之间必须要有一个以上的空格符作为间隔，如把"int a;"写成 "inta;"编译器就把"inta"当成一个标识符处理，语义完全不同。

③ 转义字符。转义字符是一种特殊字符，不仅可以表示所有 ASCII 字符，而且可以表示用于输入/输出的控制字符。转义字符由反斜杠"\"和字符或数字构成，如字符"A"可表示为转义字符"\x41"（十六进制），或"\101"（八进制），还有转义字符"\n"表示"回车换行"以控制屏幕光标位置等。有关转义字符的含义见表 2.2。

④ 注释符。C 语言的注释符为"/*""*/"和"//"。在"/*"和"*/"之间的各种符号，或两个斜杠"//"之后的各种符号，均为注释内容。前者为块注释，后者为行注释。注释字符可以包括中文的任何符号，如

```
/*
    本书是 C 语言教科书。
    通过学习本教材，可以掌握 C 语言的知识
    和编程技能。
*/
//
//本书是 C 语言教科书。
//通过学习本教材，可以掌握 C 语言的知识
//和编程技能。
//
```

在程序编译时，不对注释做任何处理。注释可出现在程序中的任何位置，用于提示或解释程序，方便阅读和理解程序。在调试程序中，对暂时不使用的语句可做注释处理，使编译时不对其进行编译，待调试结束后再去掉注释符。

## 2. 标识符

（1）标识符定义。C 语言标识符就是在程序中用于标识或命名数据类型、变量、函数、数组和常量等的字符系列，该字符系列只能由以英文字母（A～Z，a～z）或下画线（_）开头的英文字母、数字（0～9）、下画线（_）组成，如标识符

```
    a, x, x3, BOOK1, sum5, _1_2_3
```

符合 C 语言关于标识符的定义，都属于合法的标识符。又如标识符

```
    3s,  -3x , bowy-1, *T , abc^
```

分别以数字开头，以减号开头，同时出现非法字符"–"（减号）、"*"（星号）、"^"（尖顶号），不符合 C 语言定义的标识符，均属于非法标识符。

在使用标识符时，还必须注意以下 3 点。

① 标准 C 语言不限制标识符的长度，但受各种版本 C 语言编译系统的限制，同时也受具体机器的限制，如在操作系统规定标识符前 8 位有效，当两个标识符前 8 位相同时，则被认为是同一个标识符，如 StudentNumber 和 StudentName，本意是学生学号和学生姓名，但系统只取前 8 位 StudentN，因此，对计算机而言，StudentNumber 和 StudentName 是一样的，背离了学生学号和学生姓名的真实含义。

② 在标识符中，大小写英文字母是有区别的，也就是大小写英文字母不等价，如 BOOK 和 book，StuNo 和 stuNo 均是两个不同的标识符。

③ 标识符用于命名变量、函数和数组等，虽然可以随意组合，但为了方便阅读和理解，尽量能"见名思义""见名知义"，如 Teach_Num（教工编号）、Salary（员工工资）等用英文缩写或英文单词等来命名。

（2）特殊标识符。特殊标识符就是 C 语言或编译系统已命名（或已占用），并具有专门用途的标识符，如表示基本数据类型、系统函数名。这些标识符不能再用于给其他变量、函数和数据等用户自定命名，也就是用户定义的标识符不应与特殊标识符相同。特殊标识符主要有关键字、系统函数名和文件类型等。

① 关键字。关键字通常也称保留字，C 语言的关键字分为以下 4 类。

1）数据类型符。用于声明变量、函数或数组等，如 int，double，FILE 等。

2）语句符。用于表示语句的功能，如 if，switch，return 等。

3）预处理命令符。用于表示预处理命令，如 include，define 等。

4）主函数名。主函数由操作系统直接调用，作为可执行程序的入口，也就是程序运行的起点。尽管主函数属于用户自定义函数，但其函数名 main 具有特殊标识作用，不可以用于表示其他内容。

② 系统函数。用于表示具有特定功能的函数，如 scanf、printf、sin、sqrt 等。系统函数的函数名已被固化为具体过程，不能再用于标识变量、常量、数组或用户自定义函数等。

③ 常数、符号常量、常变量。常数由数字和小数点以及字符 e（表示以 10 为底的指数）构成，并符合计算机数据类型和取值范围的数据，如 102.4，0.1024e3（表示 $0.1024\times10^3$）等。常数也称数字常量，另外，可以用符号来标识常数，称为符号常量，可把符号常量理解为常数的别名。符号常量用宏定义（也称宏替换）#define 编译预处理命令定义，如圆周率常量的定义#define PI 3.14159，常变量是特殊常量，其本质是变量，只是不能修改数值，其定义形式与变量定义形式一样，只是加上 const 关键字，并需要初始化，如圆周率常变量的定义 const float PI=3.14159。符号常量或常变量 PI 在程序中就等同于 3.14159。字符常量、字符串常量和注释中还可以使用汉字或图形符号，即 ASCII 字符或转义字符均可。有关 ASCII 码及其字符参见附录。

## 2.2.2 数据类型

衡量计算机语言功能强弱的标准之一就是计算机语言描述问题与处理问题的方便性和有效性，也就是计算机语言是否拥有丰富的数据类型（数据表达）和运算符（数据处理）。目前，C 语言是功能很强的计算机语言，它的数据类型和运算符都比较丰富。

数据类型是具有相同性质或属性的数据抽象，或称具有共性数据的集合，如同数学上的整数和实数具有各自的性质。数据与数据类型的关系就是个体与集体、元素与集合的关系，如同 1、2、3 与整数的关系。由于数据在计算机中与存储和处理紧密相关，因此计算机语言中数据类型更加具体规定了数据的性质，如数据对应数据存储单元的大小（即字节数）、数据有效位、数据精度和运算特性等。这些特性正是数学中不涉及的。

C 语言的数据类型可分为基本数据类型与构造数据类型两大类。所谓基本数据类型（简称基本类型）就是 C 语言本身约定的数据类型，包括整型、浮点型（实型）和字符型。每一种基本类型又可进一步划分为更细的基本类型。例如，根据是否有无符号性质，整型进一步划分为有符号整型和无符号整型；根据存储单元大小，整型进一步划分为数据可占 2、4 或 8 个字节的整型。所谓构造数据类型（简称构造类型）就是 C 语言给定的构造规范的原则，根据已有的数据类型（如基本类型）和用户自定义的数据类型构造成符合描述问题的数据类型，如数组（变量集合）、构造体类型、共用体类型、枚举类型、指针类型和文件类型等。构造类型是一种递归定义或嵌套定义。

基本数据类型由 C 语言关键字表示，如关键字 int、long int 分别表示有符号整型与有符号长整型，对应数据的存储单元大小分别为 2 字节（16 位）与 4 字节（32 位），取值范围分别为 $-2^{16} \sim 2^{16}-1$（即 $-32768 \sim 32767$）与 $-2^{32} \sim 2^{32}-1$。又如关键字 float、double 分别为单精度浮点型（简称浮点型）与双精度浮点型（简称双精度型），对应数据的存储单元大小分别为 4 字节（32 位）与 8 字节（64 位）。由于采用指数编码方法，并按补码的形式，因此 float 的指数范围为 $-127 \sim +128$，而 double 的指数范围为 $-1023 \sim +1024$。float 型变量取值范围为 $-2^{128} \sim 2^{128}$，也即 $-3.40 \times 10^{38} \sim 3.4 \times 10^{38}$；double 型变量取值范围为 $-2^{1024} \sim 2^{1024}$，也即 $-1.79 \times 10^{308} \sim 1.79 \times 10^{308}$。float 最多有 7 位有效数字，其精度绝对要保证 6 位，也即 float 的精度为 7 位有效数字，但只保留 6 位小数；double 最多有 16 位有效数字，其精度绝对要保证 6 位，即 double 的精度为 16 位，但只保留 6 位小数。

构造类型是在已有的数据类型基础上根据构造规范用户来自定义的，即构造类型名是用户自命名（标识符）的，而不是关键字，如

```
struct MyType{int i; float f;};
```

MyType 就是用户自定义的构造类型，类型名 MyType 是由用户来命名的，包括 int 和 float 两个类型成员。又如

```
struct OurType{
          struct MyType m;
          long int l;
          double d;
          struct OurType *p;
      };
```

OurType 也是用户自定义的构造类型，类型名 OurType 是由用户来命名（标识符）的，包括构造类型（MyType）、长整型（long int）、双精度（double）和指针类型（OurType *）。其中，相对构造类型 OurType 与构造类型 MyType 为嵌套定义，而指针类型 OurType *为递归定义。有关数据类型将在后续数据与程序设计章节中进行详细介绍。

C 语言的数据（也就是运算对象、运算数）主要包括变量、常量和表达式。C 语言是强数据类型语言，该语言中出现的任何数据必须属于某一具体的数据类型，包括基本数据类型，或用户已定义的构造类型，不允许出现不属于 C 语言数据类型的数据。

### 2.2.3 变量

在数学中，变量表示可变的量，由变量名表示，例如，$x$、$y$ 这些变量也属于某一数据类型，如实型，其取值范围为 $(-\infty, +\infty)$，精确度无限。C 语言也有变量，与数学变量有些相似，但又有差异，这主要是由计算机工作原理所决定的。计算机内存划分不同功能的分区，包括系统区、应用程序区和数据区。系统区主要由管理计算机软硬件资源的系统软件（如操作系统）

所占据，该区是只读区域；应用程序区由针对应用需求研发的软件系统（如C语言程序）所占据，应用程序在进行问题求解时，应用程序必须驻扎在程序区里，该区也是只读区域；而数据区是由系统软件进行维护、应用程序进行访问的动态数据存储区，是可读/可写区域。

变量是在C语言程序运行过程中可进行取值（即获取数值）和赋值（即保留数值）的运算对象。变量是从程序的角度来表达数据的，其对应着数据区中的数据单元。也可以理解为变量是数据区数据单元在程序中的一种表示形式，并由系统软件（如操作系统等）维护变量与数据单元一一对应的关系。由于内存数据区的数据单元是可读/可写的，因此程序中的变量就是可取值、可赋值的，具有取值取不尽但赋值可修改值的特点。变量（或数据单元）与数值的关系，就如同宾馆房间与房间内客人的关系，即一旦有了房间，就可以安排不同的客人入住。所以变量也就成为可变的量，变量由变量名（标识符）表示，数据单元由地址标识。

在程序中使用变量时，必须满足C语言的基本要求：① 先定义，后使用；② 先有值，后取值；③ 赋值不得超越变量容许的数值范围。

### 1. 变量定义

变量定义形式为

«数据类型符» «变量名1» ⌊,«变量名2»⌋ⁿ；

其中，"数据类型符"为数据类型的关键字，如 int（有符号整型）、float（单精度浮点型）、char（字符型）等，"变量名"为符合C语言语法的自定义标识符。可定义多个变量，形成由逗号分隔的变量名列表，如

```
int a, b;    //定义两个整型变量
```

其中，数据类型为整型（int），变量名（标识符）列表为 a，b，表示定义了变量名为 a 和 b 的两个整型变量。对程序进行编译、运行，两个整型变量在计算机内存数据区中开辟两个数据单元，并且每个单元为 2 字节（数据单元的大小取决于变量所属的数据类型）与其相对应（如图2.2所示）。变量名的命名原则为符合C语言规定的标识符。变量名和变量一一对应，如同"人的姓名"和"一个具体的人"。在不混淆概念情况下，有时把变量名称为变量，如整型变量 a 和 b。由于定义变量 a 和 b 时没有对变量赋值，因此变量 a 和 b 此时的值为随机值。

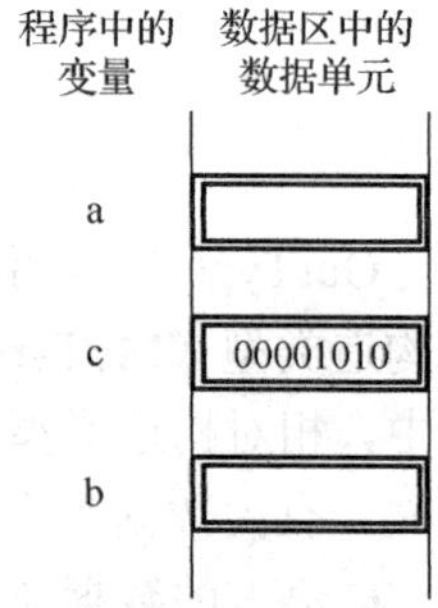

在定义变量时也可以进行初始化，即在定义变量中指明变量的初始值，形式为

«数据类型符» «变量名1»«=»«运算数1»
⌊,«变量名2»«=»«运算数2»⌋ⁿ；

图2.2  变量与数据单元

其中，"运算数"可以是常量、有值的变量、可计算数值的表达式，如：

```
int c=10;      //变量定义中，符号=指示初始化及初值
```

表示定义了整型变量 c，并指明该变量的初值为 10。需要说明的是，定义变量并且初始化，只是说明变量明确的初值，该变量还具有变量的性质，在后续的处理中可以重新赋值。这如同员工有基本工资，实际工资可根据任务完成情况的不同而不同。此处"="只是变量初始化的符号，不是赋值运算（有关赋值运算后续介绍）。对相同值的多个变量初始化时，必须逐一初始化为同一个值，如

```
    int a=10,b=10,c=10;              //合法初始化
```

不允许

```
    int a=b=c=10;                    //非合法初始化
```

初始化的数据可以是常数表达式，如

```
    int a=10+5,b=4+12/3;             //合法初始化
```

　　在定义变量 a，b 后，先进行表达式的求解得到 15，8，再分别作为 a，b 的初值。

　　在定义变量时没有初始化具体值，该变量的值是系统分配的随机值（这是动态变量的特点，有关动态变量的概念将在后续介绍）。一般情况下，这个随机值是没有应用意义的。

### 2. 变量访问

　　在程序中，变量访问是通过变量名实现的，包括对变量的赋值（保留数值）与取值（获取数值）。变量使用中，符号"="为赋值运算符，实现对变量的赋值，从而改变变量的值，表达形式为

　　　　《变量名》《=》《运算数》

其功能是把右边"运算数"的值赋给左边"变量"。从内存角度看，实质是右边数据的值放到左边的变量对应的数据单元中。"运算数"可以是常量、有值的变量、可计算的表达式，如

```
    int a,b;                //定义变量，没有初始化
    a=100;                  //=为赋值运算符
    b=10+30-15;             //赋值运算，右边常数为表达式
```

表示定义了两个整型变量 a，b，没有进行初始化，此时两个变量的初值为随机数。通过赋值运算，给变量 a 赋值 100，即变量 a 保留 100，变量 a 的值为 100。在对变量 b 赋值前，右边的表达式先按运算符的优先级进行运算得到值 25 后再赋给 b，即 b 的值为 25。由于变量具有赋值可变性，因此如果重新赋值，那么将改变变量的值，如（接上面程序）

```
    a=10;
    b=20;
```

这样，变量 a，b 的值分别为 10，20，其原有的值 100，25 不复存在，也就是变量保留最近的赋值(称为当前值)。变量的这种特性简单记为：通过赋值运算，变量的值"挤得掉"。有关赋值运算更多内容将在基本运算中介绍。

　　变量的取值是直接通过变量的变量名中获取变量的值，如

```
    int a=10,b,c=30;        //变量定义中指示初始化及初值
    b=a+c-15;               //1 赋值运算，右边为含变量表达式
    c=a+b+c;                //2 赋值运算，右边为含变量表达式
```

定义变量 a，b，c，并对变量 a，c 分别初始化为 10，30。根据运算符的优先级，语句 1 从变量 a，c 取值 10，30 后进行运算得到 25，通过赋值运算符"="，把 25 赋给变量 b，即变量 b 的值为 25；语句 2 从变量 a，b，c 分别取值 10，25，30，进行运算得到 65 后，通过赋值运算符"="，65 赋给变量 c，即变量 c 的当前值为 65，不再是 30。尽管多次对变量 a 取值，但是由于没有对变量 a 赋值，因此变量 a 的当前值还是 10。从内存角度看，变量取值的实质是从

变量对应数据单元中取出数据单元的内容。变量的这种特性简单记为：变量的值"取不尽"，取的都是当前值。

例2.4 求半径为10的圆的周长和面积。

```c
#include "stdio.h"
void main()
{
    float pi=3.14159, radius,circul,area;    /*1 变量定义，初始化*/
    radius=10;                               /*2 变量赋值*/
    circul=2*pi*radius;                      /*3 变量取值和赋值*/
    area=pi*radius*radius;                   /*4 变量取值和赋值*/
    printf("Circulation=%f, Aera=%f\n", circul,area);  /*5 变量取值*/
}
```

运行结果：

```
Circulation=62.831804, Aera=314.159053
```

在上述的5个顺序语句中，第1条语句定义了4个浮点型变量pi、radius、circul、area，并且对变量pi进行3.14159的初始化；第2条语句通过赋值运算给变量radius赋值，使得radius取值为10；第3条语句右边表达式2*pi*radius中取出变量pi和radius的值后进行乘法运算，并把运算结果62.831804赋给变量circul；第4条语句与第3条语句执行过程相似；第5条语句按照输出格式，从变量circul、area中取值并输出。由于周长和面积是浮点型变量，因此有7位有效数字（即精确到7位），但要保留6位小数，小数位中超过精度的小数位为随机数。

定义变量并且初始化，实际上是定义变量后马上进行赋值的过程，因此float pi=3.14159，可改写为

```c
float pi;            //定义浮点型变量
pi=3.14159;          //变量赋值
```

从程序中也可以看出，变量pi和radius一次赋值且多次取值。由于没有重新赋值，因此pi和radius的值始终为3.14159和10（实际为3.141590和10.000002，2为随机数字）。从变量访问看，变量具有"挤得掉，取不尽"的性质，即变量重新赋值后，新值取代原有值（一个数据单元只能存储一个值），变量的当前值可以无限反复获取且没有损失消耗。

对变量的赋值，除通过赋值运算外，还可通过输入函数（如 scanf，fscanf 等函数），从外部设备（如键盘、磁盘）输入数据。前面多个例子中均用到 scanf 函数从键盘输入数据。

### 3. 变量精确性

变量的取值范围主要取决于变量所属的数据类型，其决定变量的数据单元大小、数据精度等。对变量初始化或赋值时，数据不能超过变量的取值有效范围，否则将导致数据的失真，如

```c
int a;               //定义整型变量
a=123456;            //变量赋值
```

由于变量a是有符号整型变量，因此限定取值范围最大值为32767（小于123456），单元为2字节，数据单元小而数值大，导致数据不能完全存放使数值失真。这也是计算机语言的数据类型与数学的数据类型的不同之处（数学数据类型与存储无关，数据也就不存在失真问题）。

在实际应用中，需要注意数据类型所决定变量的取值有效范围和精度，尤其是在不同数据类型变量进行相互赋值运算时更需要注意，从而避免数据失真导致影响求解结果，如

```
float f=123456;          //定义浮点型变量，并初始化
int a;                   //定义整型变量
a=f;                     //变量 f 取值和变量 a 赋值
```

数值 123456 是在 float 类型规定的取值范围内，对变量 f 赋值没问题。变量 f 的当前值为 123456.023273（即精确 7 位，6 为小数，小数位中 23273 为随机数），但对变量 a 赋值时，从 f 取值为 123456.023273，超出 a 的取值范围，数据失真，即变量 a 的值肯定不是 123456。

除数据类型重要属性外，变量还具有有效作用范围和生存期的属性。有关变量的有效范围和生存期的属性将在后续章节中介绍。

### 2.2.4　常量

计算机在进行数据处理时，数据必须在内存中。变量对应的数据单元在内存的数据区中，具有可读/可写特性，因此变量是可变的量，该变量在程序中用变量名（标识符）表示。常量是不可变的量，也就是不可改变的量，常量（常变量除外）对应的数据单元在程序区，具有可读、不可写的特性。

常量可分为常数、符号常量和常变量。

#### 1.　常数

常数是程序的组成部分，其存储在程序区中，在数据区中没有相应的数据单元，因此常数只是可取值但不能赋值，如

```
int a=12345;
```

其中，12345 为常数，不能进行以下操作。即

```
12345=1000;
```

这是由于 12345 是常数，对应数据单元在程序区中（只可读），而数据区（可读/可写）没有相应数据单元，因此不能修改内容，即不能把 12345 改为 1000。

常数也有所属数据类型，如 12345 与 1000 为整常数，12345.12 与 1000.32 为浮点型常数（实常数）。每种数据类型都可以有自己类型的常数，有关基本数据类型的常数在基本数据章节中详细介绍。

#### 2.　符号常量

为了便于记忆，对常数进行重新命名，起到"见名知义"的作用，增强程序的可读性与可理解性。给常数命名的为#define 预处理命令，其格式如下

```
#define 《常数名》 《常数》
```

如定义圆周率 3.14159 常数，即

```
#define PI 3.14159
```

即用 PI 命名常数 3.14159，凡是需要圆周率的均可用符号常量 PI 代替。

例 2.5　求半径为 10 的圆的周长和面积。

```
#include "stdio.h"
#define PI 3.14159                          /*符号常量定义*/
void main()
{
    float radius,circul,area;               /*1  变量定义*/
    radius=10;                              /*2  变量赋值*/
    circul=2*PI*radius;                     /*3  变量取值和赋值*/
    area=PI*radius*radius;                  /*4  变量取值和赋值*/
    printf("Circulation=%f, Aera=%f\n", circul,area); /*5  变量取值*/
}
```

需要说明的是:

(1) #define 为宏定义,也称为宏替换,是预处理命令之一。在程序编译前(编译预处理阶段),把符号常量替换为原来常数再进入编译。注意:宏替换只是简单的替换,不做语法检查与运算处理,也没有数据类型,如

```
#define PI 3+0.14159
```

那么编译预处理阶段宏替换的结果为

```
circul=2*3+0.14159*radius;
area=3+0.14159*radius*radius;
```

再进行编译。这两条语句并不是进行圆周长和面积的计算。可以借用圆括号"()"进行表述,如

```
#define PI (3+0.14159)
```

那么编译预处理阶段宏替换的结果为

```
circul=2*(3+0.14159)*radius;
area=(3+0.14159)*radius*radius;
```

可以看出,这两条语句是可以进行圆周长和面积的求解的。注意:圆括号是运算符,其运算优先级最高,必须先运算。

(2) #define 为预处理命令之一,不是语句。如果定义符号常量也加分号";",那么在编译预处理阶段也进行简单替换(即不做语法检查和运算),如

```
#define PI 3.14159
```

宏替换预处理结果为

```
circul=2*3.14159; *radius;
area=3.14159; *radius*radius;
```

再进入编译时,肯定会出现这两条语句语法错误(注:数据类型的错误)。

(3) 符号常量名习惯用大写英文字母命名,变量名一般用小写形式,但不是强制规定的。

### 3. 常变量

常变量是一种特殊常量,其以变量定义,对应数据单元也在内存数据区,只是约定其值不能改变。常变量定义形式为

```
const 《数据类型符》 《常变量名 1》=《运算数 1》┘, 《常变量名 2》=《运算数 2》┘ⁿ;
```

其中，"常变量名 $i$" （$i=1,2,\cdots$）为标识符，"运算数 $i$"（$i=1,2,\cdots$）可以是常数、有值变量、可计算的表达式，如

```
const int a=10,b=100,c=a+20;        //定义常变量
```

本质上，这种定义形式用于定义变量并初始化，即 a，b，c 的值分别为 10，100，30。由于关键字 "const" 的限定作用，因此变量 a，b 的值不可变，对 a，b 赋值将出错，如

```
a=20;            //出错，不可赋值，不可改变值
b=200;
```

在编译时，会出现语法错误。

**例 2.6**  求半径为 10 的圆的周长和面积。

```
#include "stdio.h"
    void main()
{
    const float PI=3.14159;                /*0 常变量定义*/
    float radius,circul,area;              /*1 变量定义*/
    radius=10;                             /*2 变量赋值*/
    circul=2*PI*radius;                    /*3 取值和赋值*/
    area=PI*radius*radius;                 /*4 取值和赋值*/
    printf("Circulation=%f, Aera=%f\n", circul,area); /*5 变量取值*/
}
```

关于常变量有以下说明。

（1）const 是关键字，表明定义的变量在程序中值是不可改变的，即对常变量重新赋值将导致语法错误。

（2）常变量定义需要初始化具体值，对应数据单元保留了该值。

（3）在常变量定义时，若"运算数"是表达式，则先计算表达式再初始化，如 "const float PI=3.14159;" 与 "const float PI=3+0.14159;" 是等价的，即右边表达式先求值，再初始化常变量。

（4）常变量定义需要指明数据类型，本质上其也是变量定义。

（5）常变量命名应遵循标识符的定义，但一般用大写英文字母，以区别变量。

从上述要点可以看出，常变量更多体现变量的特性，这也是与符号常量的不同之处。

## 2.2.5  表达式

表达式是由运算符（操作符）与运算数（运算对象）构成的符合 C 语言语法规范的式子，而运算数可以是常量（包括常数、符号常量和常变量）、有值的变量或表达式。可见表达式的定义是递归定义。运算符是对数据实施加工处理的抽象表示，如运算符 "/" 表示对数据进行 "除" 运算符。表达式包含数据及其处理（加工），其处理结果具有数值和数据类型的属性，因此表达式是一种特殊数据，可以参加各种运算，包括作为函数参数。例如，2*PI*radius 就是由常数、变常量（或符号常量）和有值的变量构成的算术表达式，其数据类型为 float。又如，sin(3+5*cos(8+2)) 是由三角函数和算术运算符构成的表达式，并按括号和函数优先级进行

计算，即 8+2→cos(8+2)→5* cos(8+2)→5*cos(8+2)→3+5*cos(8+2)→sin(3+5*cos(8+2))依次进行计算，其数据类型为 sin 函数类型，即 double。

更多有关表达式的内容将结合数据类型和运算符进行介绍。

## 2.3 基本类型数据

从前面章节的例题中可以看出：程序中使用的各种变量都应"先定义，后使用"。定义变量涉及变量的属性，包括数据类型、存储类别和有效作用范围。有关存储类别与有效作用范围将在后续章节中介绍。

C 语言数据类型可分为基本数据类型、构造数据类型和空类型，在本节中，重点介绍基本数据类型。基本数据类型进一步可分为字符型、整型、单精度浮点型和双精度浮点型，并由相应关键字 char、int、float 和 double 表示。这 4 种类型数据的长度和精度随不同种类的计算机处理器和 C 语言编译程序可能略有差异，但在编程上是一致的。

在基本类型前，可加数据类型修饰符，其用于明确细分基本类型，以便更准确地适应各种不同的需求。修饰符有 signed（有符号）、unsigned（无符号）、long（长型）、short（短型）。signed、short、long 和 unsigned 适用于字符和整数两种基本类型，而 long 还可用于 double（注意，由于 long float 与 double 意思相同，因此 ANSI 标准删除了多余的 long float）。

表 2.1 给出所有根据 ANSI 标准给定的数据类型、字宽和范围。在计算机字长大于 16 位的系统中，short int 与 signed char 可能不等。

表 2.1 ANSI 标准的数据类型

| 类型分类 | 类型修饰符<br>数据类型符 | 类型解释说明 | 长度（位） | 取值范围 |
|---|---|---|---|---|
| 字符型 | char | 字符型 | 8 | ASCII 字符 |
| | unsigned char | 无符号字符型 | 8 | 0～255 |
| | signed char | 有符号字符型 | 8 | −128～127 |
| 整型 | int | 整型 | 16 | −32 768～32 767 |
| | unsigned int | 无符号整型 | 16 | 0～65 535 |
| | signed int | 有符号整型 | 16 | −32 768～32 767 |
| | short int | 短整型 | 16 | −32 768～32 767 |
| | unsigned short int | 无符号短整型 | 16 | 0～65 535 |
| | signed short int | 有符号短整型 | 16 | −32 768～32 767 |
| | long int | 长整型 | 32 | −2 147 483 648～2 147 283 647 |
| | unsigned long int | 无符号长整型 | 32 | 0～4 294 967 295 |
| | signed long int | 有符号长整型 | 32 | −2 147 483 648～2 147 283 647 |
| 浮点型 | float | 单精度型 | 32 | 精确到 6 位，6 位小数 |
| | double | 双精度型 | 64 | 精确到 12 位，6 位小数 |
| | long double | 长双精度 | 128 | 精确到 37 位，6 位小数 |

表 2.1 中，长度和取值范围为变量对应内存中数据单元的大小（二进制位）与变量取值的有效范围。表中的长度与取值范围是假定 CPU 的字长为 16 bit（二进制位）。由于整数的默认定义是有符号数，因此 signed 修饰符是多余的，如 signed int 与 int 是等价的。某些编译系统允许将 unsigned 用于浮点型，如 unsigned double。C 语言编译程序允许使用整型的简写形式，简写形式如下。

（1）short int 简写为 short。

（2）long int 简写为 long。

（3）unsigned short int 简写为 unsigned short。

（4）unsigned int 简写为 unsigned。

（5）unsigned long int 简写为 unsigned long。

即 int 可省略，都是表示不同的整型。

int，short int，long int，char 分别等价于 signed int，signed short int，signed long int，unsigned char，即整型与字符型在默认情况下都是有符号类型的。

数据类型决定数据单元的大小，可用运算符 sizeof 进行测量，其形式为

```
sizeof（«数据类型符»⊥«变量名»)
```

从而得到"数据类型符"决定数据单元的字节数或"变量名"对应变量数据单元的字节数，如 int a; sizeof(int)与 sizeof(a)是等价的。数据单元大小与 C 语言编译器有关，若使用 Turbo C 编译器，得到 2，则表示 int 型变量占 2 字节内存单元。若使用 Visual C++，得到 4，则表示 int 型变量占 4 字节内存单元。

### 2.3.1　整型数据

整型数据包括整型常量与整型变量。

#### 1. 整型常量

C 语言的整常数是整型常量之一，可采用八进制数、十六进制数和十进制数 3 种表示形式，并前缀区分各种进制数。

（1）八进制整常数。八进制整常数以 0 为前缀，是数字为 0~7 的整数。八进制数通常是无符号数，如

```
015（十进制数为 13），0101（十进制数为 65），0177777（十进制数为 65535）
```

为合法的八进制数，而

```
256（无前缀 0），03A2（包含了非八进制数字），-0127（出现了负号）
```

为不合法的八进制数。

（2）十六进制整常数。十六进制整常数以 0X 或 0x 为前缀，是数字为 0~9，A~F 或 a~f 的整数。十六进制数通常是无符号数，如

```
0X2A（十进制数为 42），0XA0（十进制数为 160），0XFFFF（十进制数为 65535）
```

为合法的十六进制整常数，而

```
5A（无前缀 0X），0X3H（含有非十六进制数字）
```

为不合法的十六进制整常数。

（3）十进制整常数。十进制整常数是数字为 0~9 的整数，前缀"+"或"-"表示正数或负数，正数的前缀"+"可以省略，如

```
+237（正数），-568（负数），65535（正数）
```

为合法的十进制整常数，而

083（不是八进制数，不可前缀 0），23D(不是十六进制数，含非十进制数字)

为不合法的十进制整常数。

（4）整型常数类型。整型常数类型加后缀 l 或 L 表示长整数。在 16 位字长的计算机上，有符号整型的十进制整数范围为–32 768～32 767；无符号整型的十进制整数范围为 0～65 535；无符号整型的八进制整数范围为 0～0177 777；无符号整型的十六进制整数范围为 0X0～0XFFFF 或 0x0～0xFFFF。若整型常数超过了上述范围，如十进制整型常数 32 768（超过取值范围，不合法），则可添加后缀 L 或 l，即 32768L 或 32768l（没有超过取值范围，合法），改变整常数数据类型为长整型。八进制、十六进制的整型常数也可以加后缀 l 或 L。这只是 C 语言整型常数数据类型的改变，数值并没改变。这一点也可看出 C 语言的数据类型与数学的数据类型的差异。

无符号数也可加后缀 U 或 u 表示，如 358u，0x38Au，235Lu，而 358，235L 为有符号数。

前缀与后缀可同时使用以表示各种类型的整常数，但这种添加必须符合数据类型的语义，例如，0XA5Lu 表示无符号十六进制长整数 A5L，对应的无符号十进制长整数为 165L，其十进制数值为 165（数学上）；–10L 表示有符号十进制长整数，十进制数值为–10（数学上）。

后续章节对整型变量及其存储的学习，将加深理解整常数的进制表示、长度、有符号数和无符号数的内涵。

**2．整型变量**

整型变量分为有符号整型变量和无符号整型变量。整型决定整型变量的存储单元大小和取值范围。

（1）有符号整型又分为以下 3 种。

① 基本整型。数据类型符为 int，其变量在内存中占 2 字节，其取值为–32 768～32 767。

② 短整型。数据类型符为 short int 或 short，其变量在内存所占字节和取值范围均不大于基本型的变量。但目前微型机中，短整型变量与基本整型变量所占字节数与取值精度范围均相同，只有在工作站或中小机型上两者才不同。

③ 长整型。数据类型符为 long int 或 long，其变量在内存中占 4 字节，其取值为–2 147 483 648～2 147 283 649。

上述 3 种整型为有符号整型，其变量的数据存储单元的最高位为符号位，该位 0 表示整数，1 表示负数。有符号整型数据按补码形式存储，也就是说，正整数的补码是正整数对应的二进制码，负整数的补码是负整数的绝对值（正整数）的补码加 1，如"int a=10,b=–10;"中变量 a，b 的存储单元及其存储形式如下

a: 0000 0000 0000 1010     b: 1111 1111 1111 0110

其中，最左边位（即最高位）为符号位。对于不同的有符号长整型或短整型，其变量存储形式是一样的，只是数据单元的大小不同而已。

（2）无符号整型的数据类型符为 unsigned，无符号整型又分为以下 3 种。

① 无符号基本整型。类型说明符为 unsigned int 或 unsigned，其变量在内存中占 2 字节，其取值范围为 0～65 535。

② 无符号短整型。数据类型符为 unsigned short，其变量在内存中占 2 字节，其取值范围为 0～65 535。

③ 无符号长整型。数据类型符为 unsigned long，其变量在内存中占 4 字节，其取值范围为 0～4 294 967 295。

各种无符号类型变量所占的存储单元字节数与相应的有符号类型变量相同，但在变量存储单元中，最高位不是符号位而是数据位。无符号整型数据也是按补码形式存储的，如"unsigned int c=10,d=-10;"中变量 c，d 的存储单元及其存储形式如下

c: 0000 0000 0000 1010　　　d: 1111 1111 1111 0110

其中，最左边位（即最高位）还是数据位。c 的值为 10，而 d 的值为 65535-9=65526，也就是把-10 按补码形式存储在 d 数据单元中，但最高位 1 已成为数据位。对于不同的整型或短整型，其变量存储形式是一样的，只是数据存储单元的大小不同。

### 3．整型变量定义与访问

变量定义也称为变量声明，变量定义形式如下

> ⌊整型类型修饰符⌋ 《整型类型符》 《变量名1》⌊，《变量名2》⌋ⁿ；
> ⌊整型类型修饰符⌋ 《整型类型符》 《变量名1》《=》《运算数1》⌊，《变量名2》《=》《运算数2》⌋ⁿ；

其中，"整型类型修饰符"与"整型类型符"如表 2.1 所示，定义"变量名 $i$"（$i$=1,2,…）为自定义标识符。定义变量也可用"运算数 $i$"（$i$=1,2,…）进行初始化。"运算数 $i$"（$i$=1,2,…）可以是常量、有值的变量或表达式，如

```
int a,b,c;          //有符号基本整型 int，a,b,c 为变量名
long x=10,y;        //有符号长整型 long，x,y 为变量名，并将 x 初始化为 10
unsigned p,q;       //无符号基本类型 unsigned，p,q 为变量名
```

变量是内存数据单元在程序中的抽象表示，由变量名标识。在不混淆情况下，变量名常简称变量。定义变量具有以下 4 个特点。

（1）允许在一个数据类型符后说明多个相同类型的变量，各变量名之间用逗号间隔。数据类型符与变量名之间至少用一个空格间隔。

（2）最后一个变量名之后必须以";"号结尾，构成变量定义语句。

（3）变量定义必须放在变量使用之前，即变量必须"先定义，后使用"，一般放在函数体的开头部分或文件开头处。

（4）变量定义还可以初始化。

整型变量的访问包括赋值与取值。赋值是让变量保留数值，而取值是从变量获得数值。变量的访问是通过变量名进行的，如（接上例）

```
y=x+5;
```

表示从变量 x 取得当前值 10，进行运算后得到 15，最后赋给变量 y，即 y 的当前值为 15。

**例 2.7**　简单算术运算。

```
#include <stdio.h>          //预处理命令
void main()
{
    int a,b;                /*整型变量 a,b 定义*/
    short int c;            /*短整型变量 c 定义*/
    short d=100;            /*短整型变量定义，并初始化 d 为 100*/
```

```
        a=d-20;                      /*变量d取值、运算、变量a赋值*/
        b=a+d;                       /*变量a,d取值、运算、变量b赋值*/
        c=a+b+d;                     /*变量a,b,d取值、运算、变量c赋值*/
        printf ("a=%d,b=%d,c=%d\n",a,b,c);     /*整型变量取值后输出*/
    }
```

运行结果：

```
    a=80,b=180,c=360
```

从程序中可以看出：c，d 是短整型变量，a，b 是基本整型变量，它们之间允许进行运算，运算结果 a，b 的值属于基本整型。但 c，d 定义为短整型变量，因此最后结果为短整型值。本例说明，不同类型的数据可以参与运算和赋值，类型转换是由编译系统自动完成的。有关类型转换的规则将在后面介绍。

### 2.3.2 字符型数据

字符型数据包括字符常量与字符变量。

#### 1. 字符常量

字符常量是用单引号括起来的一个 ASCII 字符，如'a', 'b', '=', '+', '?'都是合法字符常量。在 C 语言中，字符常量有以下 5 个特点。

（1）字符常量只能用单引号括起来，不可用双引号或其他括号。

（2）字符常量只能是单个字符，不可以是多个字符。

（3）字符可以是 ASCII 字符集中的任意字符。特别注意：数字与数字字符是不同的，如 5 和'5'，前者是数字，后者是数字字符。

（4）ASCII 字符由 8 位二进制位表示，也可以用对应的十进制编码表示，如'5'的 ASCII 码为 53，二进制编码为 0011 0101。又如'a'的 ASCII 码为 97，二进制编码为 0110 0001。

（5）有些 ASCII 字符编码在 128~255 之间，即二进制位编码的最高位为 1，该位为数据位。

#### 2. 转义字符

转义字符是一种特殊的字符常量。转义字符以反斜"\"开头，后面跟一个或几个字符或数字串。转义字符不同于原来字符，具有特定的含义，如在前面各例题 printf 函数格式串中'\n'为转义字符，其含义为"回车换行"，控制输出光标位置作用。转义字符主要表示控制代码，也可表示一般字符。转义字符的具体含义如表 2.2 所示。

八进制转义字符为'\ddd'，其中 ddd 表示最多含有三位八进制数字（0~7）。八进制转义字符表示无符号字符，因此最大值为 0377（1 字节）。八进制转义字符的八进制数不一定用 0 开头，这与整型八进制常数表示方式不同，如'A'对应 ASCII 码为 65，可表示为八进制转义字符为'\101'。

表 2.2　转义字符及其含义

| 转义字符 | 含义说明 |
| --- | --- |
| \n | 回车换行 |
| \t | 横向跳到下一制表位置 |
| \v | 竖向跳格 |
| \b | 退格 |
| \r | 回车 |
| \f | 走纸换页 |
| \\ | 反斜线符"\" |
| \' | 单引号符 |
| \a | 鸣铃 |
| \ddd | 1~3 位八进制数所代表的字符 |
| \xhh | 1~2 位十六进制数所代表的字符 |

十六进制转义字符为'\xhh'，其中，hh 由最多两位十六进制数字（0～9，A～F 或 a～f）组成。十六进制转义字符表示为无符号型字符，因此最大值为 0xFF（1 字节）。如'A'对应 ASCII 码为 65，可表示为十六进制转义字符为'\x41'。

对于转义字符，还需注意以下两点。

（1）表示十六进制转义字符的 x 必须小写，而十六进制数字可以大写（A～F）或小写（a～f）。

（2）转义字符是字符常量，单独使用转义字符时必须用一对单引号括起来，如'y'的 ASCII 码为 121，对应的十六进制转义字符为'\x79'和八进制转义字符为'\171'。

**例 2.8** 格式化输出数据。

```
#include "stdio.h"
void main()
{
    int a,b,c;                    //定义变量
    a=5; b=6; c=7;                //变量赋值
    printf("%d\n\t%d  %d\n  %d   %d\t\b%d\n",a,b,c,a,b,c);//格式输出数据
}
```

运行结果：

```
5
        6  7
  5   67
```

屏幕上光标的位置就是输出数据的起始位置。通过转义字符'\n'，'\t'，'\b'可以控制输出光标的位置。程序在第 1 列输出 a 的值为 5 之后就是'\n'，光标回车换行；接着又是'\t'，光标跳到下一个制表位置（设制表位置间隔为 8 列，也称为 1 个输出区），再输出 b 的值为 6；空 2 格再输出 c 的值为 7，接着又是'\n'，光标再回车换行；空 2 格之后输出 a 的值为 5；再空 3 格又输出 b 的值为 6；由转义字符'\t'，光标跳到下一个制表位置（与上一行的 6 对齐），但由于下一转义字符'\b'，使光标退回 1 列，因此紧挨着 6 输出 c 的值为 7。

### 3. 字符变量定义与访问

字符变量的取值为字符常量，即单个字符或 ASCII 值。字符类型符 char 和字符类型修饰符 unsigned 或 signed 用于定义字符变量或定义字符变量并初始化，其形式为

```
⌊«signed »⊥«unsigned»⌋« char » «变量名 1»⌊，«变量名 2»⌋ⁿ;
⌊«signed »⊥«unsigned»⌋« char»  «变量名 1»«=»«运算数 1»⌊，«变量名 2»«=»«运算数 2»⌋ⁿ;
```

其中，“变量名 $i$”（$i$=1,2,⋯）为标识符，“运算数 $i$”（$i$=1,2,⋯）可以是常量、有值的变量或可计算的表达式。若省略修饰符，则定义的字符变量为无符号字符型变量，如

```
char a,b,c='z';             //字符型 char，a,b,c 为变量名
```

等价于

```
unsigned char a,b,c='z';     //字符型 unsigned char，a,b,c 为变量名
```

定义 3 个无符号字符变量 a，b，c，并对字符变量 c 初始化为'z'值。

每个字符变量对应 1 字节的内存空间，只能存放一个字符。对于有符号字符型变量，其对应数据单元最高位为符号位（0 表示正字符数，1 表示负字符数），而无符号字符型变量最

高位为数据位。字符值以 ASCII 码（无符号字符）对应的二进制数形式存放在字符变量单元之中。

字符'x'，'y'和'z'的 ASCII 码分别为 120，121 和 122。对字符变量 a，b 分别赋予字符'x'和字符'y'，即

```
a='x';
b='y';
```

实际上，在 a，b，c 3 个数据单元内存放 120，121，122 的二进制代码。

a 0111 1000,　　b 0111 1001,　　c 0111 1010

可以看到，字符型变量的编码和存储方式与整型变量的编码和存储方式完全相同，只是存储单元的大小不同，因此在有效取值范围内可把字符型变量当成整型变量，字符常量也可当成整型常量（ASCII 码），也就是 C 语言允许对整型变量赋予字符值，也允许对字符变量赋予整型值。在输出时，允许把字符变量按整型值输出，也允许把整型值按字符输出。整型值占 2 字节，字符占 1 字节。当整型值按字符处理时，只有低字节（低 8 位）参与处理。可把这一特点简单记为：在有效取值范围内，字符数据与整型数据是等价的。

例 2.9　由整数（ASCII 码）输出对应的小写英文字母。

```
#include "stdio.h"
void main()
{
    char a,b;      //定义字符变量
    int c;         //定义整型变量
    a=120;         /*整数赋给字符变量，小写英文字母 x 的十进制 ASCII 码*/
    b=121;         /*整数赋给字符变量，小写英文字母 y 的十进制 ASCII 码*/
    c=b+1;         //混合运算
    printf("%c,%c,%c\n%d,%d,%d\n",a,b,c,a,b,c);   //字符数据按字符和整数输出
}
```

运行结果：

```
x, y,z
120,121,122
```

在程序中，a，b 为字符型变量，但对其赋予整数。字符变量 b 参加算术"+"运算后赋给整型变量 c，其存储形式为 c 0000 0000 0111 1010。在 printf 函数中，字符变量 a，b 和整型变量 c 的值分别按整数和字符形式输出，其中"%c"和"%d"分别表示输出数据时按字符形式和十进制整数形式输出。有关"%c"和"%d"将在输入/输出函数中介绍。

例 2.10　输入小写英文字母，输出对应的大写英文字母。

```
#include "stdio.h"
void main()
{
    char a;
    int b;
    a='x';
    b='y';
```

```
        a=a-32;                /*把小写英文字母x换成大写英文字母X*/
        b=b-32;                /*把小写英文字母y换成大写英文字母Y*/
        printf("%c,%c\n%d,%d\n",a,b,a,b);
    }
```

运行结果：

```
    X, Y
    88, 89
```

程序中整型数据与字符型数据进行混合运算。可以看出，字符型变量与整型变量一样，可以进行算术运算。实际上，在有效数据取值范围内，整型数据与字符型数据是等价的。从数据存储形式，不难理解这两类数据的等价性。字符型变量或整型变量也可以保留转义字符，如

```
    char d='\x41'; int e='\102';
```

其中，d='\x41'等价于d='A'，d='\101'，d=65，e='\102'等价于e='B'，e='\x42'，e=66。

### 4. 字符串常量

字符串常量是由一对双引号括起来的字符序列，如"CHINA""C program""$12.5"。字符串常量中字符个数为字符串长度，即一对双引号中字符的个数，如"C program"的长度为9。字符串常量中的字符可以是 ASCII 字符，也可以是转义字符，如"\x41\\abc\tdef\b\n\102"，其中'\x41''\\' '\t' '\b' '\n' '\102'分别是转义字符，每个转义字符都是一个字符，而 a，b，c，d，e，f 分别为 ASCII 字符，该字符串长度为 12。

字符串常量与字符常量不同，主要有以下 3 点区别。

（1）字符常量由单引号括起来，字符串常量由双引号括起来。

（2）字符常量只能是单个字符，字符串常量可以含 0 个或多个字符，如""与"A\x41\101"，其长度分别为 0 和 3。

（3）不能把一个字符串常量赋予一个字符变量。C 语言没有字符串数据类型，也就无法定义字符串变量，但可以用一个字符数组存放一个字符串常量，这部分内容在数组章节中介绍。字符常量的数据存储单元为 1 字节，字符串常量的数据单元为"字符串长度+1"字节。在存储上字符串常量依次存储每个字符后，增加 1 字节存放字符'\0'（ASCII 码为 0）作为字符串结束的标志。字符常量'a'和字符串常量"a"，虽然都只有 1 字符，但在存储中不同，'a'的存储为

| 01100001 |
| --- |

而"a"的存储为

| 01100001 | 00000000 |
| --- | --- |

又如字符串"C program"的长度为 9，但在内存中所占的字节为 10。为了直观起见，存储单元中直接写成字符（实际上是二进制码），存储形式为

| C | | p | r | o | g | r | a | m | \0 |
| --- | --- | --- | --- | --- | --- | --- | --- | --- | --- |

字符串结束标记是 C 语言一种约定，除'\0'作为字符串结束标记外，不能再有其他含义或作用。C 语言程序通过字符串结束标记判断字符串有效长度，才能确定具体字符串。

### 2.3.3 浮点型数据

#### 1. 浮点型常量

浮点型也称实型，浮点型常量也称实数或者浮点数。在 C 语言中，浮点数采用日常表示法与指数表示法两种形式。

（1）日常表示。浮点数日常表示由正负号（+、–）、数码 0～9 和小数点组成，如 .25，5.789，0.13，5.0，300.，–267.8230 等均为合法的实数，其中.25 等同于 0.25。对于正数，正号+可以省略，如 5.789 等价于+5.789。

标准 C 语言允许浮点数使用后缀 "f" 或 "F" 表示浮点数，如 356f 与 356.是等价的。

（2）指数表示。浮点数指数表示由尾数、阶码标志符和阶码组成，一般形式为

«尾数» «e⊥E» «阶码»

其中，"e" 或 "E" 为 "阶码标识符"，表示以 10 为底数；"尾数" 为日常表示的浮点数；"阶码" 只能为整数（正整数或负整数），表示指数。以下是合法的实数

2.1E5（等价于 $2.1×10^5$），3.7E–2（等价于 $3.7×10^{-2}$），0.5E7（等价于 $0.5×10^7$），
–2.8E–2（等价于 $–2.8×10^{-2}$），–0.28e–1（等价于 $–0.28×10^{-1}$）

其中，阶码的正号 "+" 可以省略，0.5E7 等价于 0.5E+7。

不合法的实数有：345（无小数点），E7（阶码标志 E 之前无数字），–5（无阶码标志），53.–E3（负号位置不对），2.7E（无阶码）。

计算机内部实数采用指数形式编码，与整型变量同样大小的数据单元，其存储实数范围就大得多。随着阶码变化，一个实数采用指数表示形式并不唯一，如 3.14159，31.4159e–1，0.314159e1 等，尾数中小数点的位置在不同位置上浮动，因此实数也称为浮点数。任何浮点数均可表示尾数为 "0." 开头的指数形式，如 0.314159e1，这种表示称为浮点数的规范化指数形式。计算机内部就是按规范化形式表示浮点数。

浮点数都具有符号数，且不分单、双精度，都按双精度处理。

#### 2. 浮点型变量定义与访问

浮点型变量分为：单精度型变量、双精度型变量和长双精度变量，其类型符分别为 float、double 和 long double，变量对应数据单元大小、有效位数和精度参见表 2.1。浮点型变量定义，或浮点型变量定义及其初始化形式为

«float »⊥«double »⊥«long double» «变量名 1»⌐，«变量名 2»⌐;
«float »⊥«double »⊥«long double» «变量名 1»«=»«运算数 1»
⌐，«变量名 2»«=»«运算数 2»⌐;

其中，"变量名 $i$"（$i$=1,2,…）为标识符，"表达式 $i$"（$i$=1,2,…）可以是常量、有值的变量或表达式，如

```
float a,b,c=100;        //单精度变量定义，a,b,c 为变量名，并对变量 c 初始化为 100
doubel x=10+c,y;        //双精度变量定义，x,y 为变量名，并对 x 初始化为 110
long double p,q=1.23e120;//长双精度变量定义，p,q 为变量名，q 初始化为 1.23×10^120
```

**例 2.11** 浮点型变量定义与访问。

```
#include "stdio.h"
void main()
```

```
{
    float a;                        //单精度变量定义
    double b,c;                     //双精度变量定义
    a=33333.33333;                  //变量赋值
    b=33333.33333333333333;
    c=b;
    b=b+a;                          //变量取值、加运算、赋值运算
    printf("a=%f\nb=%f\nc=%f\n",a,b,c);  //变量取值按单精度输出
}
```

运行结果：

```
a=33333.332031
b=66666.665365
c=33333.333333
```

由于变量a属于单精度浮点型，其有效位数只有7位，而整数已占5位，因此只能精确到小数后两位，其余4位均为随机数（即无效数字），也就是把33333.33333赋给a，但a保留数据只能精确到33333.33，其后4位是随机数由计算机随机产生。变量b，c属于双精度浮点型，有效位为16位，保留6位小数，也就是c与b有效位一样，精确保留b的值。由于输出数据前，进行了b=b+a运算，因此把a的无效数字带给b，但对b而言还是精确的有效数字。Turbo C规定小数后最多保留6位，其余部分四舍五入。

## 2.4  数据基本运算（一）

### 2.4.1  运算与运算符

运算是计算机加工与处理数据的基本操作。根据计算机组成原理，计算机运算功能由加法器实现，其他运算通过采用数据的编码和移位方法完成复杂运算，如减运算可以转换为加运算，乘运算可转换为加运算，而除运算可以转换为乘运算。作为计算机高级语言，计算机运算功能抽象成运算符，也就是由运算符表示计算机的各种运算功能。由运算符与运算数构成的表达式表示复杂问题的处理，进一步形成程序可执行的语句，完成问题求解任务。

C语言很大程度上体现了过程型语言的特点，除具有丰富描述问题的数据类型外，还有丰富表示处理问题的运算符，体现C语言具有较强的描述问题与处理问题的能力。此外，C语言还强调表达式（Expression），即运算数与运算符构成符合语法规范的式子，表示问题综合处理。

运算符是构建表达式的要素，由关键字表示，如算术运算符"+"（加）、"–"（减）、"*"（乘）、"/"（除），"%"（求余）等。运算符要求参与运算数的个数及数据类型，如%（求余）要求两个运算数，并且必须均为整数。除要求运算数数据类型和个数外，运算符不仅具有不同的优先级决定运算的先后顺序，而且还有从左到右或从右到左顺序进行运算的结合性，如算术运算符中，"*"（乘）、"/"（除）、"%"（求余）的优先级高于"+"（加）、"–"（减），在优先级同级的情况下，按从左到右的左结合性进行运算。在表达式中，各运算数据参与运算的先后顺序不仅要遵守运算符优先级别的规定，而且要受运算符结合性的制约，以便确定是自左向右进行运算，还是自右向左进行运算。总之，对于运算符，除运算符关键字

外，与运算符紧密相关的基本属性包括：运算符功能、运算数数据类型、运算数个数、运算符优先级与结合性（即从左到右，或从右到左运算顺序）。

有关运算符及其优先级和结合性等具体内容，只能结合具体运算符进行介绍。

### 2.4.2　算术运算

算术运算功能主要表现在算术运算符上。算术运算符表示可执行加、减、乘和除以及求余等运算。C语言算术运算符如表2.3所示。

表2.3　算术运算符

| 一元运算符 | | | | 二元运算符 | | | |
|---|---|---|---|---|---|---|---|
| 自增减类 | | 正负号类 | | 加法类 | | 乘法类 | |
| ++ | 自增1 | + | 正号 | + | 加运算 | * | 乘运算 |
| — | 自减1 | – | 负号 | – | 减运算 | / | 除运算 |
| | | | | | | % | 取余运算 |

#### 1．正、负运算符

一元运算符只要求一个运算数。正运算符"+"、负运算符"–"是一元运算符，与运算数构成表达式形式为

⌊«+　»⊥«-»⌋«运算数»

其中，"运算数"可以是常量、有值变量、可计算的表达式。正号运算符"+"可以省略。如

```
i=+1;        /*表示正1，正号运算符+可以省略*/
j=-i;        /*表示i的值取反，即j值为-1*/
k=-j;        /*表示j的值取反，即k值为+1*/
```

正号运算符"+"无任何操作，可以省略。实际上，主要是为了强调某数值常量是正的，增加程序的可读性。而负号运算符"–"表示原来数据取反运算，即正数变为负数，而负数变为正数。

#### 2．二元算术运算符

二元运算符要求有两个运算数参加运算，加法类运算符与乘法类运算符都属于二元运算符。二元算术运算符"+"（加）、"–"（减）、"*"（乘）、"/"（除）、%（求余）与数学上的概念一致（包括优先级和结合性）。"%"也称为求模运算符，与运算数构成算术表达式形式如下

«运算数1»«算术运算符»«运算数2»

其中，"算术运算符"为"+"（加）、"–"（减）、"*"（乘）、"/"（除）、"%"（求余）之一，"运算数1""运算数2"可以是常量、有值变量或表达式。加、减运算符或正、负运算符一样，但运算数不同，通过运算数的个数，可判别加、减运算符和正、负运算符。

设i，j为整型数据，表达式i%j的值为i除以j的余数，如10%3的值为1，而12%4的值为0。

"/"运算符不仅要求两个运算数为整型数据，而且要求其他二元算术运算符的运算数可以为整型数据、字符型数据或浮点型数据，或整型和浮点型数据的混合。当把整型运算数与浮点型的运算数混合时，运算结果是浮点型的值，如9+2.5的值为11.5，而6.7/2的值为3.35。

关于"/"运算符和"%"运算符，需要注意以下 3 点。

（1）当两个运算数都是整数时，除的运算结果为商的整数部分，即去掉小数部分，也没有四舍五入进位，如 1/2 的结果是 0，而不是 0.5，又如 5/3 的结果为 1，而不是 1.666667 或 2。

（2）"%"运算符要求两个运算数为整数，只要任意一个运算数不是整数，都无法通过编译。

（3）当"/"运算符和"%"运算符用于负整数运算时，其结果与具体编译系统有关。如果任意一个运算数为负整数，那么除运算结果既可以向上取整也可以向下取整，如-9/7 的结果既可以是-1 又可以是-2。如果 i 或 j 是负整数，那么 i%j 运算结果的符号与具体编译系统有关，如-9%7 的值既可能是 2 又可能是-2。这需要在具体编译系统上测试。

算术运算符有下列相对优先级为

```
最高优先级 +, -     （正、负，一元运算符）
*, /, %             （乘、除、求余，二元运算符）
最低优先级 +, -     （加、减，二元运算符）
```

当表达式包含两个或更多不同优先级的运算符时，按运算符优先级从高到低次序运算，可通过给表达式添加圆括号（圆括号也是运算符，优先级最高）来确定解释表达式的运算顺序，如

```
i+j*k       等价于 i+(j*k)
-i*-k       等价于 (-i)*(-j)
+i+j/k      等价于 (+i)+(j/k)
```

当表达式含有多层圆括号嵌套时，内层的圆括号先运算，如

```
i+j*k/r 等价于 i+((j*k)/r)
```

当表达式含两个或更多个相同优先级的运算符时，根据运算符的结合性，确定表达式的运算顺序。运算符要求运算数参与运算是从左向右进行的，称该运算符为左结合运算符，或运算符具有左结合性；反之，称为右结合运算符，或运算符具有右结合性。二元算术运算符都是左结合运算符，如

```
i-j-k 等价于 (i-j)-k
i*j/k 等价于 (i*j)/k
```

一元算术运算符都是右结合运算符，如

```
- + i  等价于 -(+i)
```

### 3．自增与自减运算符

"++"运算符与"--"运算符为变量"自增 1"和"自减 1"的运算符。"++"和"--"运算符可放置变量前，也可放置变量后，其表达式形式为

```
«++»⊥«--» «变量名»
«变量名» «++»⊥«--»
```

通过下面的例子帮助理解自增、自减运算符的功能。

例 2.12　变量自增运算。

```c
#include <stdio.h>
void main()
```

```
{
    int i=10, j=10;          /*定义变量，并初始化*/
    int a,b;                 /*定义变量*/
    a=++I;                   /*先自增1*/
    b=j++;                   /*后自增1*/
    printf("i=%d, j=%d, a=%d, b=%d.\n",i,j,a,b);     /*输出*/
}
```

运行结果：

```
i=11,j=11,a=11,b=10.
```

从运行结果看，无论"++"运算符放置在变量前还是变量后，结果都是使变量i和j的值自增1，但变量a和b的值却不同。由于"++"运算符放置变量i前，因此使变量i的值先增1，即i的值为11，再取变量i值11参加赋值运算，即a的值为11；而"++"运算符放置变量j后，先取变量j的值10参加赋值运算，即b的值为10，再使变量j的值增1，即j的值为11。例2.2中的过程与下面过程等价。

```
i=i+1;          /*变量加1*/
a=i;            /*取值运算*/
b=j;            /*取值运算*/
j=j+1;          /*变量加1*/
```

"−−"运算符与"++"运算符具有相同的特性，只是自减1，这里不再过多介绍。

例2.13  变量自减运算。

```
#include <stdio.h>
void main()
{
    int i, j,a,b;                    /*定义变量*/
    i=10;j=10;                       /*变量赋值*/
    a=--i;                           /*先自减1*/
    b=j--;                           /*后自减1*/
    printf("i=%d, j=%d, a=%d, b=%d.\n",i,j,a,b); /*输出*/
}
```

运行结果：

```
i=9, j=9, a=9, b=10.
```

可以简单记住这一特性：当自增自减前置时，自身先加1或减1，然后取变量值参加其他运算；当自增自减后置时，先取变量值参加其他运算，然后自身再加1或减1。此外还需要注意以下3点。

（1）参加"++"，"−−"运算的运算数只能是变量，如++10，++(a+b)，−−PI（PI为符号常量）都是错的。

（2）参加"++"、"−−"运算的变量必须先有值，才能进行"自增（减）后取值，或取值后自增（减）"运算。实质上，"++"（−−）是取变量的值加（减）1后，再对自己赋值。

（3）"++"和"−−"运算符与一元的正号、负号运算符具有相同的优先级和右结合性。

在同一个表达式中，使用多个"++"或"−−"运算符，可能会很难理解，如

```
i=1;
j=2;
k=++i + j++;
```

可以看出，i 先自增 1，而 j 是取值参加运算（"+"运算）后自增 1，因此最后一条语句等价于

```
i=i+1;
k=i+j;
j=j+1;
```

最终 i、j 和 k 的值分别是 2、3 和 4。再看下面程序段

```
i=1;
j=2;
k=i+++j++;
```

就可能出现多种解释，即是 i+(++(j++))，或 i+((++j)++)，还是 (i++)+(j++)？这样程序可读性会很差。运行结果为 i、j 和 k 的值分别是 2、3 和 3，说明第 3 个解释是对的。实际上，前两种"++"运算符都作用于表达式，这违背了"自增自减"运算符只能作用于变量的原则。

**例 2.14**　自增运算符的应用。

```
#include <stdio.h>
void main()
{
    int i=5,j=5,p,q,k1,k2,k3;           //定义变量，初始化
    p=(k1=i++)+(k2=i++)+(k3=i++);       //自增1运算
    printf("%d,%d,%d\n",k1,k2,k3);
    q=(k1=++j)+(k2=++j)+(k3=++j);       //自增1运算
    printf("%d,%d,%d\n",k1,k2,k3);
    printf("%d,%d,%d,%d\n",p,q,i,j);    //输出
}
```

运行结果：

```
5, 5, 5
6, 7, 8
15, 21, 8, 8
```

这是在 VC 6.0 上运行的结果，在其他环境下结果可能不同。从上述内容可以看出，与运算符紧密相关的属性包括：运算符功能、运算数类型、运算数个数、运算符优先级与结合性 5 个方面。

### 2.4.3　赋值运算

变量是 C 语言的核心概念，其对应内存数据区中数据单元，而数据单元大小由数据类型所决定，如 int 型变量对应 2 字节的数据单元，float 型变量对应 4 字节的数据单元。从程序中看变量，而从计算机内存中看数据单元，变量与数据单元可以理解为数据的抽象，两者一一对应，并由操作系统维护对应关系。从内存的数据单元可以很好地理解程序中的变量，在程序中就是通过给变量赋值来改变数据单元的内容（数值）。给变量赋值就是把数值给予变量，并让变量保留该值，直到重新赋值为止。从存储上看，变量赋值过程就是变量对应的数据单元获得数值，

并保留该数值的过程。前面介绍过，在程序中变量由变量名标识，并通过变量名访问变量。在不混淆的情况下，把变量与变量名等同看待，如同某个人及其姓名的关系。

C语言中对变量赋值是通过赋值运算符或复合赋值运算符（"+="" –=""*=""/="等）表示，进一步构成语句并完成赋值过程。

### 1. 简单赋值

简单赋值过程是通过"="赋值运算符表示的，其表达式形式为

«变量名»«=»«运算数»

其中，"运算数"可以是有值的变量、常量或可计算的表达式，其功能是在程序执行时，取出右边运算数的值赋给左边的变量，并让变量保留该值，如

```
i=5;          /*5 赋给 i，i 的值是 5*/
j=i;          /*取 i 的值 5 赋给 j，j 的值也是 5*/
k=10*j+i;     /*计算 10*j+i 算术表达式的值 55 赋给 k，k 的值为 55*/
```

关于赋值运算需要注意以下 4 点。

（1）赋值运算符左边一定是已经定义的变量，即有数据单元，而右边一定是有明确数值的运算数，即可以是常量、有值的变量（先前已赋值）或可计算出数值的表达式，如

```
10=5;         //左边是常量，没有数据单元
(i+j)=10;     //左边是表达式，没有数据单元
(i+10)=3-j;   //左边是表达式，没有数据单元，右边 j 没赋值
```

都是不合法的。

（2）当"变量"与"运算数"所属数据类型不一致时，把"运算数"的数据类型转化为"变量"的数据类型后，再把数值赋给"变量"，如

```
int i;            //整型变量
float f,g;        //浮点型变量
g= 47657.12345;   //浮点型变量
i=72.99;          //只取整数，去掉小数部分，i 的值为 72，没有四舍五入
f=i;              //i 的值 72 转换为高精度的浮点数 72.000002,f 的值为 72.000002
i=g;              //取 g 的值 47657.126465 赋给 i，i 的值为-17879
```

当"变量"与"运算数"的数据类型不一致时，赋值过程进行数据类型自动转换。当第 1 次对 i 赋值时，i 的值只取整数部分，舍去小数，没有四舍五入。当整数转换为浮点数时，满足浮点数 7 位有效数字与 6 位小数位的规定，有效数字后就是随机数。当第 2 次对 i 赋值时，由于 g 的值已超过 i 取值范围，因此导致数据失真（在 Turbo C 中，float 型变量占 4 字节，而 int 型变量占 2 字节，超过数据单元大小）。

（3）根据表达式定义，"="赋值运算符也可以构成表达式，即赋值表达式：«变量名»«=»«运算数»，并把变量的值作为赋值表达式的值（数据类型与变量一致）。赋值运算符的优先级是所有运算符中倒数第二低的（只比逗号运算符高）运算符。赋值运算符是右结合性运算符，即从右向左进行运算，如"a=b=c=10;"等价于"a=(b=(c=10));"。

（4）对变量进行定义并对其进行初始化时需要用到"="符号，但不是表示赋值运算，不是赋值表达式，因此即使对多个变量初始化为同一个值时，也只能逐一初始化，如

```
int a=10,b=10,c=10; //定义三个变量a,b,c，并初始化
```

而

```
int a=b=c=10;           //定义一个变量a，并没有定义变量b,c
```

是错误的。可改为

```
int b,c;                //定义两个变量b,c，没有初始化
int a=b=c=10;           //定义一个变量a，赋值表达式给c,b赋值，并对a初始化
```

等价于

```
int b,c;                //定义两个变量b,c，没有初始化
int a=(b=(c=10));       //定义一个变量a，赋值表达式给c,b赋值，并对a初始化
```

例 2.15  赋值表达式应用。

```
#include "math.h"
void main()
{
    float f1,s1,s2,a,c;
    int f2,b,i=1,j,k;                //定义变量，注意：=为初始化符号
    s1=sin(f1=3.14159/6);            //1 注意：=为赋值运算符
    s2=sin(f2=3.14159/6);            //2
    a=b=c=12.8;                      //3
    k=1+(j=i);                       //4
    printf("f1=%f,f2=%d\n",f1,f2);   //输出
    printf("s1=%f,s2=%f\n",s1,s2);
    printf("a=%f,b=%d,c=%f\n",a,b,c);
    printf("i=%d,j=%d,k=%d\n",i,j,k);
}
```

运行结果：

```
f1=0.523598,f2=0
s1=0.500000,s2=0.000000
a=12.000009,b=12,c=12.800006
i=1,j=1,k=2
```

正弦函数 sin 返回值为浮点型，参数为弧度，且是浮点型。语句 1 函数 sin 参数先运算，由于参数是赋值表达式，而且"/"运算符优先级高于"="运算符，因此先进行"/"运算，再进行"="运算，即把 3.14159/6(0.523598)的结果赋给变量 f1，进一步把 f1 的值作为 sin 函数的参数值进行函数求解，最后把 sin 函数值赋给 s1。语句 2 与语句 1 的不同点在于 f2 的数据类型为整型。在进行赋值前进行数据类型自动转换得到 0（去掉小数部分），即把 0 赋给 f2，取出 f2 的值 0 后，自动转化为 sin 参数要求浮点型的值 0.000000，进一步参加 sin 函数的求解，结果也是 0.000000。由于赋值运算符"="是右结合性运算符，因此语句 3 等价于"a=(b=(c=12.8));"。语句 4 根据运算符优先级、结合性也不难理解。总之，赋值表达式是表达式，而表达式是可参加各种运算的数据，其值为左边的变量值。

### 2. 复合赋值

复合赋值过程是通过复合赋值运算符构成的表达式实现的。复合赋值运算符由二元算术运算符（"+"（加），"–"（减），"*"（乘），"/"（除），"%"（求余））或二元位运算运算符（">>"（右移），"<<"（左移），"&"（位与），"|"（位或），"^"（位异或））与赋值运算符构成，因此复合赋值运算符可分为算术复合赋值运算符与位运算复合赋值运算符两类。符号赋值运算符表达了在利用变量的值进行算术运算或位运算获取新值后，再把新值赋予该变量，即"变量取值→算术运算或位运算→变量赋值"的过程。有关位运算复合赋值运算符将在位运算章节中介绍。

复合赋值运算符构成的表达式形式为

> 《变量名》《op=》《运算数》

其中，"op"可以是任意二元算术运算符"+"（加）、"–"（减）、"*"（乘）、"/"（除）、"%"（求余）或二元位运算符">>"（右移）、"<<"（左移）、"&"（位与）、"|"（位或）、"^"（位异或），因此二元算术复合赋值运算符包括"+="、"–="、"*="、"/="、"%="，二元位复合赋值运算符包括">>="、"<<="、"&="、"|="、"^="。复合赋值运算符含义等价于

> 《变量名》《=》《变量名》《op 》《运算数》

从等价关系中可以看出，"变量取值→op 运算→变量赋值"的过程，因此在进行复合赋值运算前，"变量"必须先有值，如

```
int i;
i=20;              /*变量赋值*/
i+=100;            /*等价于 i=i+100;*/
```

复合赋值运算符的优先级和结合性与赋值运算符相同，即优先级很低（倒数第二，仅高于逗号运算符）且结合性为右结合性（即从右到左运算）。只有掌握算术运算符、位运算符和赋值运算符后，再了解复合赋值运算符的表达形式，这样容易理解复合赋值运算符的使用。

在复合赋值运算符的应用上需要注意以下 4 点。

（1）复合赋值运算符"op="综合"运算"与"赋值"两个功能，具有赋值运算符的特性，如

```
int i=10,j=100,k=1000;  /*定义变量并初始化*/
i+=j+=k;                 /*复合赋值运算*/
```

根据赋值运算符的右结合性，i+=j+=k 等价于 i+=(j+=k)，运算结果：i，j，k 的值分别为 1110，1100，1000。

（2）由复合赋值运算符"op="构成的表达式前，左边"变量"之前必须已有值，在复合赋值运算时才能先取得值。如果没有先为"变量"赋值，那么该"变量"的值可能为随机值（有关动态变量将在后续介绍），如

```
int i;
i+=10;
```

当定义变量 i 时没有初始化，在对 i 进行复合赋值运算前也没有赋值，此时 i 的值为随机值（i 为动态变量），因此复合赋值运算后，i 的值还是随机值。

（3）复合赋值运算符"op="中，运算符"op"一定是在赋值运算符的左边，而不是右边，如

```
int i=10,j,k;        /*定义变量，初始化i*/
j=-i;                /*1*/
i=/2;                /*2*/
```

第 1 句中，"=-"不是复合赋值运算符，而是独立的赋值运算符"="和负号运算符"−"，其等价于 j=(−i)，不是复合赋值运算。第 2 句中，"=/"也不是复合赋值运算符，而是独立的赋值运算符"="和除运算符"/"，其等价于 i=(/2)，很显然"/2"不符合"/"除运算符为二元运算符的要求，因此在编译时出错。

（4）复合赋值运算符"op="综合表达了算术运算或位运算和赋值的功能，由其构成的表达式更多体现赋值表达式的特性，因此由复合赋值运算符构成的表达式可以构成复合赋值运算表达式或复合赋值语句，如

```
float f=10,s;     //定义变量，初始化
f+=20;            //复合赋值表达式构成的语句（复合赋值语句）
s=sqrt(f-=2);     //复合赋值表达式 f-=2 为开平方函数 sqrt 的参数
```

复合赋值表达式的值为变量的值，如 f-=2 的值为 f 的值，即 28.000004。

### 2.4.4　逗号运算

当多个运算数（可以是常量、变量、表达式）需要进行明确顺序依次处理时，可采用逗号隔开。逗号","为逗号运算符，构成逗号运算符表达式形式为

《运算数 1》，《运算数 2》，《运算数 3》

这样运算数按从左到右顺序依次逐一处理，即"运算数 1"处理结束后，进行"运算数 2"的处理；"运算数 2"结束后，进行"运算数 3"处理等，以此类推。","运算符的结合性为从左到右的左结合性，且在 C 语言所有运算符优先级中优先级最低，这意味着对任何其他运算，逗号运算都是最后处理。把逗号表达式中最后"运算数"的值作为整个逗号表达式的值，如 i，j 为 int 型，2，3+4，i=2，j=i+2 为逗号表达式，运算顺序 2→3+4 → i=2 → j=i+2，其值为 4。

逗号表达式中的运算数可以是常量、有值的变量或表达式（也包括逗号表达式），如

```
int x,y,z;
float s;
x=1,y=x+2,z=x+y+3;    /*1*/
x=(y=3,y+1);          /*2*/
s=sin(1+2,x=2,y=x+8); /*3*/
```

这些都是合法的表达式。语句 1 中，x=1，y=x+2，z=x+y+3 为逗号表达式，对 x，y，z 依次赋值 1，3，7，并且 z 的值 7 是整个逗号表达式的值。语句 2 中，y=3，y+1 为逗号表达式，其值为 y+1 的值 4，并把该值赋给 x，y 的值仍为 3。语句 3 中，1+2，x=2，y=x+8 为逗号表达式，其中算术表达式 1+2 合法，参与计算但没意义，x，y 的值分别为 2，10，并把 y 的值 10 作为逗号表达式的值，该值进一步转换为浮点型参加 sin 函数计算。到此可以看到，C 语言描述处理的表达式是相当灵活的。

最后说明一下，在变量定义中变量列表也用到逗号","，但此处逗号不是逗号运算符，只是变量之间的分隔符。

### 2.4.5 不同类型数据的混合运算

上述内容涉及整型、字符型和浮点型的数据（包括常量、变量和表达式）与表示数据处理的运算符（如表 2.4 所示）。运算符是构成表达式的关键之一，其属性包括处理功能、运算数的数据类型、运算数的个数、优先级与结合性。C 语言强调表达式概念，通过运算符的 5 个属性，能反映运算数之间的处理加工关系和处理结果。当在表达式中同时出现不同类型运算数时，不同类型的运算数需要数据类型的转换才能进行运算处理。运算数的数据类型转换方法有两种：自动转换与强制转换。

表2.4 运算符及说明

| 优 先 级 | 类 型 名 称 | 运 算 符 | 结 合 性 |
|---|---|---|---|
| 1 | 圆括号 | ( ) | 左结合 |
| 2 | 后缀自增<br>后缀自减 | ++<br>− − | 左结合 |
| | 前缀自增<br>前缀自减 | ++<br>− − | 右结合 |
| | 一元正号<br>一元负号 | +<br>− | 右结合 |
| 3 | 乘法类 | * / % | 左结合 |
| 4 | 加减类 | + − | 左结合 |
| 14 | 赋值 | = +=<br>−= %=<br>*= /= | 右结合 |
| 15 | 逗号 | , | 左结合 |

#### 1. 数据类型自动转换

数据类型自动转换在不同数据类型的数据混合运算时自动完成，其遵循以下 5 个自动转换规则。

（1）若参与运算数据的类型不同，则先转换成同一类型，然后进行运算。

（2）自动转换按数据长度增加的方向进行，以保证精度不降低，数据不失真，如当 int 型数据和 long 型数据运算时，先把 int 型数据转成 long 型数据后再进行统一的 long 型数据运算。又如当 long 型数据和 double 型数据运算时，先把 long 型数据转换为 double 型数据后再进行统一的 double 型数据运算。

（3）所有的浮点数运算都以双精度进行运算，即使仅含 float 型数据运算的表达式，也要先转换成 double 型数据再进行运算。

（4）当 char 型数据和 short 型数据参与运算时，必须先转换成 int 型数据再进行运算。

（5）在赋值运算中，当赋值运算符两边运算数的数据类型不同时，赋值号右边运算数的数据类型将转换为左边变量的数据类型再进行赋值。若右边运算数

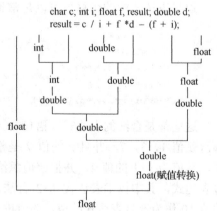

图 2.3 数据类型的自动转换规则

的数据类型长度大于左边变量数据单元大小时，则将丢失高位等部分数据，可能导致数据失真（如 long 型数据赋给 int 型变量，高位丢失），也会降低精度（如 float 型数据赋给 long 型变量，小数位丢失）。如图 2.3 所示不同数据的混合运算，表示数据类型自动转换的规则。常量也可以参与运算，并自动进行数据类型转换。

不同数据类型数据参加运算时，数据的数据类型自动转换是为了最大限度确保数据运算结果的正确性与精确性。自动转换的规则简单说：当不同类型数据参加运算时，把精度低的运算数转换为另一个精度高的运算数，数据单元小的运算数换为另一个数据单元大的运算数再进行运算，并把运算结果表示为精度高的、存储单元大的数据。但对赋值运算则按右边的变量数据类型为准进行转换。

例 2.16 浮点数据类型转换成整型。

```
#include <stdio.h>
void main()
{
    float pi=3.14159;
    int s,r=5;
    s=r*r*pi;
    printf("s=%d.\n",s);
}
```

运行结果：

```
s=78.
```

在执行 "s=r*r*pi;" 语句时，r 和 pi 都转换成 double 型计算，结果也为 double 型，但 s 为 int 型，赋值结果为 int 型，舍去了小数部分（不进行四舍五入处理）得到 78。

**2. 强制数据类型转换**

有时数据类型自动转换的规则并不适用，如表达式 "5%1.2" 自动转换成 "5.000000%1.200000"，则不符合 "%" 运算符的要求，导致程序编译错误，因此需要强制数据类型转化方法。强制类型转换是通过数据类型转换运算实现的，一般形式为

《(数据类型符)》《运算数》

其功能是把 "运算数"（可以是变量、常量或表达式）强制转换成 "数据类型符" 所指定的数据类型，如(float)a ，无论 a 为何种数据类型数据，均把 a 转换为 float 型数据，又如(int)(x+y)，无论 x+y 的结果为何种类型数据，均把计算结果转换为 int 型数据。

在使用强制类型转换时，应注意以下两点。

（1）若数据为表达式，则 "数据类型符" 和 "运算数" 都必须加括号，如把(int)(x+y)写成(int)x+y，只把 x 转换成 int 型之后再与 y 进行加运算。

（2）无论是强制转换还是自动转换，都只是为了本次运算的需要对数据的数据类型进行临时性转换，并不改变数据定义时的数据类型，例如，尽管(int)a 与(int)(x+y)的结果为 int 型数据，但 a, x, y 与 x+y 还是还保持原来的数据类型。

例 2.17 强制转换数据类型使用。

```
#include "stdio.h"
void main()
```

```
{
    float f=5.75;
    printf("(int)f=%d,f=%f\n",(int)f,f);
}
```

运行结果：

```
(int)f=5, f=5.750000
```

虽然 f 强制转为 int 型后输出，但只在运算中临时对数值的数据类型进行转换，而 f 本身的 float 型并不改变，因此(int)f 的值为 5（删去了小数），而 f 的值仍为 5.750000（7 位有效数字和 6 位小数位）。

## 2.5　数据基本运算（二）

C 语言基本数据类型中没有逻辑数据类型，也就没有直接取值为"真"或"假"的逻辑数据（包括常量、变量、表达式）用作判断条件，但是 C 语言本身采用其他数据进行约定确保能够实现"真""假"的逻辑判断。前面介绍了运算、运算符、表达式和语句表示以及处理数据的基本概念，并对基本数据操作的算术运算、赋值运算、复合赋值运算和逗号运算进行了详细介绍。下面对与构成判断条件紧密相关的关系运算与逻辑运算进行介绍。

### 2.5.1　关系运算

#### 1. 关系运算符

关系运算也称比较运算，即对两个运算数进行比较，并得到比较关系是否成立的结果。关系运算包括"等于""不等""大于""小于""大于或等于""小于或等于"6 种运算。这些关系运算是通过关系运算符表示的（如表 2.5 所示）。

表 2.5　关系运算符及说明

| 优 先 级 | 运 算 符 | 结 合 性 | 说 明 |
| --- | --- | --- | --- |
| 6 | < | 左结合 | 小于 |
| 6 | <= | 左结合 | 小于或等于 |
| 6 | > | 左结合 | 大于 |
| 6 | >= | 左结合 | 大于或等于 |
| 7 | == | 左结合 | 等于 |
| 7 | != | 左结合 | 不等于 |

关系运算、算术运算与数学运算概念一致。关系运算符都是二元运算符，均为左结合性（从左到右运算）。关系运算符的优先级低于算术运算符，高于赋值运算符，这就意味着"先计算，后比较"，最后才能"保留比较结果"。在关系运算符中，"<""<="">""">="的优先级相同，高于"=="与"!="，而"=="与"!="的优先级相同。

#### 2. 关系表达式

关系表达式为关系运算符与运算数构成的表达式，其形式为

《运算数 1》《关系运算符》《运算数 2》

其中，"关系运算符"为"<""<="">"">="或"=="或"!="。"运算数 1"与"运算数 2"是常量、变量或表达式，其数据类型为基本数据类型（即整型、字符型、浮点型），如 x>0, 'a'<'b', a+b==c–d 都是合法的关系表达式。

由于关系表达式是表达式，而"运算数 1"与"运算数 2"也可以是关系表达式，因此可以出现嵌套关系表达式，如 a>(b>c)，a!=(c==d)。

由于 C 语言没有逻辑数据类型，因此也就没有"真""假"逻辑值，针对关系运算的结果，C 语言约定：关系运算的结果为 1 或 0，即关系表达式的值为 1 或 0，并且 1 相当于逻辑"真"，0 相当于逻辑"假"，如：

5>0 的值为 1，表示"真"，因为 5 大于 0；

(a=3)>(b=5)的值为 0，表示"假"，因为(a=3)的值 3 小于(b=5)的值 5。

如果变量 a，b，c 的取值分别为 3，2，1，则

```
a>b          的值为 1
(a>b)==c     的值为 1
b+c<a        的值为 0
d=a>b        的值为 1
f =a>b>c     的值为 0
```

另外，注意区分"="（赋值运算符，或初始化变量标识符）与"=="（等于关系运算符），如

```
int a=3,b=4;     /*定义变量，并初始化*/
a==b;            /*关系运算符，构成关系表达式语句，合法，但没意义*/
a=b;             /*赋值运算符，构成赋值表达式语句，合法，且有意义*/
```

由于关系运算的结果为 0 或 1，因此关系表达式可以作为运算数参加其他运算，如 sin(a!=b>=c)+(c==d)。

"=="或"!="运算符一般是针对整型数据与字符型数据的运算。由于有效数字与精度问题，因此对浮点型数据往往不能使用"=="或"!="运算，而改用两个数的绝对值足够小来表示相等或差异足够大来表示不等，如|«运算数 1» – «运算数 2»|<$10^{-6}$，即 fabs(«运算数 1» – «运算数 2»)<1.0e–06，表示"运算数 1"等于"运算数 2"，其中 fabs()为求绝对值函数。

例 2.18　输出关系表达式的值。

```
#include <stdio.h>
int main()
{
    int i=1,j=2,k=3;             /*定义变量，并初始化*/
    char c='A';
    printf("%d ",k>j>i);         /*比较结果*/
    printf("%d ",k==j==i+5);     /*比较结果*/
    printf("%d\n",'E'>c+3);      /*比较结果*/
    return 0;
}
```

运行结果：

```
0  0  1
```

程序输出关系表达式的值，可以看到关系运算的结果为 0 或 1。对于含多个关系运算符的

表达式，根据关系运算符的优先级与左结合性，来决定运算顺序，如 k>j>i 等价于(k>j)>i，即先计算 k>j 的值为 1，再计算 1>i 的值为 0。又如 k==j==i+5 等价于(k==j)==6（注：算术运算符高，先计算得到 6），即先计算 k==j 的值为 0，再计算 0==6 的值为 0。字符变量以 ASCII 码参与运算，如'A'的值 65，'E'的值为 69，'E'>c+3 等价于 69>(65+3)的值为 1。

### 2.5.2 逻辑运算

#### 1．逻辑运算符

逻辑运算就是对数据"非 0"或"0"当成逻辑数据"真"或"假"进行逻辑"与""或""非"的运算，并得到 0 或 1 的运算结果（0 表示逻辑"假"，1 表达式逻辑"真"）。C 语言逻辑运算通过逻辑运算符构成表达式完成。逻辑运算符如表 2.6 所示，其中"&&"（与运算符）和"||"（或运算符）均为二元运算符，而"!"（非运算符）为单元运算符。

表 2.6　逻辑运算符及说明

| 优 先 级 | 运 算 符 | 运 算 数 目 | 结 合 性 | 说 明 |
|---|---|---|---|---|
| 12 | && | 二元 | 左结合 | 与运算 |
| 11 | \|\| | 二元 | 左结合 | 或运算 |
| 2 | ! | 单元 | 右结合 | 非运算 |

#### 2．逻辑表达式

逻辑表达式就是逻辑运算符与运算数的表达式，表示对运算数据进行的逻辑运算，其形式为

《运算数 1》《逻辑运算符》《运算数 2》

其中，"逻辑运算符"为"&&"（与逻辑）运算符、"||"（或逻辑）运算符。而"!"（非逻辑）运算符构成的表达式为

《!》《运算数》

在数学中，参加逻辑运算的数据应具有"真""假"值的逻辑数据，而且运算结果也应是"真""假"值的逻辑数据（如表 2.7 所示），但是 C 语言没有逻辑数据类型，也就没有逻辑数据。为了能够进行逻辑处理，C 语言规定：在逻辑表达式中，"运算数"可以是基本类型数据，并且约定当运算数为 1 时，相当于逻辑"真"，反之，当运算数为 0 时，相当于逻辑"假"，简单说，参加逻辑运算的数据"非 0 即真，0 即假"。逻辑表达式的值与关系表达式的值一样，即逻辑表达式的值为 1 或 0，并且 1 相当于逻辑"真"，0 相当于逻辑"假"。数学逻辑运算如表 2.7 所示，表中 a，b 为逻辑变量，每一行为逻辑变量取值或逻辑运算结果。C 语言逻辑运算如表 2.8 所示，表中 a，b 为基本数据类型变量，每一行为基本类型变量取值或逻辑运算结果。参与逻辑运算的运算数可以是常量、变量或表达式，举例如下。

表 2.7　数学逻辑运算

| a | b | !a | !b | a && b | a \|\| b |
|---|---|---|---|---|---|
| 真 | 真 | 假 | 假 | 真 | 真 |
| 真 | 假 | 假 | 真 | 假 | 真 |
| 假 | 真 | 真 | 假 | 假 | 真 |
| 假 | 假 | 真 | 真 | 假 | 假 |

表 2.8　C 语言逻辑运算

| a | b | !a | !b | a && b | a \|\| b |
|---|---|---|---|---|---|
| 非 0 | 非 0 | 0 | 0 | 1 | 1 |
| 非 0 | 0 | 0 | 1 | 0 | 1 |
| 0 | 非 0 | 1 | 0 | 0 | 1 |
| 0 | 0 | 1 | 1 | 0 | 0 |

（1）4 && 0 || 2 的值为 1；

（2）若 a=4，则!a 的值为 0；

（3）若 a=4，b='a'，则 a && b 的值为 1；

（4）若 a=4，b=5，则 a||b 的值为 1；

（5）若 a=4，b=5，则!a||b 的值为 1；

（6）若 a=4，b=5，则(a>5)||(b<10)值为 1；

（7）!0 的值为 1，!'0'的值为 0。

如果参与逻辑运算的运算数是逻辑表达式，就构成了逻辑运算嵌套形式，如

```
(a&&b)&&c
```

根据逻辑运算符的左结合性，上式也等价于

```
a&&b&&c
```

往往使用逻辑表达式以表示复杂的条件，如判别某一年 year 是否为闰年，而闰年的条件是符合下面二者之一。

（1）year 能被 4 整除，但不能被 100 整除，如 2008。

（2）year 能被 400 整除，如 2000。

用表达式表示为 (year % 4 == 0 && year%100 !=0) || year % 400 == 0。若该表达式值为 1，则 year 为闰年；否则 year 为非闰年。

上述运算符较多，圆括号优先级最高，逗号优先级最低，赋值运算符优先级较低，算术运算符优先级高于关系运算符优先级，而关系运算符优先级高于逻辑运算符（"！"非逻辑运算符除外，其优先级高于算术运算符优先级）。算术运算符、关系运算符和逻辑运算符的优先级，可简单记忆，即进行各种算术运算得到数值，有了数值才能进行比较得到"真（1）""假（0）"，有了"真（1）""假（0）"才能进行逻辑运算进一步得到"真（1）""假（0）"，但非逻辑运算先运算是特例。

逻辑运算符和其他运算符与运算数构成包含各种运算符的表达式，如

```
a>b && c==d       等价于  (a>b)&&(c==d)
!a +b+c || d*e    等价于  ((!a) +b+c) || (d*e)
a*2>!3<=!9/2       等价于  ((a*2)>(!3))<=((!9)/2)
10<=x&&x<=20      等价于  (10<=x)&&(x<=20)，表示数学区间[10，20]
```

注意：数据区间不是 10<=x<=20。

例 2.19  输出逻辑表达式的值。

```
#include <stdio.h>
void main()
{
    int i=1,j=2,k=3;                /*变量定义，并初始化*/
    float x=3.5,y=0.47;
    char c='A';
    printf("%d ",!!!x);             /*数据逻辑运算结果*/
    printf("%d ",i<j||x<y);
    printf("%d\n",c&&x+5&&(j==5));
}
```

运行结果：

```
0    1    0
```

由于 x 为非 0，因此!!!x 的值为 0。i<j&&x<y 等价于(i<j)&&(x<y)，而 i<j 的值为 1，x<y 为 0，最后 1||0 的值为 1。c&&x+5&&(j==5)等价于(c&&(x+5))&&(j==5)，而 j==5 的值为 0，则整个表达式的值为 0。

需要注意：在逻辑表达式中的运算数还可以是逻辑表达式。在进行逻辑表达式的求解时，并不是所有的逻辑运算都被执行，只是在必须执行下一个逻辑运算并求出表达式的值时，才执行该逻辑运算。这是基于逻辑运算最终结果和提高执行效率考虑，如：

（1）a&&b&&c：只有 a 为真，才需要判断 b；只有 a 和 b 都为真，才需要判断 c。若 a 为假，则此时可以确定整个表达式为假，所以不必再判断 b 和 c；若 a 真 b 假，则也不用判断 c。这源于逻辑与运算只要有一个为"假"，整个表达式为"假"的性质（如图 2.4 所示）。另一方面，还源于编译过程是从左到右进行的，如

```
int a=10,b=1,c=2;
(a=0)&&(b=10)&&(c=20)
```

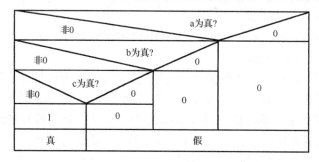

图 2.4　a&&b&&c

由于赋值表达式 a=0 的值为 0，则整个逻辑表达式的值必然为 0，因此赋值表达式 b=10 和 c=20 没执行，即没有进行赋值，b 和 c 的值仍为 1 和 2，而 a 的值为 0。

（2）a||b||c：只要 a 为真，就不必判断 b 和 c；只有 a 为假，才判断 b；只有 a 和 b 都为假，才判断 c。这源于逻辑或运算只要有一个为"真"，整个表达式为"真"的性质（如图 2.5 所示）。另一方面，还源于编译过程是从左到右进行的，如

```
int a=10,b=1,c=2;
(a=0)||(b=10)||(c=20)
```

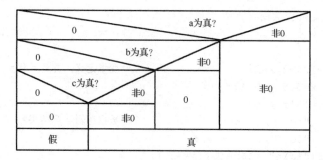

图 2.5　a||b||c

由于赋值表达式 a=0 的值为 0，因此还需判断表达式 b=10，而赋值表达式 b=10 的值为 10，即非 0，整个逻辑表达式的值为 1（"真"），从而 c=20 没进行运算，即没有对 c 赋值，c 的值仍为 2，而 a 和 b 的值为 0 和 10。

## 2.6　基本语句

运算符及运算数构造的表达式，表示对数据的加工和处理，而完成这种加工和处理必须通过 C 语言语句。语句就是程序中可以执行的最小基本单位，主要功能包括启动数据加工处理（促进表达式的执行）、调用过程执行（程序模块的执行）和决定程序执行过程的走向（控制语句的执行次序）等，因此描述问题求解的算法必须通过语句才能实现相应的功能。C 语言语句从功能和形式可分为：表达式语句、函数调用语句、控制语句、复合语句和空语句。语句以分号 ";" 结尾，即分号是语句的分隔符。

### 1. 表达式语句

表达式语句由表达式加分号构成，其形式为

《表达式》;

主要是为了启动数据的运算功能。所有的"表达式"，如算术表达式、关系表达式和逻辑表达式等，加上分号都可以构成合法的表达式语句，如

```
int x=10,y=20,k;       /*定义变量，初始化*/
float f;
k=x+y;                 /*赋值表达式语句*/
x++;                   /*算术表达式语句，自增1*/
x+10;                  /*算术表达式语句，语句合法，但没有实际意义*/
f=sin(3.14159/6);      /*赋值表达式语句，不是函数调用语句*/
```

### 2. 函数调用语句

函数调用语句由函数名及其实际参数加上分号构成，其形式为

《函数名》(└《实际参数》┘);

无论函数是否具有返回值，函数语句的形式都一样。根据函数定义或原型的要求，函数分为有参函数与无参函数，函数在决定调用时带实际参数或不带实际参数，如 printf 函数与 scanf 函数都要求带参数，而 getchar 函数没有要求带参数。对于有参函数，函数调用语句把"实际参数"的数值传递到函数模块中，启动执行该函数模块，如

```
float x, y;
printf("x=");          /*输出函数语句，1个实际参数*/
scanf("%f",&x);        /*输入函数语句，2个实际参数*/
y=x+sin(z);            /*赋值表达式语句*/
sin(y);                /*正弦函数语句，合法但没有实际意义*/
getchar();             /*字符输入语句，合法但没有保留输入字符，起暂定作用*/
```

有关函数及其参数的内容将在第 6 章中详细介绍。

### 3. 控制语句

前述所举的表达式语句与函数语句的执行次序是按书写顺序依次执行的，即顺序结构程

序，简称顺序程序。C 语言提供了可以改变程序执行顺序的控制语句，所谓控制语句就是用于控制（改变）程序的走向，主要有程序的分支结构、循环结构、跳转语句和程序模块的调用及返回。控制语句都是 C 语言的关键字加分号构成，具体可分为以下 3 类。

（1）条件判断语句。if 语句：如果条件为可满足，那么决定选择两个分支中的一个分支执行（即二选一执行）；switch 语句：根据条件（标号），决定转向执行（即多选一执行）。

（2）循环执行语句。do while 语句：反复执行循环体，直到条件不满足（先执行，后判断）；while 语句：判断条件为可满足，反复执行循环体，直到条件不满足（先判断，后执行）；for 语句：判断条件为可满足，反复执行循环体，直到条件不满足（先判断，后执行）。

（3）转向语句。break 语句：跳出循环语句，结束循环，或跳出 switch 语句，结束条件转向；continue 语句：结束当前循环，提前进入下一次循环；goto 语句：无条件转向指定的标识处；return 语句：结束函数模块，并带回或不带回数值。

有关控制语句将在第 3 章和第 6 章中介绍。

### 4. 复合语句

复合语句是由花括号"{ }"括起的多条语句组。尽管包含多条语句，但在逻辑上复合语句是一条语句。复合语句可以理解为完成一个特定任务组合一起的语句集合，如

```
{
    x=y+z;
    a=b+c;
    printf("%d%d", x, a) ;
}
```

是一个复合语句。复合语句中的各条语句都必须以分号";"结尾，但在括号"}"外不加分号。

### 5. 空语句

空语句只由分号";"组成的语句，空语句是什么也不执行的语句。在程序中空语句可用来作为空循环体，如

```
while(getchar()!='\n');
```

其功能为等待用户敲击键盘，直到用户输入回车结束循环。

目前，已大体了解 C 语言的基本概念、程序结构。在编程时，应力求充分利用合法的分隔符（如换行、空格、逗号和花括号等）对程序的语句、程序结构进行某种对齐、排列，养成良好的程序编写风格，增强程序的可读性，具体注意事项如下。

（1）数据类型标识符之间必须至少加一个空格进行间隔，如 long int，short int 等，使编译系统理解编译。

（2）语句的分隔符是分号，由于程序编译顺序"逐行是从上到下，同行是从左到右"进行的，因此一行内可编写多条语句，如

```
int a=10; float f=5; double d; d=a+f;
```

也可以一行写一条语句，如

```
int a=10;
float f=5;
double d;
```

```
        d=a+f;
```

甚至一条语句写成多行，如

```
        int
        a=10;
```

可见，C 语言的程序编写格式是相当灵活的。在编写时，一行只写一条语句为宜。

（3）用 "{ }" 括起来的部分（也可理解为分隔符），通常表示程序某一层次结构，如分支结构、循环结构、结构体或函数体等。一般 "{ }" 与该结构语句的第一个英文字母对齐，并单独占一行，如

```
        {
            int a=10;
            float f=5;
            double d;
            d=a+f;
        }
```

（4）低层次的语句（包括复合语句）可比高层次的语句缩进若干格后书写，使程序结构更加清晰，如

```
        for(i=1;i<10;i++)               /*高层次语句*/
        for(j=i+1;j<=10;j++)            /*中层次语句*/
        k=i*j;                          /*低层次语句*/
```

程序中，高层次语句控制中层次语句，而中层次语句控制低层次语句，因此错落有致地编写程序，将增强程序可读性。

## 本章小结

通过几个简单功能的程序，了解 C 语言的程序结构一般包括#include 头文件包含、#define 符号常量定义的编译预处理命令，程序运行的入口函数 main（即主函数）为被调用户自定义函数，涉及用户自定义函数中变量定义与使用，以及函数的输入/输出、返回等重要概念。

C 语言的字符集包括大小写英文字母、数字和空格（包括空格、制表符换行符）。同时给出运算符、分隔符（空格、分号等）和转义字符以及注释符等定义，并在 C 语言字符集的基础上，定义了由以英文字母或下画线开头的英文字母、数字、下画线构成的标识符，用于表示变量、符号常量或函数名等。标识符中的英文字母大小是相互区别的。在标识符中，基本数据类型符、预处理命令名、系统函数名以及控制语句符等是 C 语言约定的，不可作为他用，把这些特殊标识符称为关键字，或称保留字（只能由系统使用）。

计算机内存最小的数据单元为字节（8 位二进制位）。以字节为基本单位构成连续、顺序的内存，根据作用的不同，可把内存划分为系统区、应用程序区与数据区。计算机的任何处理，程序、数据都必须在内存相应区域中。数据是过程型语言程序处理的对象，数据可以包括常量、变量和表达式，可以参加各种运算，因此数据或称数据对象也称为运算数。常量分为常数和符号常量以及常变量，都是指在程序运行中不可对其进行修改的量，它们是程序的构成部分，存储在程序区中（常变量除外）。变量对应数据单元在内存数据区中，该区域具有可读/可写的特

点，因此，程序中的变量也就成为可变的量。变量在程序中用变量名表示，变量值的改变是通过赋值运算，或复合赋值运算，或自增和自减运算来完成的。

C 语言任何数据（包括常量、变量和表达式）属于某种数据类型。所谓数据类型，是指具有决定数据精度、数据存储单元大小和数据有效取值范围的属性。属于同一数据类型的数据都具有数据类型所规定的数据属性。基本数据类型包括字符型、整型和浮点型，并用 char，int，float 等类型关键字进行表示。对于变量必须"先定义，后使用"，也可在定义中对变量进行初始化，变量值具有"挤得掉，取不尽"的特点。

运算可以实现数据的加工与处理功能，并且由运算符表示。运算符的概念包括运算符功能、运算数的数目、运算数数据类型、运算优先级和结合性 5 个方面。本章涉及的运算符包括算术运算符、赋值运算符、复合赋值运算符、逗号运算符、圆括号运算符、关系运算符、逻辑运算符和数据单元大小运算符 sizeof（《数据类型符》⊥《变量名》）。

表达式由运算数与运算符构成，且符合 C 语言规范的表达式，表示对数据的加工和处理，其求值按运算符的优先级和结合性进行。通过赋值运算符和复合赋值运算符，以及自增和自减算术运算符的运算可改变变量的值。

表达式中，当不同数据类型的数据进行混合运算时，一般利用临时单元对数据进行数据类型的自动转换，转换的原则是低精度转换为高精度，数据单元小的转换为数据单元大的，然后再进行运算。这一数据类型自动转换原则确保数据运算不失真。但有些运算符具有特殊要求，如求余"%"运算符要求两个运算数为整数、空类型（void），自动转换的结果不能符合运算要求，需要进行数据类型强制转换。

关系运算也称为比较运算，主要有"等于""不等""小于""小于等于""大于""大于等于" 6 种，并有相应的运算符"==""!=""<""<="">"">="。这些运算符都是二元运算符，而且都具有左结合性。由于 C 语言没有逻辑数据类型，也就没有逻辑型的数据，因此 C 语言规定，关系运算的结果为 1 或 0，且 1 相当于逻辑"真"，0 相当于逻辑"假"，所以关系表达式的值为 1 或 0。由于关系运算符的优先级都低于算术运算符的优先级，因此可以简单记为"只有进行算术计算后得到数据值，才能进行比较，而由比较的结果得到"真"（即 1），或"假"（即 0）"。尽管 C 语言没有逻辑数据，但还是提供了逻辑"非""与""或"运算，对应的逻辑运算符为"!""&&""||"。C 语言规定，参与逻辑运算的运算数分为非 0 和 0，且非 0 相当于逻辑"真"，而 0 相当于逻辑"假"。逻辑表达式的值也为 1 和 0，即相当于逻辑"真"和"假"。除"!"运算符外，"&&"运算符、"||"运算符的优先级都低于关系运算符，简单记忆为"关系运算的结果得到"真（即 1）""假（即 0）"后，才能进行逻辑运算（"!"除外），结果为"真（即 1）"或"假（即 0）"。记住，特例非"!"运算符的优先级高于算术运算符。"!"为右结合性逻辑运算符，"&&"和"||"为左结合性运算符。

表达式中，运算符要进行运算，也必须通过语句进行。语句是程序可执行的基本单位，C 语言语句包括完成数据处理的表达式语句，启动程序模块的函数调用语句，控制程序语句流程走向的控制语句，为完成一定功能多条语句构成的复合语句，以及没有实际意义作用的空语句。任何语句都以分号结束，即分号是语句的分隔符。编译系统对 C 语言源程序编译是"逐行从上到下，同行从左到右"进行的，因此在源程序中，充分利用有效分隔符、缩进（实际上是空格分隔符）、注释、自定义标识符和"见名知意"大小写等，可以增强程序的可读性与可理解性。

# 习题 2

## 一、叙述题

1. 标识符、标识符的作用。

2. 数据、常量、变量、表达式、运算数。

3. 数据类型、整型、浮点型、字符型。

4. 运算、运算符。

5. 函数、程序的构成。

6. 变量的属性。

7. 预处理命令。

8. 在学习运算符时，需要掌握运算符的什么要点？

9. 按照优先级从高到低的顺序，总结本章所学到的运算符。

10. 表达式和语句有什么不同？

11. 为何 C 语言程序设计中"变量必须先定义后使用（访问）"？

## 二、判断题

1. 判断下面标识符的合法性（正确√，错误×）：

| | | | | | | |
|---|---|---|---|---|---|---|
| a.b | Data_base | arr() | x-y | _1_a | $dollar | _Max |
| fun(x) | 3abc | Y3 | No: | (Y/N)? | J.Smith | a[1] |
| Yes/No | ox123 | 0x123 | x=y | a+b-2 | _1_2_3 | funx |

2. 判断下面常量合法性（正确√，错误×）：

| | | | | | | | |
|---|---|---|---|---|---|---|---|
| 'Abc' | $2^4$ | -0x123 | 10e | 077 | 088 | \'n' | "A" |
| +2.0 | 0xab | 10e-2 | 0xef | \'111' | "x/y" | π | '\ff' |
| 35C | '?' | e3 | -085 | xff | '\aaa' | 10:50 | "#" |
| 3. | -85 | ff | '\xab' | "10:50" | '\\' | "\\" | '\t' |

## 三、填空题

1. 对于整数 10 和-10，给出其所属不同整型在内存数据单元中的存储形式：

| 数据类型 | 10 | −10 |
|---|---|---|
| int | | |
| short int | | |
| long int | | |
| unsigned int | | |
| unsigned short | | |
| unsigned long | | |

然后把存储形式转换为八进制数和十六进制数，编程验证正确性。

2. (a=5)&&a++||a/2%2，表达式的值为_____，a 值为_____。

3. 定义"int x=10,y,z;"执行"y=z=x;x=y==z;"后，变量 x 的值为_____。

4. 以下运算符中优先级最低的运算符为_____，优先级最高的为_____。

    A. &&        B. !        C. !=        D. ||        E. >=        F. ==

5. 若 w=1，x=2，y=3，z=4，则条件表达式 w<x?w:y<z?y:z 的结果为_____。

   A. 4                 B. 3                 C. 2                 D. 1

6. 根据题意写出表达式。

   （1）设 n 是一个正整数，写出判断 n 是偶数的表达式为_____。

   （2）设 a，b 是实数，写出判断 a，b 同号的表达式为_____。

   （3）设 a，b，c 是一个三角形的三条边，分别写出判断直角三角形、等边三角形和等腰三角形的条件为_____。

## 四、求表达式的值

已知 "int a=10,b=2; float c=5.8;"，分别求下面表达式的值。

1.
```
a+'a'-100*b%(int)c
a+++b++-a---b-
b++%a++*(int)c
```

2.
```
a>b-4*c!=5
c<=a%2>=0
```

3.
```
a&&b||c-6
c-6&&a+b
!c+a&&b
```

4.
```
a>b%3?a+b:a-b
a>b?a>c?a:c:b>c?c:b
```

## 五、写出程序运行输出结果

1.
```
int main()
{
    int x=2,y=0,z;
    x*=3+2;
    printf("%d",x);
    x*=y=z=4;
    printf("%d",x);                    //_____
}
```

2.
```
int main()
{
    float x;  int i;
    x=3.6;  i=(int)x;
    printf("x=%f,i=%d",x,i);           //_____
}
```

3.
```
int main()
{
```

```
        int a=2;
        a=4-1;
        printf("%d, ",a);                    //_____
        a+=a*=a-=a*=3;
        printf("%d",a);                      //_____
    }
```

4.

```
    int main()
    {
        int x=02,y=3;
        printf("x=%d,y=%d",x,y);             //_____
    }
```

5.

```
    int main()
    {
        char c1='6', c2='0';
        printf("%c,%c,%d,%d\n",c1,c2,c1-c2,c1+c2);  //_____
    }
```

6.

```
    int main()
    {
        int x,y,z;
        x=y=1;   z=++x-1;
        printf("%d,%d\n",x,z);               //_____
        z+=y++;
        printf("%d,%d\n",y,z);               //_____
    }
```

# 第3章

# 结构化程序设计

算法是表达问题的求解过程，具体体现在具有一定功能的一系列步骤上。计算机语言复述（表达）的算法构成程序，程序中的语句大体上对应算法的步骤，即语句也要体现步骤的功能，包括算法的顺序、分支和循环结构，也就是在程序中的一条语句执行完毕后决定如何执行下一条语句的执行流程。程序结构可划分为三种基本类型：顺序结构、分支结构和循环结构。这三种基本结构可组成各种复杂的程序，除顺序结构语句顺序依次执行外，分支结构与循环结构均需要相应的语句控制，进而决定下一条语句的执行。本章学习的重点是掌握控制程序流程（或称程序走向）。

## 3.1 顺序程序设计

顺序结构是结构化程序的三种基本结构之一，其表达问题的求解过程按照时序特性，对连续、依次的步骤进行求解，最终达到求解目标。最基本的求解步骤体现于 C 语言的基本语句执行，C 语言的顺序结构体现了"自上而下，自左到右"的依次执行的语句，也就是在每条语句执行结束后不做任何判断而无条件地自动执行紧邻的下一条语句。这是最简单的一种程序结构。

人机交互是计算机系统的基本功能，它主要在顺序程序设计中应用，通过计算机的键盘、鼠标和屏幕等人机接口设备，实现计算机与人之间的交互。计算机高级语言均提供实现输入/输出的功能，其主要表现是，在程序的运行过程中接收用户输入的数据，输出程序处理结果以反馈给用户。在 C 语言中，所有的输入/输出操作都是通过对标准 I/O 库函数（输入/输出函数）的调用实现的。所谓函数，是指具有特定功能的程序模块，通过函数调用来启动函数的执行，进而实现特定的功能。有关的函数概念将在模块化程序设计章节中介绍。输入/输出函数可分为格式化输入/输出函数和非格式化输入/输出函数两大类。

### 3.1.1 格式化输入/输出

格式化输入/输出函数是指按指定格式输入/输出数据的函数。

#### 1. 格式化输出函数

printf 函数称为格式化输出函数，其功能是按指定格式把数据输出到屏幕上。printf 函数是一个常用的标准库函数，其函数原型（代码程序引用声明）在头文件 stdio.h 中。作为特例，在使用 printf 函数之前，可省略对头文件 stdio.h 的包含。

（1）printf 函数调用的一般格式为

```
        int printf(«格式说明串» └,«运算数»┘)
```

其中，"格式说明串"包括两部分：按原样输出的普通字符和格式控制串（%格式符）。后者用
于确定数据的输出类型和格式，它与输出数据一一对应，包括个数和输出数据类型，且位置和
次序必须一致，否则会出现异常。格式符见后续章节中的介绍。若"格式说明串"只有普通字
符用于输出，则"运算数"可以省略；反之，若没有"运算数"，则"格式说明串"也只能原
样地输出普通字符。"运算数"可以是常量、有值的变量或表达式。"└,«运算数»┘"中的逗号
是分隔符，而非运算符。printf 函数的返回值是输出所占屏幕的列数。若不关注函数的返回值，
而只关注函数的功能，则可省略这个返回值。

**例** 3.1  输出函数的使用举例。

```
#include "stdio.h"
void main()
{
    int a=88,b=89;
    printf("This is an example of output information.\n");   /*1*/
    printf("%d %d\n",a,b);                                   /*2*/
    printf("%d,%d\n",a,b);                                   /*3*/
    printf("%c,%c\n",a,b);                                   /*4*/
    printf("a=%d,b=%d\n",a,b);                               /*5*/
}
```

运行结果：

```
This is an example of output information.
88 89
88,89
X,Y
a=88,b=89
```

第 1 个 printf 函数输出文字信息"This is an example of output information."，没有运算数列
表，"格式说明串"中没有格式控制串，都是普通字符。4 次均输出 a 与 b 的值，但由于"格
式说明串"不同，输出的结果也不同。第 2 个 printf 函数的"格式说明串"中，两个格式控制
串"%d"之间有一个空格（普通字符），因此输出的 a 与 b 的值之间有一个空格。第 3 个 printf
函数的"格式说明串"中，两个格式控制串"%d"之间有一个逗号"，"（普通字符），因此输出
的 a 与 b 的值之间有一个逗号。第 4 个 printf 函数的"格式说明串"中，除普通字符的逗号外，
还有格式控制串"%c"，它要求按字符格式输出 a 与 b 的值（ASCII 码为 88、89 的字符）。第 5
个 printf 函数与第 2 个 printf 函数相似，为便于读取输出结果，还增加了普通字符"a="和"b="。
可以看出，函数 printf 的"格式说明串"中，普通字符原样输出，而同样的数据若格式控制串
中的格式符不同，则输出结果（形式）也不同。

（2）格式控制串。若 printf 函数没有"运算数"输出，即没有数据输出，则"格式说明串"
只能是由普通字符构成的字符串。若 printf 函数有"运算数"输出，则"格式说明串"中必须
包含格式控制串，其基本形式为

```
        «%» └ ±0┘ m └.n┘ └l┘ «格式符»
```

其中，"%"与"格式符"必不可少（注意，在格式说明串中，"%"仅构成格式控制串，它不
是求余运算符）。有关"格式符"及其作用见表 3.1，其他选项的含义如下。

① m 和 0。m 为正整数，表示输出数据（包括字符和字符串）所占的列数（1 列为屏幕上的一个光标位）。若输出数据是浮点数，则小数点也要占 1 列。

当 m 小于数据（包括字符和字符串）的实际位数（长度）时，m 不起作用，数据原样输出。当 m 为 1 时，可以省略，因为输出的任何数据的长度都大于 1，此时原样输出。当 m 大于数据的实际位数时，若为+m（也可省略"+"号），则输出数据靠右对齐，左边补空白符；若为–m，则输出数据靠左对齐，右边补空白符。类似地，若是 0m 或–0m，则不补空白符，而补 0。

表 3.1　printf 函数的格式符

| 格式符 | 指定输出数据的类型 |
| --- | --- |
| d | 按十进制有符号整数输出 |
| u | 按十进制无符号整数输出 |
| f | 按浮点数输出 |
| s | 按字符串输出 |
| c | 只能输出单个字符) |
| e, E | 输出指数形式的浮点数 |
| x, X | 输出以十六进制表示的无字符整数 |
| o | 输出以八进制表示的无字符整数 |
| g, G | 自动选择 f 或 e 的方式显示 |

② n。n 为正整数，若输出数据为浮点数，则 n 表示输出浮点数要保留的小数位的位数，且 n 小于 6。若 m 小于 n，则浮点数的整数部分原样输出（m 不起作用）。取 n 位小数时，需要四舍五入进位。若输出数据为字符串，则 n 表示只取字符串的前 n 个字符（n 应小于字符串的实际长度）。若 m 小于 n，则直接输出字符串的前 n 个字符（m 不起作用）。

③ l。输出数据为整数或浮点数时，l 表示整数按长整型或双精度形式输出。

**例 3.2**　格式说明串的应用。

```c
#include "stdio.h"
void main()
{
    int a=65;
    float b=123.456789;
    double c=12345678.123456789;
    char d='a';
    printf("a=%d,%5d,%-5d,%o,%x\n",a,a,a,a,a);
    printf("b=%f,%lf,%5.4lf,%e,%10.2e\n",b,b,b,b,b);
    printf("c=%lf,%f,%8.4lf\n",c,c,c);
    printf("d=%c,%8c\n",d,d);
    printf("s=%s,%2s,%5s,%-5s,%.2s\n","ABC","ABC","ABC","ABC","ABC");
    printf("a=%06d\n",a);
}
```

运行结果：

```
a=65,   65,65   ,101,41
b=123.456782,123.456782,123.4568,1.234567e+002,  1.23e+002
c=12345678.123457,12345678.123457,12345678.1235
d=a,       a
s=ABC,ABC,  ABC,ABC  ,AB
a=000065
```

转义字符是普通字符，但它具有控制光标位置的作用，即可使数据输出到期望的位置。常用的转义字符有'\n' '\r' '\b' '\t'等。

例 3.3　转义字符的输出。

```
#include "stdio.h"
void main()
{
    int a=12345;
    printf("%d\t%d\b%d\n%d%d\rEND\n\x41\101A\n",a,a,a,a,a);
}
```

运行结果：

```
12345   123412345
END4512345
AAA
```

printf 函数的"格式说明串"中含有控制光标位置的转义字符。首次输出 12345 后，'\t'使光标跳到下一个区域（每个输出区域占 8 列），即光标位于第 9 列；第二次输出 12345 后，输出'\b'，即光标向左退一列到 5 的位置，同时擦除数字 5；第三次输出 12345 后，输出'\n'，即回车换行（光标在下一行的最左侧），接着输出 1234512345 后，输出'\r'，即进行回车换行（光标在同一行的最左的），但保留同一行的所有字符（1234512345），再输出普通字符 END，覆盖123，但 4512345 仍然保留；输出'\n'，光标出现在下一行的起始位置上，最后输出普通字符 AAA（A 的 ASCII 码为 65，十六进制数为 41，八进制数为 101）。可以看出，转义字符可视为普通字符来理解。

**2．格式化输入函数**

scanf 函数是格式化输入函数，它从标准输入设备（键盘）读取信息到变量中，其原型在头文件 stdio.h 中。与 printf 函数相类似，C 语言也允许在使用 scanf 函数之前省略对头文件 stdio.h 的包含。

（1）scanf 函数调用的一般格式为

```
int scanf(«格式说明串», «地址 1»[, «地址 2»]⋯)
```

其中，"格式说明串"包括两部分：按原样输入的普通字符（在输入数据时，从键盘输入的字符要求一一对应）和格式控制串。后者用于确定数据的输入类型和格式，要求与变量的指针（或数据单元地址）一一对应。这个函数的返回值是输入数据的个数。在使用这个函数时，一般不关注该函数的返回值，而只关注该函数输入数据的功能。

例 3.4　输入函数的应用。

```
#include "stdio.h"
void main()
{
    int i, j;                    //定义变量
    float g,h;                   //定义变量
    scanf("i=%d, j=%d", &i, &j); //输入 int 型数据
    scanf("%f,%f", &g, &h);      //输入 float 型数据
    printf("i=%d, j=%d\n",i,j);  //输出 int 型数据
    printf("g=%f, h=%f\n",g,h);  //输出 float 型数据
}
```

运行结果：

```
i=10,j=100 ↵（回车）
1.2,3.4 ↵（回车）
i=10,j=100
g=1.200000,h=3.400000
```

该程序很简单，即输入两个 int 型数据，并输出数据。在第 1 个 scanf 函数的"格式说明串"（"i=%d, j=%d"）中，"i" "=" ","（逗号）"j"和"="都是普通字符，要求在从键盘输入数据时完全一一对应，即"i=" ","（逗号）"j="都是由键盘一一对应输入的，而格式控制串"i=%d, j=%d\n"与变量 i、j 的地址&i、&j 的个数和数据类型一一对应，而且格式控制串"i=%d, j=%d\n"与输入数据（10、100）的个数和数据类型也一一对应。scanf 函数的功能是分别给变量 i、j 赋值，即变量 i、j 分别获得数值 10、100。从键盘输入数据时，只有输入数据的格式与 scanf 函数的格式说明一致时，才能正确地给变量输入数据。在这个程序中，若没有输入"i" "=" ","（逗号）"j" "="其中任意一个普通字符，则程序将出错。在第 2 个 scanf 函数的"格式说明串"（"%f, %f"）中，只有逗号","是普通字符，输入数据时，也要输入逗号。格式控制串"%f, %f"与变量 g、h 的地址&g、&h 的个数和数据类型一一对应，而且格式控制串"%f, %f"与输入数值（1.2、3.4）的个数和数据类型也一一对应，这样才能实现对变量 g、h 的赋值。对于第 1 个 printf 函数，"i" "=" ","（逗号）"j" "="为普通字符原样输出，同时输出两个变量 i、j 的值 10、100。对于第 2 个 printf 函数，"g" "=" ","（逗号）"h" "="为普通字符，它们原样输出，同时输出两个变量 g、h 的值 1.200000、3.400000。

（2）变量指针。介绍变量时，提到了计算机内存的分区包括系统区、应用程序区与数据区。内存中了最小数据单元为字节单元（8 位二进制位），它按字节单元连续排列。每个字节单元都有相应的编号，这些编号就是地址，这样的关系就如同连续相同大小的房间与房间号的关系（如图 3.1 所示）。数据单元的大小（字节数）由数据类型决定，如 int 型变量的数据单元为 2 字节，float 型变量的数据单元为 4 字节，char 型变量的数据单元为 1 字节。数据单元的第一字节的地址（即首地址）称为数据单元的地址。C 语言是高级语言，程序中会使用到变量，如变量定义"int a,b,c;"；变量对应的数据单元由操作系统分配与维护，而在程序中只要通过变量名就可访问数据单元（包括取值和赋值）。给变量分配数据单元

| 程序中变量 | 数据区中数据单元 | |
|---|---|---|
| a | &a = 1000→ | |
| | 1001→ | |
| | 1002→ | |
| c | &c = 1003 | 00000000 |
| | 1004→ | 00001010 |
| b | &b = 1005→ | |
| | 1006→ | |
| | 1007→ | |
| | 1008→ | |

图 3.1　变量、地址（指针）与数据单元

后，也就确定了数据单元的地址。在程序中可以通过取地址运算符"&"和变量构成的表达式进行表示和获取，如变量 i、j、k 的地址分别为&i、&j、&k，这 3 个变量对应的数据单元（分别为 2 字节）在内存中不一定连续。实际上，我们在编写程序时只关心数据单元地址（由变量取地址运算符表示）的访问数据单元，而不关心地址的具体值，这也是高级语言的特点，即无须参与内存的管理。变量取地址称为变量的指针，地址是相对内存中的数据单元而言的，而指针是相对程序中的变量而言的。两者本质上的含义相同。

例 3.5　变量单元的大小及其地址。

```c
#include "stdio.h"
void main()
```

```
    {
        int i; float f; char c; double d;              //变量定义
        printf("size(i)=%d, address(i)=%x\n",sizeof(i),&i);
                                    //int 型变量数据单元大小与地址
        printf("size(f)=%d, address(f)=%x\n",sizeof(f),&f);
                                    //float 型变量数据单元大小与地址
        printf("size(c)=%d, address(c)=%x\n",sizeof(c),&c);
                                    //cha 型变量数据单元大小与地址
    printf("size(d)=%d, address(d)=%x\n",sizeof(d),&d);
                                    //变量数据单元大小与地址
    }
```

运行结果:

```
    size(i)=2, address(i)=12ff7c
    size(f)=4, address(f)=12ff78
    size(c)=1, address(c)=12ff74
    size(d)=8, address(d)=12ff6c
```

sizeof 运算符用于求解变量的数据单元大小（字节数），其运算数可以是变量名或数据类型符。在程序中，sizeof(i)可改写为 sizeof(int)，以此类推。在程序中要定义变量，并为每个变量分配相应大小的数据单元，因此变量也有指针（数据单元地址）。注意，上面的程序每次运行（或在不同机器上运行）时，每个变量的指针（数据单元地址）可能是不同的，但都存在数据单元和地址（变量的指针）。

总体来说，变量有对应的数据单元，每个数据单元都有首地址，这个地址也就是变量的指针，用"«&»«变量名»"表示，其中"&"为获取变量指针（地址）的取地址运算符。

变量（变量名）、指针、数据单元、地址和数据的概念很重要。现实生活中具有很好的对应关系，如房间（数据单元）、房间号（地址、指针）、房间名（变量名）、房间里的人（数据单元中的数据，即变量的值）。

实际上，scanf 函数给变量赋值时，是通过指针（地址）把来自键盘的数据送到指针（地址）所指向的数据单元中的。

指针也是一种数据，有关指针的更详细内容将在第 4 章和第 5 章中介绍。

（3）格式控制串。格式控制串的一般形式为

«%»⌊*⌋⌊m⌋⌊l⊥h⌋«格式符»

各项的具体含义如下。

① "格式符"。"格式符"用于指明输入数据的类型，这与等待输入数据变量的数据类型一致。格式符及其含义如表 3.2 所示。

② "*"。格式控制串与输入变量指针（地址）一一对应。格式控制串多于输入变量指针（地址）时，"*"用于表示在输入数据序列的过程中跳过"*"对应的输入数据，如

表 3.2  scanf 函数格式符及其含义

| 格式 | 指定输入数据的类型 |
|---|---|
| d | 输入十进制整数 |
| o | 输入八进制整数 |
| x | 输入十六进制整数 |
| u | 输入无符号十进制整数 |
| f | 输入浮点数(用小数形式) |
| e | 输入浮点数(用指数形式) |
| c | 输入单个字符 |
| s | 输入字符串 |

```
int a, b;
scanf("%d%*d%d",&a,&b);
```

从键盘输入数据序列 1 2 3 时，把 1 赋给 a，2 被跳过，把 3 赋给 b，即放弃"*"对应的输入数据 2。注意：格式控制串中的"*"不是乘运算符和指向运算符（后续介绍），仅用于说明跳过对应的输入数据。

③ "m"。"m"为十进制整数，用于指明读取输入数据的长度（即列数），如

```
scanf("%5d",&a);
```

从键盘输入数据 12345678 时，由于只有 5 列数据，因此把 12345 赋给变量 a，其余部分被截去。又如

```
scanf("%4d%4d",&a,&b);
```

从键盘输入数据 123456789990 时，变量 a、b 分别获取 4 列的数据，即把 1234 赋给 a，而把 5678 赋给 b，其余部分则被截去。

④ "l"和"h"。"l"或"h"为数据类型修饰符。"l"表示输入长整型数据（如 ld）和双精度浮点数（如 lf）；"h"表示输入短整型数据。如

```
long int i;
double d;
short int s;
scanf("%ld%lf%hd",&i,&d,&s);
```

例如，从键盘输入数据 123124　46464565.2344　45 时。若没有数据类型修饰符，则不能正确地读取数据（精度越界）。

（4）格式化输入函数的注意事项。

① 不同于 printf 函数的格式控制串，scanf 函数的格式控制串中没有精度（小数位）控制，如 "scanf("%5.2f",&a);" 是非法的。

② 不同于 printf 函数的参数列表，scanf 函数的输入参数列表为"地址列表"，而非基本类型的"变量列表"，即要求给出变量指针（地址），如

```
int a;
scanf("%d",a);
```

是非法的，因为 a 是整型变量，故改为 "scanf("d",&a);" 才合法。

③ 在输入多个数值型（整型或浮点型）的数据时，若"格式说明串"中没有普通字符作为输入数据之间的分隔符，则可使用空格、制表位或回车作为数值型数据的分隔符，即程序中输入数值型数据时，若遇到空格、制表位、回车或非法数据（如对"%d"输入"12A"时，A 即为非法数据），则认为数值型数据的输入结束，如

```
int i;  float f;  double d;  short int s;
scanf("%ld%f%lf%hd",&i,&f,&d,&s);
```

从键盘输入数据 123sd123.3455　5353.4354fgdf　434 时，非数值型字符会起数值型数据分隔符的作用，因此 i 的值为 123，f 的值为 123.3455，d 的值为 5353.4354，s 的值为 434。

④ 在输入字符数据时，若"格式说明串"中没有普通字符，则认为输入的所有字符均为有效字符，如

```
char a,b,c;
scanf("%c%c%c",&a,&b,&c);
```

若从键盘输入 d e feg，则把"d"赋给 a，把" "（空格）赋给 b，把"f"赋给 c，即依次输入 3 个字符（空白符也是字符），"feg"作废。只输入 defeg 时，才能依次把"d"赋给 a，把"e"赋给 b，把"f"赋给 c，其他字符作废。若在格式说明串中加入空格作为分隔符，则这些空格是普通字符，会原样输入，如

```
scanf ("%c %c %c",&a,&b,&c);
```

从键盘输入 d e f，依次把"d"赋给 a，把"e"赋给 b，把"f"赋给 c，而输入的空格为普通字符，会原样输入。

⑤ 若"格式说明串"中有普通字符，则输入时也要输入该普通字符，即普通字符原样输入，起分隔符的作用，如

```
int a,b,c;
scanf("%d,%d,%d",&a,&b,&c);
```

其中，"格式说明串"中含有的逗号","为普通字符，用作输入数据的分隔符。从键盘输入 5，6，7，分别给变量 a，b，c 赋值 5，6，7。又如

```
scanf("a=%d,b=%d,c=%d",&a,&b,&c);
```

"格式说明串"中含有的"a" "=" "," （逗号）"b" "=" "," （逗号）"c" "="为普通字符，需要原样输入。从键盘输入 a=50，b=60，c=70 时，分别给变量 a，b，c 赋值 50，60，70。若输入数据与输出数据的数据类型不一致，虽然编译能够通过，但在输出数据时需要按数据类型自动转换处理，如

```
int a;
scanf("%d",&a);        //有符号整型输出
printf("%u",a);        //无符号整型输出
printf("%c",a);        //字符型输出
printf("%f",a);        //浮点型输出
```

这种输出可能出现不可预见的结果。

### 3.1.2 字符输入/输出

字符的输入/输出可结合格式控制串"%c"，由格式化输入/输出函数实现，也可通过字符输入/输出函数 getchar 和 putchar 完成。这两个函数不仅使用方便，而且具有编译后的代码少、运行速度快等特点。字符输入/输出函数的原型在头文件 stdio.h 中，因此在程序文件头部需要包含这个头文件，即需要添加语句#include <stdio.h>。

#### 1. 字符输出函数

字符输出函数 putchar 的功能是在显示器上输出单个字符，其格式为

```
int putchar(«字符型数据»⊥«整型数据»)
```

其中，"字符型数据"或"整型数据"可以是字符常量（包括转义字符）、字符型变量、值为字符型的表达式，也可以是正整常数、正整型变量、值为正整型的表达式（正整数与字符型数据的编码与字符型数据编码一致，只是字节数不同，因此正整数数值不超过 ASCII 码范围（0~

255），此时两者等价）。putchar 函数的返回值为输出字符的 ASCII 码，在使用该函数时，一般只关注输出字符的功能，而不关注返回值。

例 3.6　字符输出函数的应用。

```
#include <stdio.h>
void main()
{
    char a,b;                //字符变量定义
    int c,d;                 //整型变量定义
    a=70+2;                  //整型表达式赋给字符变量
    b='\x49';                //转义字符赋给字符变量
    c='N';                   //字符常量赋给整型变量
    d='\100'+1;              //混合表达式赋给整型变量
    putchar(60+7);           //按表达式的 ASCII 码输出字符
    putchar(a);              //按字符变量的 ASCII 码输出字符
    putchar(b);              //按字符变量的 ASCII 码输出字符
    putchar(c);              //按整型变量的 ASCII 码输出字符
    putchar(d);              //按整型变量的 ASCII 码输出字符
    putch('\n');             //按转义字符的 ASCII 码输出字符--回车换行
}
```

运行结果：

```
CHINA
```

可以看出，整型数据与字符型数据可以混合运算。由于程序中需要字符型数据，因此在进行混合运算时，混合运算结果不能超过 ASCII 码的有效范围（0～255）。也就是说，在 ASCII 码的有效范围内，整型数据与字符型数据是等价的，可以互换使用。

**2．字符输入函数**

字符输入函数 getchar 的功能是从键盘上输入一个字符，其格式为

```
int getchar()
```

该函数返回从键盘输入的字符的 ASCII 码。

例 3.7　字符输入函数的应用。

```
#include<stdio.h>
void main()
{
    char c;
    printf("Input a character: ");    //输出提示信息
    c=getchar();                      //从键盘读入数据，并赋给变量 c
    putchar(c);                       //屏幕上显示字符
}
```

运行结果：

```
Input a character: A
A
```

使用 getchar 函数还应注意：输入数值也按字符处理（数字字符串），且读取 1 个数字字符。

例如，在上述程序运行时，若输入 1234，则结果为 1。实际上，这是输入字符串"1234"而非输入整数 1234。同时，也可看出输入多个字符时，也只接受第一个字符，如输入 abcd，结果只输出 a。

需要说明的是，格式输入/输出函数和字符输入/输出函数都有函数返回值。通过返回值，可以判断输入/输出数据执行的正确性。上述内容只是强调这些函数的输入/输出功能，在简单的应用中，这些函数基本上不会出错。

### 3.1.3　顺序程序设计举例

**例 3.8**　根据体积换算重量，已知重量和体积的关系为"重量=(体积+165) / 166"。

```
#include <stdio.h>
int main()
{
    int height, length, width, volume, weight;   //定义变量
    printf("Enter height of box: ");             //显示提示信息
    scanf("%d",&height);                         //输入数据
    printf("Enter length of box: ");             //显示提示信息
    scanf ("%d", &length);                       //输入数据
    printf("Enter width of box: ");              //显示提示信息
    scanf ("%d" , &width);                       //输入数据
    volume=height * length * width;              //计算赋值
    weight=(volume + 165) / 166;
    printf("Dimensions: %d×%d×%d\n",length, width , height);  //输出数据
    printf ("Volume (cubic inches): %d\n", volume);
    printf("Dimensional weight (pounds):%d\n",weight);
    return 0;
}
```

运行结果：

```
Enter height of box: 8↵（回车）
Enter length of box: 12↵（回车）
Enter width of box: 10↵（回车）
Dimensions: 12×10×8
Volume (cubic inches): 960
Dimensional weight (pounds): 6
```

**例 3.9**　人民币兑换外币。要求用户输入人民币金额，换算出相应美元、日元和欧元的金额。设各自的汇率比价是：6.32 人民币/美元，8.30 人民币/欧元，8.06 人民币/100 日元。

```
#include <stdio.h>
main()
{
    float x,a,b,c;                              //变量定义
    printf("输入人民币金额：");                  //显示提示信息
    scanf("%f",&x);                            //输入数据
    a=x/6.32;                                  //计算
    b=x/8.3;
    c=x*100/8.06;
    printf("%.2f 元换成美元是: %.2f\n",x,a);    //输出数据
```

```
    printf("%.2f 元换成欧元是：%.2f\n",x,b);
    printf("%.2f 元换成日元是：%.2f\n",x,c);
    return 0;
}
```

运行结果：

```
输入人民币金额：100
100.00 元换成美元是：15.82
100.00 元换成欧元是：12.05
100.00 元换成日元是：1240.69
```

其中，输出人民币和外币时保留两位小数。

## 3.2 分支程序设计

大量问题的求解都需要根据某种条件来选择相应的处理方法,具体体现在分支程序的结构中,即执行下一条语句执行之前,先要进行当前条件的判断,再选择相应的语句执行。C 语言提供了实现分支程序结构的多种语句,主要有 if 语句、switch 语句与 break 语句的联合,其中 if 语句多用于实现二分支的分支结构,而 switch 语句与 break 语句联合用于实现多分支的分支结构。选择条件或称判断条件作为分支程序结构的重要组成部分,主要采用关系运算（比较运算）和逻辑运算构造的表达式。

if 语句是实现二分支结构的基本语句,它根据给定选择条件的非 0（逻辑"真"）或 0（逻辑"假"）来执行对应的分支语句。

### 3.2.1 if 语句及其嵌套

根据使用的情况, if 语句可分为三种形式。

#### 1. if 语句的第一种形式

if 语句的第一种形式为

```
if(«选择条件») «语句1»
else «语句2»
```

其中,"选择条件"可以是常量、变量或表达式（包括关系表达式、逻辑表达式、算术表达式等）,它作为选择"语句1"或"语句2"的判断条件。"语句1"和"语句2"可以是任何语句,包括简单的语句、复合语句、另一条 if 语句（即另一条内嵌的 if 语句）、循环语句等。if 语句的功能是：若"选择条件"非 0（"真"）,则执行"语句1"；否则执行"语句2"（如图 3.2 所示）。

例 3.10    输入两个数,并输出其中的最大值。

```
#include <stdio.h>
void main()
{
    int x, y, m;                    /* 定义变量 */
    scanf("%d%d",&x,&y);            /* 输入数据 */
    if (x>y) m=x;                   /* x 大, 保留 x */
    else  m=y;                      /* y 大, 保留 y */
    printf("max=%d\n", m);          /* 输出最大 m */
}
```

运行结果:

```
5  12↵（回车）
max=12
12  5↵（回车）
max=12
```

通过 scanf 函数输入两个数并赋给变量 x、y。若 x 的值大于 y 的值，则把 x 的值赋给变量 m；否则把 y 的值赋给 m。因此 m 的值总是最大的，最后输出 m 的值（如图 3.3 所示）。

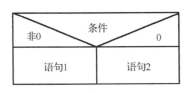

图 3.2 二分支结构

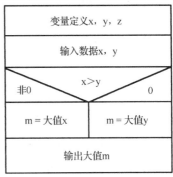

图 3.3 输出最大值

**例 3.11** 输入一门课程的成绩，判断是否及格。

```c
#include <stdio.h>
void main( )
{
    int score;                            /*定义变量*/
    scanf("%d",&score);                   /*输入成绩*/
    if(score>=60)  printf("passed\n");    /*输出合格*/
    else printf("failed\n");              /*输出不合格*/
}
```

运行结果:

```
80↵（回车）
passed
56↵（回车）
failed
```

通过 scanf()函数输入成绩并赋给变量 score。若成绩 score 的值大于 60，则输出 passed；否则输出 failed。

**2. if 语句的第二种形式**

if 语句的第二种形式为

```
if(«选择条件») «语句»
```

与 if 语句的第一种形式相比，第二种形式中少了 else 子句，即少了一个分支，其功能为"选择条件"非 0（逻辑"真"）时，执行"语句"。

**例 3.12** 输入两个数，并输出最大值（如图 3.4 所示）。

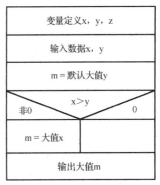

图 3.4 输出最大值

```
#include <stdio.h>
void main()
{
    int x, y, m;
    scanf("%d%d",&x,&y);          //输入数据给变量 x,y
    m=y;                          //默认最大值
    if (x>m) m=x;                 //修正最大值
    printf("max=%d\n", m);        //输出最大值
}
```

运行结果：

```
50  12↵（回车）
max=50
12  50↵（回车）
max=50
```

通过 scanf 函数输入两个数值并分别赋给变量 x、y。把 y 的值先赋给变量 m，即默认 y 的值最大，再用 if 语句判断 m 的值和 x 的值的大小。若 m 的值小于 x 的值，则修正 m 的值（默认错误，需要修正），即把 x 的值赋给 m；若 m 的值大于等于 x 的值，则无须修正 m 的值（默认正确，不需要修正），因此 m 的值总是最大的，最后输出 m 的值。

例 3.13    输入两个实数，按从小到大的顺序排序，并输出排序后的结果。

```
#include <stdio.h>
void main()
{
    float a,b,t;
    scanf("%f%f",&a,&b);     //输入两个数，默认 a 值小，b 值大
    if(a>b)                  //a 值大于 b 值，默认大小错了
    {                        //复合语句，实现两个变量值的交换。修正 a,b 大小值
        t=a;
        a=b;
        b=t;
    }
    printf("%5.2f,%5.2f\n",a,b);//输出排序后结果
}
```

运行结果：

```
50  12↵（回车）
12.00,50.00
12  50↵（回车）
12.00,50.00
```

由于变量具有赋值"挤得掉"的特点，因此"a=b; b=a;"无法对调两个变量的值。为实现两个变量的值的交换，需要借助第 3 个变量（称为"中间变量"或"过渡变量"）。这类似于要交换两个杯子中的水时，需要借助第 3 个杯子暂时存放其中一个杯子中的水。若输入 50、12 并分别赋给变量 a、b，即 a>b，则交换变量 a、b 的值，该过程如图 3.5 所示。具体为① a>b；② t 保留 a 的值；③ b 的值赋给 a；④ t 的值赋给 b。若 a 的值（如 12）小于 b 的值（如 50），则无须交换。这样，a 的值总是小于 b 的值，实现从小到大排序，中间变量 t 及其他值不用关注。

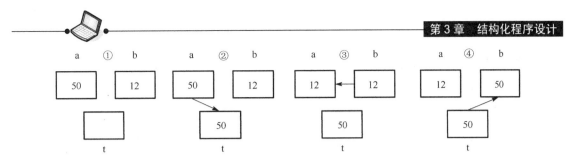

图 3.5 数据交换的过程

另外，除用中间变量外，依次执行"a=a+b;b=a−b;a=a−b;"，也可实现 a、b 变量数值的交换。

**例 3.14** 输入百分制成绩，输出优、良、中、及格和不及格。

```c
#include <stdio.h>
void main( )
{
    int score;                                        //定义变量
    scanf("%d",&score);                               //输入成绩
    if(score>=90&&score<=100)   printf("excellent\n"); //输出等级
    if(score>=80&&score<90)     printf("good\n");
    if(score>=70&&score<80)     printf("middle\n");
    if(score>=60&&score<70)     printf("passed\n");
    if(score<60)                printf("failed\n");
}
```

运行结果：

```
85↵（回车）
good
95↵（回车）
excellent
```

输入成绩并赋给变量 score，判断其是否在某个成绩区间内，若在其中的一个区间内，则输出该区间对应的评价。该程序实现了多分支的功能，优点是：在算法上，与 if 语句的先后顺序无关；缺点是：由于每条 if 语句都要判断执行，因此效率低。要注意区间的表示，若区间的形式改为 80<=score<90，则不可能得到正确的结果，因此 80<=score<90 等价于 (80<=score)<90。无论 score 取何值，80<=score 的值都为 1 或 0，所以(80<=score)<90 的值总为 1。例如，在下面程序中，若输入 45，则运行结果是什么？

```c
#include <stdio.h>
void main( )
{
    int score;                                   //定义变量
    scanf("%d",&score);                          //输入成绩
    if(90<=score<=100)  printf("excellent\n");   //输出等级
    if(80<=score<90)    printf("good\n");
    if(70<=score<80)    printf("middle\n");
    if(60<=score<70)    printf("passed\n");
    if(score<60)        printf("failed\n");
}
```

运行结果：

```
45↵（回车）
excellent
good
middle
passed
failed
```

总之，上述两种 if 语句形式可表示为

```
if(《选择条件》) 《语句 1》
└else 《语句 2》┘
```

### 3. if 语句的第三种形式

if 语句是"二选一"的二分支语句。由于 if 语句也是语句，因此前两种 if 语句中的"语句 1"和"语句 2"也可以是 if 语句，形成 if 语句的嵌套，即 if 语句中还内嵌有 if 语句，进而高效地实现复杂的"多选一"的多分支功能（不是每个分支都要求判断执行）。典型的多分支 if 语句嵌套形式为

```
if(《选择条件 1》)    《语句 1》
else  if(《选择条件 2》)    《语句 2》
else  if(《选择条件 3》)    《语句 3》
…
else  if(《选择条件 m》)    《语句 m》
else  《语句 m+1》
```

可简单表示为

```
if(《选择条件》)    《语句》
else 《if 语句》
```

它从上到下依次判断"选择条件 $i$"（$i=1,2,\cdots,m$）的值（可以是常量、变量或表达式的值），直至当前"选择条件 $i$"的值非 0（逻辑"真"）时，才执行对应的"语句 $i$"。若所有"选择条件 $i$"的值均为 0（逻辑"假"），则执行"语句 $m+1$"。最后的"else《语句 $m$》"子句可选，也可以省略。"if-else-if"语句的执行过程如图 3.6 所示。

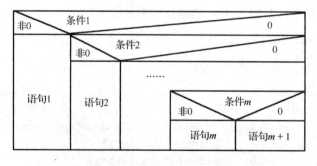

图 3.6    "if-else-if"语句的执行过程

**例 3.15**    输入百分制成绩，输出优、良、中、及格和不及格。

```
#include <stdio.h>
void main( )
{
    int score;                                       //定义变量
    scanf("%d",&score);                              //输入成绩
    if(score>=90&&score<=100)     printf("excellent\n");   //输出等级
    else if(score>=80&&score<90)  printf("good\n");
    else if(score>=70&&score<80)  printf("middle\n");
    else if(score>=60&&score<70)  printf("passed\n");
    else                          printf("failed\n");
}
```

程序在输入一门课程的成绩时，往往并不会对每个分支都进行判断。例如，输入 88 时判断前两个分支即可，只有当所有成绩都小于 60 时，才需要判断所有分支，因此例 3.15 的程序更高效。其优点是：在算法上，与 else if 的顺序位置无关；缺点是：过多的逻辑运算。这个程序还可以改进为例 3.16。

例 3.16　输入百分制成绩，输出优、良、中、及格和不及格。

```
#include <stdio.h>
void main( )
{
    int score;                             //定义变量
    scanf("%d",&score);                    //输入成绩
    if(score>=90)      printf("excellent\n");   //输出等级
    else if(score>=80) printf("good\n");
    else if(score>=70) printf("middle\n");
    else if(score>=60) printf("passed\n");
    else               printf("failed\n");
}
```

该例中每个分支都减少了逻辑运算，效率进一步提高。缺点：else if 位置的先后顺序不可调整。判断下面的程序是否正确。

例 3.17　输入百分数成绩，输出优、良、中、及格和不及格。

```
#include <stdio.h>
void main( )
{
    int score;                                       //定义变量
    scanf("%d",&score);                              //输入成绩
    if(score>=60)      printf("passed\n");   //输出等级
    else if(score>=70) printf("middle\n");
    else if(score>=80) printf("good\n");
    else if(score>=90) printf("excellent\n");
    else               printf("failed\n");
}
```

运行结果：

```
88↵（回车）
```

```
passed
90↵（回车）
passed
```

该程序的算法错误。输入大于 60 的任意成绩时，都输出"passed"（及格），其他分支都没有机会判断并执行。"输入百分制成绩，输出成绩等级"的例子说明在设计程序时，程序的功能要求唯一，但算法并不唯一。在设计程序时，在满足程序功能的情况下，需要设计高效的程序。

**例 3.18** 判别键盘输入字符的类别。

```c
#include"stdio.h"
void main()
{
    char c;                                      //变量定义
    printf("input a character:");                //提示信息
    c=getchar();                                 //输入字符
    if(c<32)                                     //控制字符
        printf("This is a control character\n");
    else if(c>='0'&&c<='9')                      //数字字符
        printf("This is a digit\n");
    else if(c>='A'&&c<='Z')                      //大写字符
        printf("This is a capital letter\n");
    else if(c>='a'&&c<='z')                      //小写字符
        printf("This is a small letter\n");
    else                                         //其他字符
        printf("This is an other character\n");
}
```

运行结果：

```
input a character: d↵（回车）
This is a small letter
input a character: R↵（回车）
This is a capital letter
input a character:5↵（回车）
This is a digit
input a character:*↵（回车）
This is an other character
input a character:↵（回车）
This is a control character
```

这是一个多分支选择的问题，它用"if-else-if"语句编程，判断输入字符 ASCII 码所在的范围，并分别输出不同类别的信息。根据 ASCII 码表可知：ASCII 码小于 32 的为控制字符，在"0"～"9"之间的为数字字符，在"A"～"Z"之间的为大写英文字母，在"a"～"z"之间的为小写英文字母，其余则为其他字符。

**4．if 语句的嵌套**

if 语句是语句，它可以成为其他 if 语句的分支，进而形成 if 语句的嵌套，即当 if 语句中的"语句"又包含一个或多个 if 语句时，就构成了 if 语句的嵌套，其形式为

```
if(«选择条件»)
    «if 语句 1»
else
    «if 语句 2»
```

if 语句的嵌套出现在含有多个 if 的语句中和多个 else 的语句中时，要特别注意 if 与 else 的配对，以免弄错算法。由于 C 语言程序的书写具有很强的灵活性，因此一行可以写多条语句，一条语句也可以写成多行，每行可以随意使用空白符作为分隔符。在书写程序时，使用 if 语句嵌套不能因为程序代码的编排而改变 if 语句的配对内涵，如

```
if(«选择条件 1»)
if(«选择条件 2»)
«语句 1»
else
«语句 2»
```

有两种理解。

（1）
```
if(«选择条件 1»)
    if(«选择条件 2»)
        «语句 1»
    else
        «语句 2»
```

（2）
```
if(«选择条件 1»)
    {if(«选择条件 2»)
        «语句 1»}
else
        «语句 2»
```

为了增强程序的可读性，避免出现歧义，C 语言规定：else 总与其前面最近的未配对的 if 配对，因此上述例子只有（1）为正确理解。

**例 3.19** 输入两个数，判断二者是"等于""小于"还是"大于"关系。

```
#include <stdio.h>
void main()
{
    int a,b;                         //定义变量
    printf("please input A,B: ");    //提示信息
    scanf("%d%d",&a,&b);             //输入数据
    if(a!=b)                         //数据不等
        if(a>b)  printf("A>B\n");    //数据不等，且大于
        else     printf("A<B\n");    //数据不等，且小于
    else  printf("A=B\n");           //数据不是不等于，即等于
}
```

运行结果：

```
please input A,B:12  12↵（回车）
A=B
please input A,B:12  14↵（回车）
```

A<B

该程序中使用 if 语句的嵌套结构来进行多分支选择，即 "A>B" "A<B" 或 "A=B" 3 种分支选择。在很多情况下，这种多分支选择也可采用 "if-else-if" 形式来完成，而且程序更加清晰。一般情况下较少使用 if 语句的嵌套结构，原因是为了让程序更便于理解。

例 3.20　输入两个数，判断二者是 "等于" "小于" 还是 "大于" 关系。

```c
#include <stdio.h>
void main()
{
    int a,b;                        //定义变量
    printf("please input A,B:");    //提示信息
    scanf("%d%d",&a,&b);            //输入数据
    if(a==b) printf("A=B\n");       //数据相等*/
    else if(a>b)  printf("A>B\n");  //数据不等，且数据大于
    else  printf("A<B\n");          //数据不等，且数据不大于
}
```

例 3.21　输入 3 个整数，输出最大值和最小值。

```c
#include <stdio.h>
void main()
{
    int a,b,c,max,min;                   //定义变量
    printf("input three numbers:");      //提示信息
    scanf("%d%d%d",&a,&b,&c);            //输入数据
    if(a>b)                              //前两个数比较
      {max=a; min=b; }                   //前两个数的大、小
    else
      {max=b; min=a; }                   //前两个数的大、小
    if(max<c)                            //当前大数与第 3 个数比较
      max=c;                             //更新当前大数
    else
      if(min>c)                          //当前小数与第 3 个数比较
        min=c;                           //更新当前小数
     printf("max=%d, min=%d\n",max,min); //最大数与最小数
}
```

运行结果：

```
input three numbers:12  45  24↵（回车）
max=45, min=12
input three numbers:12  24  45 ↵（回车）
max=45, min=12
```

首先比较 a 和 b 的大小，并把数值大的整数与数值小的整数分别赋给 max 与 min，然后再将 max、min 与 c 比较。若 max 小于 c，则把 c 赋给 max；若 c 小于 min，则把 c 赋给 min。因此 max 的值总是最大的，而 min 的值总是最小的。最后输出 max 和 min 的值。

使用 if 语句需要注意以下 3 点。

（1）在 if 语句中，if 关键字之后均为"选择条件"。"选择条件"可以是常量、变量或表达式（通常为逻辑表达式或关系表达式）。"选择条件"非 0 表示逻辑"真"，"选择条件"为 0 表示逻辑"假"，如

```
if(a=5) «语句»
if(2) «语句»
```

是允许的，"选择条件"总为非 0 时，其后的"语句"会一直执行，这在程序设计上虽然不合理，但在语法上是合法的。又如

```
if(a=b)  printf("a=%d",a);
else     printf("a=0");
```

"选择条件"为赋值表达式，它把 b 的值赋给 a，若 a 的值非 0，则输出该值；否则输出"a=0"字符串。这种用法在程序中经常出现。

（2）在 if 语句中，"选择条件"须用圆括号括起来，每个分支之后须加分号。

（3）在 if 语句中任意一个分支只能是一条"语句"。当分支需要多条语句时，可以使用复合语句，即用"{}"将一组语句括起来所构成的语句。但在"}"之后不能再加分号，如

```
if(a>b)
   { a++; b++; }           //1 个分支为复合语句，包含两条语句
else
   {a=0; b=10;}            //1 个分支为复合语句，包含两条语句
```

例 3.22　输入 3 个数，将其从小到大排序，并输出排序后的结果。

```
#include <stdio.h>
void main( )
{
    float a,b,c,t;
    scanf("%f%f%f",&a,&b,&c);       //输入 3 个数 a,b,c
    if(a>b){ t=a;a=b;b=t;}          //a 大于 b，交换 a,b 的数值
    if(a>c) { t=a;a=c;c=t;}         //a 大于 c，交换 a,c 的数值
    if(b>c) { t=b;b=c;c=t;}         //b 大于 c，交换 b,c 的数值
    printf("%5.2f,%5.2f,%5.2f",a,b,c);   //从小到大输出数据
}
```

运行结果：

```
3.5  1.3  2.1↵（回车）
1.30, 2.10, 3.50
```

排序过程：先从 3 个数中选出小的数，再从两个数中选出次小的数。注意：在交换变量的数值时，一定要借助"中间变量"或"过渡变量"。变量具有赋值"挤得掉"的特点，因此"a=b; b=a;"无法交换两个变量的值。

### 3.2.2　条件运算

条件运算是根据条件从两个数据中选择一个数据的运算，它由条件运算符"？:"表示。条件运算符是 C 语言中唯一的三元运算符。由条件运算符与运算数构成的表达式称为条件表达式，其形式为

《选择条件》《?》《运算数 1》《:》《运算数 2》

它通过判断"选择条件"来选取"运算数 1"或"运算数 2"。若"选择条件"为非 0（逻辑"真"），则选取"运算数 1"的值为条件表达式的值；否则选取"运算数 2"的值为条件表达式的值（如图 3.7 所示）。

在 if 语句中，"选择条件"的值为非 0 或 0 时，都只执行赋值语句，因此可用条件表达式来实现，这样做不仅可使程序简捷，而且能提高运行效率，如

图 3.7　条件运算

```
if(a>b)  max=a;
else  max=b;
```

可用条件表达式写为

```
max=(a>b)?a:b;
```

在条件表达式中，若 a>b 非 0，则把 a 的值赋给 max；否则把 b 的值赋给 max。

使用条件表达式时，还应注意以下 6 点。

（1）条件表达式是表达式，可称为运算数，而 if 语句是语句，如

```
float x, y, z;
scanf("%f%f",&x,&y);
z=sin(x>y?x:y);                    /*条件表达式为运算数*/
printf("Max=%f\n", x>y?x:y );      /*条件表达式为运算数*/
```

（2）条件运算符的优先级低于关系运算符与算术运算符的优先级，但高于赋值运算符的优先级，如"max=(a>b)?(a+10):(b−5)"等价于"max=a>b?a+10:b−5"。

（3）条件运算符"?"和":"是一对运算符，不能分开单独使用。

（4）条件运算符满足右结合性，即自右至左运算，如"a>b?e<f?f:e:c>d?c:d"等价于"a>b?(e<f?f:e):(c>d?c:d)"。这也是条件表达式的嵌套，即条件表达式中的"运算数"还可以是条件表达式。条件表达式的嵌套最好利用圆括号表示，以便增强程序的可读性，否则程序容易被误解。

（5）条件运算符不能取代 if 语句，只有 if 语句中的"语句"为赋值语句，且两个分支都给同一个变量赋值时才能代替 if 语句。

（6）"选择条件""运算数 1""运算数 2"可以是任意类型（字符型、整型、浮点型）的数据，包括常量、变量和表达式。在条件表达式中，"选择条件""运算数 1""运算数 2"的数据类型可以不同，此时条件表达式的值的数据类型为"运算数 1"与"运算数 2"中精度较高的类型，即根据数据精度高低、存储单元大小进行判断，如

```
x ? 'a ': 'b'     //无论 x 为何种类型，条件表达式的值为字符型
x>y ? 1:1.5       //x>y 结果为整型（即值均为 0 或 1），但条件表达式的值为浮点型
```

例 3.23　输入两个数，输出值最大的数。

```
#include <stdio.h>
void main()
{
    int a,b;                        //定义变量
    printf("\n input two numbers:"); //提示信息
```

```
    scanf("%d%d",&a,&b);                    //输入数据
    printf("max=%d\n",a>b?a:b);             //条件表达式为输出参数
}
```

运行结果：

```
50  12↵ (回车)
max=50
12  50↵ (回车)
max=50
```

**例 3.24** 输入一个字符，若其为大写英文字母，则将它转换为小写英文字母，其他情况不变。

```
#include <stdio.h>
void main( )
{
    char ch;                               //定义变量
    scanf("%c",&ch);                       //输入字符
    ch=(ch>='A'&& ch<='Z')?(ch+32):ch;     //条件表达式为赋值运算数
    printf("%c",ch);
}
```

运行结果：

```
A↵ (回车)
a
b↵ (回车)
b
```

大写英文字母的 ASCII 码比小写英文字母的 ASCII 码小 32。若 ch 是大写英文字母，则其值加 32；若 ch 是小写英文字母，则其值减 32。

### 3.2.3 switch 语句

除 if 语句的嵌套结构可实现多分支程序外，C 语言还提供了用于多分支选择的 switch 语句。switch 语句的一般形式为

```
switch(«运算数»)
  {
      case «常量1: »  ⌊«语句1»⌋ⁿ
      case «常量2: »  ⌊«语句2»⌋ⁿ
      …
      case «常量m: »  ⌊«语句m»⌋ⁿ
      default    :  ⌊«语句m+1»⌋ⁿ
  }
```

其中，"运算数"可以是变量或表达式。switch 语句根据"运算数"的值，从上到下逐个与"常量 $i$"（$i$=1,2,…,m）比较，判断"运算数"的值是否等于"常量 $i$"。⌊«语句 $i$»⌋ⁿ 表示可以没有或可以有任意多条语句，构成依次顺序执行的语句组。当"运算数"的值等于"常量 $i$"时（"运算数"与前 $i$–1 个"常量"均不相等），执行"⌊«语句 $i$»⌋ⁿ"及"⌊«语句 $i$+1»⌋ⁿ"，…，"⌊«

语句 *m*+1»⌋ⁿ"，即执行"常量 *i*"后的所有"语句"，不再进行"运算数"的值与"常量 *j*"（$j=i+1,i+2,\cdots,m$）的比较判断。若"运算数"的值与所有"常量 *i*"（$i=1,2,\cdots,m$）都不相等，则只执行"⌊«语句 *m*+1»⌋ⁿ"。最后结束 switch 语句（如图 3.8 所示）。

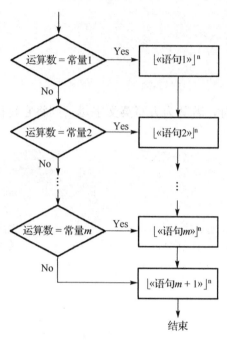

图 3.8   switch 语句的一般形式

**例 3.25**   输入一个整数，输出该数对应星期几。

```c
#include <stdio.h>
void main()
{
    int a;                           //定义变量
    printf("input integer number: "); //提示信息
    scanf("%d",&a);                  //输入数据
    switch (a)                       //跳转条件
    {
        case 1: printf("Monday\n");  //标号，输出
        case 2: printf("Tuesday\n");
        case 3: printf("Wednesday\n");
        case 4: printf("Thursday\n");
        case 5: printf("Friday\n");
        case 6: printf("Saturday\n");
        case 7: printf("Sunday\n");
        default: printf("error\n");
    }
}
```

运行结果：

```
input integer number:5↵（回车）
Friday
```

```
Saturday
Sunday
error
```

该程序中，case 后只有一个 printf 函数语句。在输入 5 后，不仅输出 Friday，而且输出其后的 Saturday，Sunday，error。可见该程序没有实现多分支的功能。

**例 3.26** 输入百分制成绩，输出对应的成绩等级。

```
#include <stdio.h>
void main()
{
    int a;                        //定义变量
    printf("input score: ");      //提示信息
    scanf("%d",&a);               //输入数据
    a=a/10;                       //去掉个位数
    switch (a)                    //跳转条件
    {
        case 10:                  //标号
        case 9: printf("A\n");
        case 8: printf("B\n");
        case 7: printf("C\n");
        case 6: printf("D\n");
        default: printf("E\n");
    }
}
```

运行结果：

```
input score:75↵（回车）
C
D
E
```

其中，表达式 a/10 中的 a 是整数，a/10 只取整数部分，即去掉 a 的个位数。

通过上述两个例子可以看出，switch 语句是条件转向语句，即"常量 $i$"相当于一条语句跳转目标的"标号"，switch 语句只跳转到"运算数"指明的"标号"（"运算数"与"常量 $i$"相等）处，然后执行"标号"后的所有"语句"，最后跳出 switch 语句。

需要说明的是，case 后的"常量 $i$"也可以是常量表达式，如"case 5:"也可表示为"case 2+3:"等。default 可以省略。

根据 switch 语句的内涵，可将 switch 语句的一般形式简略表示为

```
switch(«运算数»)
{
    ⌊case «常量: » ⌊«语句1»⌋ⁿ⌋ⁿ
    ⌊default  : ⌊«语句2»⌋ⁿ⌋
}
```

### 3.2.4 break 语句

在 C 语言中，仅使用 switch 语句并不能实现多分支功能。因此，C 语言还提供了一种无

条件跳转语句——break 语句,其功能是跳出 switch 语句。联合应用 switch 语句与 break 语句,可实现多分支功能。

　　break 语句只有关键字 break 而没有"语句标号",即它跳转到默认的位置。break 语句的使用形式为

```
break;
```

　　在 switch 语句中,任意 case 后的"语句"均可以是 break 语句。在 switch 语句中,一旦执行到 break 语句,程序就会跳出当前的 switch 语句,即结束当前 switch 语句的执行,而在该 break 语句之后,switch 语句中其他 case 后的语句均不执行。switch 语句与 break 语句联合应用的典型形式为

```
switch(«运算数»)
{
        case «常量1: »   ⌊«语句1»⌋ⁿ  break;
        case «常量2: »   ⌊«语句2»⌋ⁿ  break;
        …
        case «常量m: »   ⌊«语句m»⌋ⁿ  break;
        default    :    ⌊«语句m+1»⌋ⁿ
        }
```

其功能流程如图 3.9 所示。

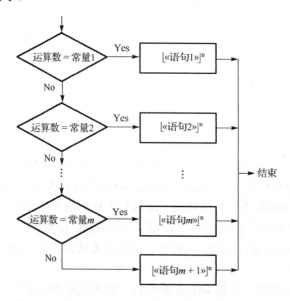

图 3.9　switch 语句与 break 语句联合应用的功能流程

例 3.27　输入一个整数,输出该数对应星期几。

```
#include "stdio.h"
void main()
{
    int a;                            //定义变量
    printf("input integer number: ");  //提示信息
    scanf("%d",&a);                    //输入数据
```

```
        switch (a)                              //跳转条件
        {
            case 1:printf("Monday\n"); break;       //标号，输出，跳转
            case 2:printf("Tuesday\n"); break;
            case 3:printf("Wednesday\n"); break;
            case 4:printf("Thursday\n"); break;
            case 5:printf("Friday\n"); break;
            case 6:printf("Saturday\n"); break;
            case 7:printf("Sunday\n"); break;
            default:printf("error\n");
        }
    }
```

运行结果：

```
    input integer number:5↵（回车）
    Friday
```

每个 case 之后均增加 break 语句，以便每次执行 break 后均跳出 switch 语句，不再执行 break 之后的语句。配合使用条件转向语句 switch 与无条件转向语句 break，通过两次跳转实现了真正的多分支功能。

**例 3.28** 计算器程序。用户输入运算数和四则运算符，输出计算结果。

```
    #include "stdio.h"
    void main()
    {
        float a,b;                              //定义变量
        char c;
        printf("input expression: a+(-,*,/)b =");   //提示信息
        scanf("%f%c%f",&a,&c,&b);               //输入数据
        switch(c)                               //跳转条件
        {
          case '+': printf("%f\n",a+b);break;    //标号，输出，跳转
          case '-': printf("%f\n",a-b);break;
          case '*': printf("%f\n",a*b);break;
          case '/': printf("%f\n",a/b);break;
          default: printf("input error\n");
        }
    }
```

运行结果：

```
    input expression: a+(-,*,/)b =10+20↵（回车）
    30.000000
    input expression: a+(-,*,/)b =10? 20↵（回车）
    input error
```

switch 语句用于判断运算符（ASCII 字符），然后输出运算值。当输入运算符不是"+""-""*""/"时给出错误提示。

在使用 switch 语句时应注意以下 6 点。

（1）在 case 后，各"常量 *i*"的值不能相同，即"常量 *i*"的值应是唯一的，不能有相同的值。

（2）在 case 后，允许多条语句构成语句列表，但无须构成复合语句，并按从上到下、从左到右的顺序执行语句。

（3）调整各 case 的先后顺序，不影响程序执行的结果。

（4）default 子句为可选子句，可以省略。

（5）多个 case 可共用一组执行语句，如

```
swtich(ch)                              //跳转条件
{
    case 'A ':                          //标号
    case 'B ':
    case 'C ':printf(">=60\n");break;   //标号，输出，跳转
    case 'D ':printf("<60\n");
}
```

若 ch 的值不是'A'、'B'、'C'、'D'中的任何一个值，则 switch 语句直接结束。所有这些特点都源于 switch 语句是条件转向语句，而"常量 *i*"只是一个跳转目标的"语句标号"。

（6）case 后的"语句"还可以是 switch 语句，构成 switch 嵌套语句。在 switch 嵌套语句中使用 break 语句时，break 语句只能跳转出当前的 switch 语句。

例 3.29  switch 语句的嵌套应用。

```
#include <stdio.h>
void main()
{
    int a,b,c=10,d=20;                  //定义变量，初始化
    scanf("%d%d",&a,&b);                //输入数据
    switch(a)                           //1
    {
        case 1: switch(b)               //1.1
        {
            case 1: c++; d++; break;    //跳出1.1
            case 2: c--; d-- ;break;    //跳出1.1
            default: c++; d--;
        }
        break;                          //跳出1
        case 2: switch(b)               //1.2
        {
            case 1: c++; d--; break;    //跳出1.2
            case 2: c--; d++;break;     //跳出1.2
            default: c--; d--;
        }
        break;                          //跳出1
        default:d=c=0;
    }
```

```
        printf("%d %d %d %d\n",a,b,c,d);
}
```

运行结果：

```
1 0↵（回车）
1 0 11 19
1 2↵（回车）
1 2 9 19
0 2 ↵（回车）
0 2 0 0
```

从 switch 语句和 break 语句的内涵来看，其联合应用可以简略表示为

```
switch(«运算数»)
{
 ⌊case «常量：»  ⌊«语句1»⌋ⁿ⌋ⁿ  ⌊ break;⌋
 ⌊default  :    ⌊«语句2»⌋ⁿ
}
```

break 语句是无条件跳转语句，它有约定的跳转目标位置，且只能与 switch 语句和 for、do-while、while 三个循环语句联合使用，而不能单独使用。循环语句将在第 4 章中介绍。

### 3.2.5　分支程序设计举例

**例 3.30**　输入某年的年份，判断其是否为闰年。

闰年（year）必须满足如下两个条件之一：

（1）year 能被 4 整除，但不能被 100 整除，如 2008；

（2）year 能被 400 整除，如 2000。

由关系或逻辑表达式来表示闰年的条件，通过 if 语句实现闰年的求解。

方法 1：应用 if 语句的嵌套实现。

判别闰年的算法如图 3.10 所示，其程序如下。

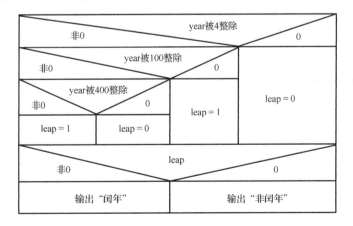

图 3.10　判别闰年的算法

```
#include <stdio.h>
void main( )
```

```
{
    int year,leap;                         //定义变量
    scanf("%d",&year);                      //输入数据
    if ( year%4==0 )                        //判断，分支
        if ( year%100==0)
            if ( year%400 )==0) leap=1;
            else leap=0;
        else leap=1;
    else leap=0;
    if (leap)  printf("%d is ",year);
    else  printf("%d is not ",year);
    printf("a leap year.\n");
}
```

运行结果：

```
2000↵（回车）
2000 is a leap year.
2013↵（回车）
2013 is not a leap year.
```

方法 2：应用 if 语句的第三种形式实现。

```
#include <stdio.h>
void main( )
{
    int year,leap;                         //定义变量
    scanf("%d",&year);                      //输入数据
    if ( year%4 !=0 )  leap=0;              //判断，分支
    else if ( year%100 !=0)  leap=1;
    else if ( year%400 !=0)  leap=0;
    else leap=1;
    if (leap)  printf("%d is ",year);
    else printf("%d is not ",year);
    printf("a leap year.\n");
}
```

方法 3：应用复杂的逻辑表达式实现。

```
#include <stdio.h>
void main( )
{
    int year,leap;
    scanf("%d",&year);
    if (( year%4 ==0 && year%100 !=0) || (year%400 ==0))  leap=1;
    else leap=0;
    if (leap) printf("%d is ",year);
    else printf("%d is not ",year);
    printf("a leap year.\n");
}
```

**例** 3.31　求方程 $ax^2 + bx + c = 0$ 的根。

求解二次方程的根时，有以下 4 种可能的解。

（1）当 $a = 0$ 时，方程不是二次方程。

（2）当 $b^2 - 4ac = 0$ 时，方程有两个相等的实根。

（3）当 $b^2 - 4ac > 0$ 时，方程有两个不等的实根。

（4）当 $b^2 - 4ac < 0$ 时，方程有以形式为 $p+qi$ 和 $p-qi$ 的两个共轭复数根，其中 $p = -b/2a$，$q = (\sqrt{b^2 - 4ac})/2a$。

对应的算法如图 3.11 所示，具体程序如下。

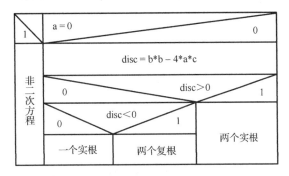

图 3.11　二次方程根算法

```
#include <stdio.h>
#include <math.h>
void main()
{
    double a,b,c,disc,x1,x2,realpart, imagpart;   //定义变量
    printf("input a, b, c:");
    scanf("%lf%lf%lf",&a,&b,&c);                   //输入数据
    printf("The equation ");                       //提示信息
    if(fabs(a)<=1e-6)                              //等于 0
        printf("is not a quadratic\n");
    else                                           //不等于 0
    {
        disc=b*b-4*a*c;
        if(fabs(disc)<=1e-6)                       //等于 0，一个实根
          printf("has two equal roots:%8.4lf\n", -b/(2*a));
        else                                       //不等于 0
          if(disc>1e-6)                            //大于 0
          {
              x1=(-b+sqrt(disc))/(2*a);            //两个实根
              x2=(-b-sqrt(disc))/(2*a);
              printf("has distinct real roots:%8.4lf and %8.4lf\n",x1,x2);
          }
          else                                     //小于 0
          {
              realpart=-b/(2*a);                   //两个虚根
              imagpart=sqrt(-disc)/(2*a);
```

```
        printf(" has complex roots:\n");
        printf("%8.4lf+%8.4lfi\n",realpart,imagpart);
        printf("%8.4lf-%8.4lfi\n",realpart,imagpart);
      }
    }
  }
```

运行结果：

```
input a, b, c:2 5 3↵（回车）
The equation has distinct real roots:-1.0000 and -1.5000
input a, b, c:1 4 4↵（回车）
The equation has two equal roots:2.0000
input a, b, c:4 2 2↵（回车）
The equation has complex roots:
-0.2500+0.6614i
-0.2500-0.6614i
```

变量 a 是浮点数，由于浮点数在计算和存储时受精确度限制，因此常存在误差。若以"a==0"为选择条件，由于误差使 a 不等于 0 而导致出错，因此让 a 的绝对值 fabs(a) 小于一个很小的数（如 1e-6），即 a 的值在以 0 为中心的一个很小区间内，此时认为 a 的值为 0。同理，判断 disc 为 0 时也使用"if(fabs(disc)<=1e-6)"。fabs() 是求绝对值的函数，squrt() 是开平方的函数，二者均为系统函数，使用这两个函数时需要包含头文件 math.h。

例 3.32　运输公司根据货物的重量计算运输费用，计算标准如下（$s$ 为距离，$d$ 为折扣）。

当 $s<250$ 时，$d=0\%$折扣

当 $250\leqslant s<500$ 时，$d=2\%$。

当 $500\leqslant s<1000$ 时，$d=5\%$。

当 $1000\leqslant s<2000$ 时，$d=8\%$。

当 $2000\leqslant s<3000$ 时，$d=10\%$。

当 $3000\leqslant s$ 时，$d=15\%$。

设总运费为 $f$，每吨货物是每千米折扣基本运费为 $p$，货物重量为 $w$，距离为 $s$，折扣为 $d$，则总运费 $f=p\times w\times s\times(1-d)$。

分析折扣 $d$ 与距离 $s$ 的变化规律，发现折扣的"变化点"都是 250 的倍数，因此不妨引入一个变量 $c$，$c$ 的值为 $s/250$，即 $c$ 代表 250 的倍数。折扣 $d$ 与 $c$ 的关系如下。

当 $c<1$ 时，$d=0\%$。

当 $1\leqslant c<2$ 时，$d=2\%$。

当 $2\leqslant c<4$ 时，$d=5\%$。

当 $4\leqslant c<8$ 时，$d=8\%$。

当 $8\leqslant c<12$ 时，$d=10\%$。

当 $c\geqslant 12$ 时，$d=15\%$。

```
#include <stdio.h>
void main()
{
    int c,s;                              //定义变量
```

```
    float  p,w,d,f;
    scanf("%f%f%d",&p,&w,&s);                    //输入数据
    if(s>=3000)  c=12;                           //判断
    else  c=s/250;
    switch(c)                                    //跳转条件
    {
        case 0:                  d=0;break;      //标号，赋值，跳转
        case 1:                  d=2;break;
        case 2: case 3:          d=5;break;
        case 4: case 5: case 6: case 7: d=8;break;
        case 8: case 9: case 10: case 11:d=10;break;
        case12:                  d=15;break;
    }
    f=p*w*s* (1 - d/100);                        //计算
    printf("freight=%-15.4f\n", f);              //输出
}
```

运行结果：

```
100 1200 300↵ （回车）
freight=35280000.0000
```

**例 3.33**　北京市对车辆采取限行制度，星期一限行号牌尾数为 1 和 6 的车辆，星期二限行号牌尾数为 2 和 7 的车辆，以此类推，星期五限行号牌尾数为 5 和 0 的车辆，星期六和星期日不限行。编写程序，要求输入任意一个 5 位数车牌号，根据其尾数输出它星期几限行。分别用 if 语句和 switch 语句编写程序。

使用 if 语句编写的程序如下。

```
#include <stdio.h>
void main()
{
    int x,y;                                     //定义变量
    scanf("%d",&x);                              //输入数据
    y=x%10;                                      //得尾数
    if (y==1||y==6) printf("周一限行");          //判断
    else if (y==2||y==7) printf("周二限行");
    else if (y==3||y==8) printf("周三限行");
    else if (y==4||y==9 ) printf("周四限行");
    else  printf("周五限行");
    printf("\n");
}
```

运行结果：

```
123456↵ （回车）
周一限行
```

注意：若语句为“if(y==1||6)printf("周一限行");”，则选择条件表达式“y==1||6”不能表示 y 的值为 1 或 6，该表达式等价于“(y= =1)||6”，无论 y 取何值，“y==1||6”的值永远为 1，因此达不到判断尾号为 1 或 6 的目的。

使用 switch 语句编写的程序如下。

```
#include <stdio.h>
void main()
{
    int x,y;
    scanf("%d",&x);
    y=x%10;    //取出尾数
    switch(y)
    {
        case 1:
        case 6: printf("周一限行"); break;
        case 2:
        case 7: printf("周二限行"); break;
        case 3:
        case 8: printf("周三限行"); break;
        case 4:
        case 9: printf("周四限行"); break;
        case 5:
        case 0: printf("周五限行"); break;
    }
    printf("\n");
}
```

分析以下程序段存在什么问题。

```
switch(y)
{
    case 1||6: printf("周一限行"); break;
    case 2||7: printf("周二限行"); break;
    case 3||8: printf("周三限行"); break;
    case 4||9: printf("周四限行"); break;
    case 5||0: printf("周五限行"); break;
}
```

上述 case 后的标号为逻辑表达式，但现在所有 case 的值均为 1，编译显示错误信息，因为 case 后的标号必须唯一，而不能有相同的值。

利用限行车牌两个尾号相差 5 的特点，可进一步简化成以下程序。

```
#include <stdio.h>
void main()
{
    int x,y;
    scanf("%d",&x);
    y=x%10;              //得到尾数 0、1、2、3、4、5、6、7、8、9
    y=y%5;               //等价于 y=y-5，得到 0、1、2、3、4
    if (y==1) printf("周一限行");
    else if (y==2) printf("周二限行");
    else if (y==3) printf("周三限行");
    else if (y==4) printf("周四限行");
    else  printf("周五限行");
```

```
        printf("\n");
    }
```

再次看到，同一个问题有不同算法，因此我们应追求简捷、高效的算法和程序。

## 3.3　循环程序设计

有些问题具有明确的变化规律，如若干个自然数之和 $1+2+3+\cdots+n$。从程序实现的功能角度看，就是有规律地重复执行，直到满足结束条件为止，这就是循环。程序实现循环主要是通过循环结构来实现循环的，它通过相应的语句有规律地重复执行，即当给定条件成立时，则反复执行的一段程序，直到条件不成立时为止。循环结构主要体现在反复执行一段程序中，这种改变程序走向的结构不同于顺序结构与分支结构。循环结构的特点有：有关问题初始化、循环条件、循环体和循环条件的变化。C 语言的循环语句包括 for 语句、while 语句和 do-while 语句，并在循环条件为"真"（非 0）时执行循环体（反复执行问题求解的语句）。循环条件常用关系表达式或逻辑表达式，在循环体内经常需要修改循环控制条件，使得控制条件随循环程序的执行而改变，进而使循环条件逐渐靠近"假"（0），直至为"假"，确保，循环程序可以结束。设计循环程序时，应避免循环程序陷入不能结束的死循环。与循环语句经常配合使用的控制语句还有 break 和 continue。在循环体中通过联合使用 if 语句与 break 语句可以提前结束循环，使用 continue 语句可提前结束本次循环而进入下次循环，进而改变程序走向。改变程序走向的语句还有 goto，它可与 if 语句联合使用实现循环程序。

### 3.3.1　goto 语句

goto 语句为无条件转向语句，或称无条件跳转语句，它可以改变程序的走向。其形式为

```
goto 《语句标号》;
    └《若干语句 1》┘
《语句标号》:
    └《若干语句 2》┘
```

其中，"语句标号"是 C 语言自定义的标识符，程序执行 goto 语句后，跳转到"语句标号:"之后的执行语句，而忽略"goto 《语句标号》;"与"语句标号"之间的所有语句（如图 3.12 所示）。goto 语句除必须具有明确跳转去向的"语句标号"外，还需注意以下 3 点。

（1）"语句标号:"可以出现在 goto 语句之前或之后。

（2）"语句标号:"必须与 goto 语句处于同一个函数（模块）中，但可以不在同一个循环结构中。

（3）通常 goto 语句与 if 语句联合使用，可实现有条件的跳转功能。

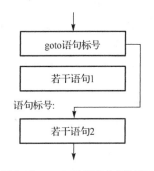

图 3.12　goto 语句的执行过程

例 3.34　求 1 到 100 之间的整数之和。

```
#include <stdio.h>
int main()
{
```

```
        int i,sum=0;                //定义变量,初始化
        i=1;                        //控制变量初始化
        loop:                       //语句标号
        if(i<=100)                  //循环条件
        {
            sum=sum+i;              //累加,循环目标
            i++;                    //控制变量变化
            goto loop;              //无条件转向语句
        }
        printf("sum=%d\n",sum);     //输出结果
        return 0;
    }
```

运行结果:

```
    sum=5050
```

该程序用 if 语句与 goto 语句构成循环结构。我们可以看出构成循环结构的 4 个部分:① 初始化 "sum=0, i=1;";② 循环条件 "i<=100;";③ 循环求解目标 "sum=sum+i;";④ 循环控制变量变化 "i++;"。从软件工程角度看,由于使用 goto 语句编写程序时,跳转具有较大的随意性,因此会使得程序结构的可读性差,进而造成程序测试和维护的成本较高,因此不提倡使用 goto 语句,而提倡结构化程序设计。然而,对高水平的程序设计人员而言,适量使用 goto 语句可简化程序并提高程序的性能。

### 3.3.2 for 语句

C 语言中的循环控制语句简称循环语句,它包括 for 语句、while 语句和 do-while 语句。
for 语句的一般形式为

for(⌊«表达式1»⌋; ⌊«循环条件»⌋; ⌊«表达式2»⌋) ⌊«语句»⌋

其中,"语句"为 for 语句的循环内嵌语句,它可以是反复执行的任何语句。for 语句的执行过程如图 3.13 所示,具体过程如下。

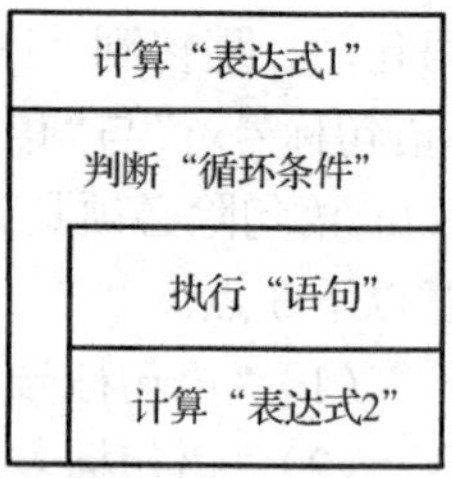

（1）计算"表达式1"。

（2）判断"循环条件",若"循环条件"的值非 0（"真"）,则执行 for 语句的内嵌语句,然后转向（3）;若"循环条件"的值为 0（"假"）,则转向（5）。

（3）计算"表达式2"。

（4）转向（2）。

（5）结束 for 语句。

| |
|---|
| 计算"表达式1" |
| 判断"循环条件" |
| 执行"语句" |
| 计算"表达式2" |

图 3.13 for 语句的执行过程

其中,反复循环执行的部分为循环体,在 for 语句中,循环体包括"循环条件""表达式2"和"语句"。for 语句中的"语句"（循环内嵌语句）只能是一条语句,若需要多条语句完成问题求解的目标（循环求解目标）,则需要构成复合语句（复合语句是一条语句）,才能符合 for 语句的语法。

在 for 语句中,"表达式 1""循环条件""表达式 2"可以是任意表达式。在应用 for 语句实现循环结构程序时,常把"表达式 1"用于循环变量等初始化,即给循环控制变量等赋初值;"表达式 2"为循环控制变量的变化;"循环条件"常为关系表达式或逻辑表达式,以便决定是继续还是结束循环。当"循环条件"非 0(逻辑"真")时,语句进行循环。使用循环时一定存在相同求解过程的规律性,循环控制变量根据规律性确定其变化,并确保每次循环后的循环控制变量向着循环条件为 0(逻辑"假")的方向逼近,进而确保循环能够结束,避免进入死循环。内嵌语句可以实现问题目标的求解。

**例 3.35**　求 1 到 100 之间的整数之和(算法如图 3.14 所示)。

```c
#include <stdio.h>
int main()
{
    int i,sum=0;                //定义变量并初始化
    for(i=1;i<=100;i++)         //for 语句的三个表达式
        sum=sum+i;             //for 语句的内嵌语句
    printf("sum=%d\n",sum);     //输出结果
    return 0;
}
```

| 定义i, sum = 0 |
| --- |
| 赋值i = 1 |
| 判断i<=100 |
| 累加sum = sum + i |
| 变化i = i + 1 |
| 输出sum |

图 3.14　累加计算

运行结果:

```
sum=5050
```

在该程序中,i 为循环变量,初值为 1,每次循环 i 的值加 1。循环执行的条件是"i<=100",共循环 100 次。最终循环结束后,i 的值是 101(不是 100)。只需要"sum=sum+i;"一条语句,无须使用复合语句实现累加。若改用 for 语句实现该程序,则有

```c
for(i=1;i<=100;i=i+2) sum=sum+i;  //1 到 100 之间奇数之和
for(i=2;i<=100;i=i+2) sum=sum+i;  //1 到 100 之间偶数之和
```

实际上,for 语句可以是

```
for(⌊«表达式 1»⌋;⌊«循环条件»⌋;⌊«表达式 2»⌋)⌊«语句»⌋
```

即"表达式 1""循环条件""表达式 2""语句"均可省略。

(1)省略"表达式 1",但在 for 语句之前仍需要对有关变量进行初始化,如

```c
#include<stdio.h>
int main()
{
    int i=1,sum=0;             //定义变量,初始化
    for(;i<=100;i++)           //省略"表达式 1"
        sum=sum+i;            //语句
    printf("sum=%d\n",sum);    //输出结果
    return 0;
}
```

(2)"表达式 1"可以是与循环变量赋初值无关的语句,如

```c
#include<stdio.h>
```

```
    int main()
    {
        int i=1,sum;                    //定义变量并初始化
        for(sum=0;i<=100;i++)           //for语句
            sum=sum+i;                  //语句
        printf("sum=%d\n",sum);         //输出结果
        return 0;
    }
```

（3）省略"表达式2"，但在"语句"中，应包含使循环变量变化的语句，如

```
    #include<stdio.h>
    int main()
    {
        int i,sum=0;                    //定义变量，初始化
        for(i=1;i<=100;)                //省略表达式2
        {
            sum=sum+i;                  //语句为复合语句
            i=i+1;                      //循环控制变量的变化
        }
        printf("sum=%d\n",sum);         //输出结果
        return 0;
    }
```

（4）省略"循环条件"等价于循环条件永远为真，从而构成无限循环（死循环），因此需要在"语句"中使用 break 语句或 goto 语句跳出循环，进而结束循环，如

```
    #include<stdio.h>
    int main()
    {
        int i=1,sum=0;                  //定义变量并初始化
        for(;;)                         //省略3个表达式
        {
            sum=sum+i;                  //语句为复合语句
          i=i+1;                        //循环控制变量的变化
            if(i>100) goto EXIT;        //满足循环条件，跳出并结束循环
        }
EXIT:                                   //跳转语句标号
        printf("sum=%d\n",sum);         //输出结果
        return 0;
    }
```

（5）省略"语句"，但循环功能不能省略，必须在"表达式2"中体现该功能，如

```
    #include<stdio.h>
    int main()
    {
        int i=1,sum=0;                      //定义变量，初始化
        for(;i<=100; sum=sum+i, i++);       //省略"语句"
        printf("sum=%d\n",sum);             //输出结果
```

```
        return 0;
    }
```

在该程序中，尽管可以省略 for 语句中的有些组成部分，但整个算法并没有省略步骤，如例 3.35 中的所有流程都是图 3.13 和图 3.14 所示的流程。可以看出循环程序有 4 个要素：① 有关问题初始化（如 i=1，sum=0）；② 循环控制条件（如 i<=100，i>100）；③ 实现循环目标（如 sum=sum+i）；④ 循环控制变量的变化（如 i=i+1，i++）。从中还可看出 for 语句在使用上具有很大的灵活性。

**例 3.36** 设 $m$ 为不等于 0 的整数，$n$ 为大于 0 的正整数，求 $m^n$。

求 $m^n$ 实际上是累乘 $m \times m \times \cdots \times m$ 的过程，是对循环规律清楚且次数明确问题的求解。

```
#include<stdio.h>
void main()
{
    int m,n,r,i;                          //定义变量
    printf("输入 m,n:");                  //提示信息
    scanf("%d,%d",&m,&n);                 //输入数据
    for(r=1,i=1;i<=n;i++) r*=m;           //循环求解
    printf("power(%d,%d)=%d\n",m,n,r);    //输出结果
}
```

运行结果：

```
输入 m,n=2,5↵（回车）
power(2,5)=32
输入 m,n=2,0↵（回车）
power(2,0)=1
```

在 for 语句中，"r=1,i=1"（逗号表达式）对有关问题初始化，"i<=n"为循环条件，每次循环都乘以一次 m，并使循环控制变量增 1。

从该例中可以看出，累加和累乘的初始化往往不同。实现累加的变量常初始化为 0，而实现累乘的变量常初始化为 1，但不是绝对的。

**例 3.37** 已知数列 $1, \dfrac{1}{e^1}, \dfrac{1}{e^2}, \dfrac{1}{e^3}, \dfrac{1}{e^4}, \dfrac{1}{e^5}, \ldots$，求数列的前 20 项之和（e 为自然数 2.718282）。

以 $i$（$i = 0, 1, 2, \cdots$）为循环控制变量，第 $i$ 项为 $\dfrac{1}{e^i}$，实现逐项累加。

```
#include <stdio.h>
int main()
{
    int i;
    float sum=1,s,e=2.718282;      //定义变量并初始化，第 0 项为 1，也是累加值
    s=1/e;                         //第 1 项分数
    for(i=1;i<20;i++)              //for 语句
      {
          sum=sum+s;               //累加第 i 项分数，即循环目标
          s/=e;                    //第 i+1 项分数
      }
    printf("%f\n",sum);            //输出结果
    return 0;
}
```

运行结果：

```
1.581977
```

求前 20 项之和应是求第 0 项到第 19 项的和，第 0 项为 1，它作为累加 sum 的初值，i 的取值从 1 开始，循环条件是 i<20。数列的每项都是实数，累加也是实数，因此 sum 定义为 float 型，也可以是 double 型。

**例 3.38**　Fibonacci 数列为 1, 1, 2, 3, 5, 8, …，其递推公式为

$$F(n)=\begin{cases}1, & n=1 \text{ 或 } n=2 \\ F(n-1)+F(n-2), & n \geqslant 3\end{cases}$$

求 Fibonacci 数列的前 30 项（每行输出 5 个数）及前 30 项之和。

从递推公式可以看出，除第 1、2 项的数值为 1 外，其他项为前两项之和。设前两项分别是 f1、f2，当前项 f=f1+f2。得到当前项 f 后，要为求下一项做准备，需要操作 f1=f2，f2=f，即当前项的位置向前移一项，整个过程如表 3.3 所示。

表 3.3　Fibonacci 数列的计算过程

| n | 1 | 2 | 3 | 4 | 5 | 6 | … |
|---|---|---|---|---|---|---|---|
| F(n) | 1 | 1 | 2 | 3 | 5 | 8 | … |
| 第 1 次循环，求 F(3) | f1 | f2 | f | | | | … |
| 第 2 次循环，求 F(4) | | f1 | f2 | f | | | … |
| 第 3 次循环，求 F(5) | | | f1 | f2 | f | | … |
| 第 4 次循环，求 F(6) | | | | f1 | f2 | f | … |
| …… | | | | | | | |

```c
#include<stdio.h>
int main()
{
    int f2=1,f1=1,f ,n;          //定义变量，初始化第 1、2 项
    float sum=f1+f2;             //定义累加变量，初始化为第 1、2 项之和
    printf("%9d%9d",f1,f2);      //输出第 1、2 项
    for(n=3;n<=30;n++)           //从第 3 项开始至 30 项
    {
        f=f1+f2;                 //当前项
        sum+=f;                  //累加当前项
        printf("%9d",f);         //输出当前项
        if(n%5==0) printf("\n"); //满足 5 个数换行
        f1=f2;                   //当前项前移
        f2=f;
    }
    printf("sum=%.0f\n",sum);
    return 0;
}
```

运行结果：

```
        1        1        2        3        5
        8       13       21       34       55
       89      144      233      377      610
```

```
    987          1597        2584        4181        6765
  10946        17711       28657       46368       75025
 121393       196418      317811      514229      832040
 sum=2178308
```

在 for 语句中，"语句"可以是任何语句。如果"语句"是 for 语句，那么程序中出现循环嵌套。

**例 3.39** 打印乘法口诀表。

如图 3.15 所示是乘法口诀表，该表共 9 行 9 列，打印时需要设置两个循环控制变量 $i$、$j$。假设用 $i$ 控制行，用 $j$ 控制列，则 $i$、$j$ 的变化范围均为 1～9。由于乘法满足交换律，因此只打印下三角，即第 $i$ 行的 $j$ 的变化范围为 1～$i$。

```c
#include<stdio.h>
int main()
{
    int i,j;
    for(i=1;i<=9;i++)                     //行的变化范围，外循环
    {
        for(j=1;j<=i;j++)                 //每行中列的变化范围，内循环
            printf("%d×%d=%-4d",j,i,i*j);//输出每一行
        printf("\n");                     //换行
    }
    printf("\n");
    return 0;
}
```

```
1×1=1
1×2=2   2×2=4
1×3=3   2×6=6   3×3=9
1×4=4   2×4=8   3×4=12  4×4=16
1×5=5   2×5=10  3×5=15  4×5=20  5×5=25
1×6=6   2×6=12  3×6=18  4×6=24  5×6=30  6×6=36
1×7=7   2×7=14  3×7=21  4×7=28  5×7=35  6×7=42  7×7=49
1×8=8   2×8=16  3×8=24  4×8=32  5×8=40  6×8=48  7×8=56  8×8=64
1×9=9   2×9=18  3×9=27  4×9=36  5×9=45  6×9=54  7×9=63  8×9=72  9×9=81
```

图 3.15  乘法口诀表

**例 3.40** 打印上三角图形（如图 3.16 所示）。

图 3.16 是由"*"组成的一个上三角形，但输出时要输出一个 7 行 7 列的方阵图形，即每行分别输出：① 若干空格；② 若干"*"；③ 换行符'\n'。变量 $i$ 表示行，其取值范围为 1～7；变量 $j$ 表示列，它控制打印的空格和"*"的个数。对第 $i$ 行而言，$j$ 的取值范围为 1～$i-1$ 时，打印空格；$j$ 取值范围为 1 到 8－$i$ 时，打印"*"。由于第 $i$ 行的空格和"*"都是连续打印的，因此均用循环程序实现。打印空格后，接着打印"*"，因此对第 $i$ 行而言，有 $i-1$ 个空格和 8－$i$ 个"*"。

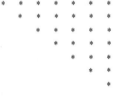

图 3.16  上三角

```
#include<stdio.h>
int main()
{
    int i,j;                         //定义变量
    for(i=1;i<=7;i++)                //打印行
    {
        for(j=1;j<i;j++) printf(" ");   //连续打印 i-1 个空格
        for(j=1;j<=8-i;j++) printf("*"); //连续打印 8-i 个*
        printf("\n");                   //换行
    }
    printf("\n");
    return 0;
}
```

从例 3.39 与例 3.40 可以看出，for 语句中的内嵌语句常为复合语句，甚至可以为内嵌循环语句。

### 3.3.3　while 语句

while 语句的一般形式为

while(«循环条件»)　⌊«语句»⌋

其中，"语句"为 while 语句的循环内嵌语句，它可为反复执行的任何语句。while 语句的执行过程如下。

（1）求解"循环条件"，若"循环条件"的值非 0（逻辑"真"），则执行循环内嵌语句，然后转向（1）；若"循环条件"的值为 0（逻辑"假"），则转向（2）；

（2）结束 while 语句（如图 3.17 所示）。

在 while 语句中，"循环条件"不可省略，它可以是变量、常量或表达式。while 语句的循环内嵌语句只能是一条语句，而需要多条语句完成循环求解目标时，循环内嵌语句需要构成复合语句（复合语句是一条语句）。

**例 3.41** 求 1 到 100 之间的整数之和（算法如图 3.18 所示）。

```
#include<stdio.h>
int main()
{
    int i,sum;               //定义变量
    i=1;                     //变量赋值，循环初始化
    sum=0;                   //变量赋值，累加初始化
    while(i<=100)            //循环条件
    {                        //内嵌语句
        sum=sum+i;           //累加
        i=i+1;               //循环控制变量变化
    }
    printf("sum=%d\n",sum);
    return 0;
}
```

运行结果：

```
sum=5050
```

变量 i 为循环控制变量，"i<=100" 为循环条件，i 的值从 1 到 100，sum 累加 i 的值，恰好求 1 到 100 之间的整数之和。每次循环执行"i=i+1;"，改变循环控制变量 i 的值，最终使循环条件"i<=100"不成立，即 i 的值为 101。

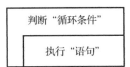

图 3.17　while 语句的执行过程

图 3.18　累加算法

可以看出，我们可用 while 语句替代 for 语句，一般形式如下

```
《表达式 1》；
while(《循环条件》)
{
    《语句》
    《表达式 2》；
}
```

while 语句与 for 语句可以相互替换使用，但在使用习惯上，while 语句一般用于事先不知道循环次数的情况，或者用于没有循环控制变量的情况，而 for 语句一般用于循环次数已知的情况。

**例 3.42**　从键盘输入一行字符，把小写英文字母变成大写英文字母，其他字符不变。

```
#include <stdio.h>
int main()
{
    char c;                              //定义变量
    printf("input a string:\n");         //提示信息
    while((c=getchar())!='\n')           //循环条件
    {                                    //复合语句
        if(c>='a'&&c<='z') c=c-32;       //小写英文字母变大写英文字母
        printf("%c",c);
    }
    printf("\n");
    return 0;
}
```

运行结果：

```
input a string:
Beijing2008 ↵（回车）
BEIJING2008
```

在该程序中，由于用到了 getchar 字符输入函数，因此需要包含头文件 stdio.h。该程序中并不知道循环的总次数，循环的结束取决于交互输入的字符，即可以一直输入，直到输入回车换行（按回车键）。这种循环控制变量的变化不同于在循环体中通过规律化的赋值来改变循环控制变量。程序运行时，只有输入一行字符（英文字母字符和数字字符等其他字符），然后按回车键，且输入字符（包括回车换行字符）已被送到输入缓冲区后，程序才开始执行 getchar 函数，并从输入缓冲区中逐一获取字符，这个过程是文件输入的过程。有关文件的读/写将在第 9 章介绍。循环条件 "(c=getchar())!='\n'" 先从输入缓冲区读入一个字符，然后将其赋给变量 c，若 c 的值不是'\n'（回车换行），则执行 while 语句的循环内嵌语句（复合语句）；否则结束 while 语句。结束 while 语句后，接着执行其后的 printf 函数语句和 return 语句。

**例 3.43** 求圆周率 π 的近似值，其计算公式为

$$\frac{\pi}{4} = 1 - \frac{1}{3} + \frac{1}{5} - \frac{1}{7} + \frac{1}{9} - \frac{1}{11} + \cdots$$

实际上，求 π 的近似值就是求多个分数之和。从公式可见，后一项比前一项的分母多 2，而且符号相反，因此可定义变量 n 表示分母，每次增 2（即 n=n+2），求得下一项的分母。定义变量 s 表示符号，每次符号取反（s=-s），求得下一项的符号，n 和 s 初值均为 1。定义变量 t 表示分数，且 t=s/n。由于循环次数未知，因此以当前项分数足够小为循环结束条件，即当循环条件满足 fabs(t)>1.0e-6 时，循环结束。

```c
#include<stdio.h>
#include<math.h>
int main()
{
    int s=1;                        //定义符号，且初始化正号，用 1 表示
    double n=1.0,t=1.0,pi=0.0;      //定义分母、分数、pi
    while(fabs(t)>1.0e-6)           //精度不够
    {
        pi=pi+t;                    //累加当前项分数
        n=n+2;                      //分母增 2
        s=-s;                       //正负符号变号
        t=s/n;                      //下一项分数
    }
    pi=pi*4;                        //pi 的值
    printf("PI 的值是:%7.5f\n",pi);
    return(0);
}
```

运行结果：

```
PI 的值是:3.14159
```

在循环执行之前，已把分母 n、符号 s 和分数 t 都设置为第一项的值。进入循环后，首先把 t 累加到 pi，然后求下一项的分母 n、符号 s 和分数 t，为下一次累加做好准备。若当前项不够小，则一直循环累加，循环结束后求得 π/4 的值。执行 "pi=pi*4;" 后才求得 π 的值。

### 3.3.4　do-while 语句

do-while 语句的一般形式为

```
do
    ⌊«语句»⌋
    while(«循环条件»);
```

其中，"语句"是 do-while 语句的循环内嵌语句，它可以是反复执行的任何语句。do-while 语句的执行过程如图 3.19 所示，具体过程如下。

（1）执行循环内嵌语句。

（2）求解"循环条件"，若"循环条件"的值非 0（"真"），则转向（1）；若"循环条件"的值为 0（"假"），则转向（3）。

（3）结束 do-while 语句。

在 do-while 语句中，"循环条件"不可省略。与 for 语句和 while 语句不同的是，do-while 语句先执行"语句"，再判断"循环条件"是非 0（逻辑"真"）还是 0（逻辑"假"），进而决定是否继续循环。当"循环条件"非 0（"真"）时，继续循环；反之，当"循环条件"为 0（"假"）时，终止循环，因此 do-while 语句至少要执行一次循环，即执行"语句"。此外还要注意以下 5 点。

（1）do 是关键字，必须和 while 一起使用。

（2）do-while 语句从 do 开始，到 while 前结束。

（3）在"while(«循环条件»)"后必须要有分号（;），构成 do-while 语句。

（4）"循环条件"可以是常量、变量或表达式，它决定是否为循环执行。

（5）"语句"只能是一条语句。当 do 和 while 之间需要多条语句完成循环功能时，必须使用复合语句。

**例 3.44**　求 1 到 100 之间的整数之和（算法如图 3.20 所示）。

| 定义i, sum |
| --- |
| 赋值i = 1, sum = 0 |
| 累加sum = sum + i |
| 变化i = i + 1 |
| 判断i<=100 |
| 输出sum |

| 执行 "语句" |
| --- |
| 判断 "循环条件" |

图 3.19　do-while 语句的执行过程　　　　图 3.20　累加算法

```
#include<stdio.h>
int main()
{
    int i,sum;              //定义变量
    i=1;                    //循环控制变量初始化
    sum=0;                  //累加变量初始化
    do
```

```
    {                          //复合语句
        sum=sum+i;             //累加
        i=i+1;                 //控制变量变化
    } while(i<=100);           //循环条件
    printf("sum=%d\n",sum);
    return 0;
}
```

运行结果：

```
sum=5050
```

对比上述相关求和程序可以看出：在通常情况下，do-while 语句可实现与 while 语句、for 语句相同的功能，但不是任何情况下都能实现。while 语句与 do-while 语句的比较如下。

（1）while 语句构成的循环结构。

```
#include<stdio.h>
void main()
{
int sum=0,i;
    scanf("%d",&i);
    while(i<=10)
    { sum=sum+i;  i++; }
    printf("sum=%d",sum);
}
```

运行结果：

```
1↵（回车）
sum=55
12↵（回车）
sum=0
```

（2）do-while 语句构成的循环结构。

```
#include<stdio.h>
void main()
{
    int sum=0,i;
    scanf("%d",&i);
    do
    { sum=sum+i;  i++; }
    while(i<=10);
    printf("sum=%d",sum);
}
```

运行结果：

```
1↵（回车）
sum=55
12↵（回车）
sum=12
```

以上两段程序中，输入的数值为循环控制变量的初值。当输入的值小于等于 10（即"循环条件"为"真"）时，输出的结果相同，如输入 1，两段程序都求出 1 到 10 之间的整数之和 55。当输入值大于 10（即"循环条件"为"假"）时，第 1 个程序的 while 语句中的"语句"一次也不执行，输出结果是 0；而第 2 个程序的 do-while 语句中的"语句"执行一次，输出值等于输入的值。可以看出，当初始"循环条件"成立时，while 循环和 do-while 循环二者的功能相同。下面给出用 while 语句代替 do-while 语句的一般形式。

```
do
    «语句»              变换为：          «语句»
while («循环条件»);                       while («循环条件»)«语句»
```

总之，while 语句和 for 语句是先判断"循环条件"再执行"语句"，而 do-while 语句是先执行"语句"再判断"循环条件"。循环功能由 do-while 语句改为 while 语句实现时，需要多执行一次内嵌语句。

例 3.45　从键盘输入一个非负整数，并将该数反序输出（若输入 1328，则输出 8231）。

按照题目要求，把整数逐一拆分成每个数字，并按逆序输出，即从右到左逐一分离每个数字。采用"求余取得个位数字，整除去除个位数字"的方法，直至被除数为 0；即输入 x，由 x%10 获取个位数字，由 x/10 去掉个位数字，直到 x 的值为零。

```c
#include<stdio.h>
int main()
{
    int x, a;
    do                                  //输入正整数
    {
        printf("请输入一个非负的整数:\n");
        scanf("%d",&x);                 //输入整数
    } while(x<0);                       //输入负数无效
    do
    {
        a=x%10;                         //取得个位数字
        x=x/10;                         //去掉个位数字
        printf("%d",a);                 //输出个位数字
    } while(x!=0);                      //未取尽个位数
    printf("\n");
    return 0;
}
```

运行结果：

```
请输入一个非负的整数：
123456↵（回车）
654321
```

第 1 个 do-while 语句输入一个非负整数，当输入的整数是负数时，提醒再次输入整数；第 2 个 do-while 语句实现正整数 x 的数字分离和数字输出。若输入的数字已是非负整数，则

第一次不需要判断，就可先分离个位数 a=x%10，去除个位数字 x=x/10，然后输出个位数 a。若输入 0，则 do-while 循环执行一次输出 0；若用 while 循环，则不能输出。

### 3.3.5 break 语句和 continue 语句

在 C 语言中，除 goto 语句实现无条件跳转从而改变程序的走向外，break 语句和 continue 语句也是无条件跳转语句，但它们不转向语句标号，而是跳转到默认位置。

#### 1. break 语句

break 语句是无条件跳转的，其形式为

```
break;
```

break 语句只能配合 switch 语句和循环语句（包括 for 语句、while 语句和 do-while 语句）使用。在 switch 语句中执行 break 语句时，可跳出当前的 switch 语句；而在 for 语句、while 语句和 do-while 语句中执行 break 语句时，可跳出循环语句，从而提前终止循环，即不再进行循环。为有效地控制跳转，在循环内嵌语句中，break 语句总是与 if 语句联合使用，即满足条件时跳出循环语句并结束循环。在某些情况下，程序循环若干次后，已得到结果，继续循环执行已无必要，此时就可使用 break 语句终止循环。

**例 3.46** 输入一个正整数，判断其是否为素数。

素数仅可被 1 和自身整除，而不能被其他数整除。在算法设计上，可采用"枚举测试"方法，即枚举判断数 $m$ 是否能被 $2, 3, \cdots, m-1$ 整除。如果 $m$ 能被 $2, 3, \cdots, m-1$ 中的任意一个数整除，那么 $m$ 就不是素数。如果 $m$ 不能被 $2, 3, \cdots, m-1$ 中的任意一个数整除，那么 $m$ 就是素数。为判断方便，可用循环依次以 $2, 3, \cdots, m-1$ 为除数进行判断。实际上，为提高效率，只需枚举测试 $2, 3, \cdots, \sqrt{m}$。

```c
#include<stdio.h>
#include<math.h>
int main()
{
    int i,m,n,isprime=1;          //定义变量，默认素数
    scanf("%d",&m);               //输入数据
    n=(int)sqrt(m*1.0);           //开平方，取整
    for(i=2;i<=n;i++)             //枚举可能因子
        if(m%i==0)               //是否因子
        {
            isprime=0;            //不是素数，修改默认值
            break;                //结束测试因子
        }
    if(isprime==1)               //是素数
        printf("%d 是素数.",m);
    else printf("%d 不是素数.",m);
        return(0);
}
```

运行结果：

```
8↙（回车）
8 不是素数
11↙（回车）
11 是素数
```

该程序中设置了一个指示变量 isprime，它用 1 或 0 来表示素数命题成立与否。先假设（默认）命题成立（isprime 为 1，默认 m 是素数）。采用枚举测试方法，用循环（i=2,3,…,$\sqrt{m}$）产生所有可能的值，逐一测试每个可能的值。只要有使命题不成立的条件（如 m%i==0），就修改命题成立的状态（isprime=0），并执行 break 语句提前结束循环，其余可能值无须测试，最后判断指示变量（isprime）的值，确定命题是否成立。一个数是否为素数只有两种可能，只要确定不是素数就可以提前结束程序，这样就提高了问题求解的效率。由于用到了开平方根函数 sqrt，因此需要预处理命令#include<math.h>。

注意：尽管 if 语句和 goto 语句的组合可以构成循环程序，但不同于循环语句（单一语句），即它不能使用 break 终止循环。无论是循环语句还是由 if 语句和 goto 语句构成的循环程序，均可使用 if 语句和 goto 语句联合实现跳转，进而结束循环。

### 2. continue 语句

continue 语句只能在循环语句（包括 for 语句、while 语句和 do-while 语句）中使用，是其他程序中均不可使用的无条件转向语句（也称无条件跳转语句），其形式为

```
continue;
```

continue 语句结束当前次循环，提前进入下一次循环，即跳过循环语句中剩余的语句而强行执行下一次循环。continue 语句和 break 语句在循环语句中的作用不同，前者是"结束当前次循环，提前进入下一次循环"，整个循环未结束；而后者是结束整个循环，循环不再执行。下面以在 while 语句中使用 continue 语句和 break 语句为例（for 语句和 do-while 语句相同）进行说明。

```
（1）while(<表达式 1>)            （2）while(<表达式 1>)
     { …                             { …
       if(<表达式 2>) break;           if(<表达式 2>) continue;
       …                               …
     }                               }
```

两条语句的循环执行过程分别如图 3.21 与图 3.22 所示。

**例 3.47**  求 1～100 中，3 为其因子的所有整数之和。

```c
#include <stdio.h>
int main()
{
    int m,sum=0;                    //定义变量，初始化
    for(m=1;m<=100;m++)             //枚举 100 个数
    {
        if(m%3!=0) continue;        //不是 3 的倍数跳过
        sum+=m;                     //累加
    }
    printf("sum=%d\n",sum);         //输出
    return 0;
}
```

运行结果：

```
sum=1683
```

在 for 语句循环体中，若 m 不是 3 的倍数，则跳过累加（即不累加），并提前进入下次循环，继续判断其他整数。注意：控制变量 m 仍正常增 1。

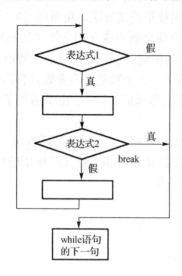 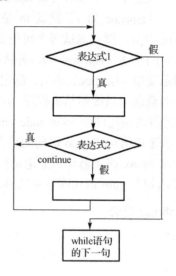

图 3.21　break 语句的循环执行过程　　　　图 3.22　continue 语句的循环执行过程

### 3.3.6　循环嵌套

循环嵌套是指在一个循环体内又包含另一个完整的循环体。内嵌的循环还可再嵌套循环，构成多重循环，多重循环没有层次的限制。for 语句、while 语句和 do-while 语句中的"语句"还可以有任意多的循环语句，构成循环嵌套。由 if 语句和 goto 语句构成的循环也可以与循环语句相互构成嵌套循环。

在日常生活中，时钟计时就是一种三重嵌套循环。时钟运行时，时针内嵌着分针，分针内嵌着秒针。时针变化 1 小时，分针变化 60 分钟，分针变化 1 分钟，秒针变化 60 秒。最外层为时针，中间层为分针，最内层为秒针。多重循环程序也是如此，其外层循环变化最慢，内层循环变化最快。

**例 3.48**　统计 100～999 中，个位、十位和百位数字均不相同的整数的个数。

百位数字从 1 到 9，个位、十位数字从 0 到 9，并且 3 个数字不能相等。设置 3 个变量 a、b 和 c 分别代表百位、十位和个位数字。只要 3 个数字不同，构成的整数就符合要求，即可累加符合要求的整数的个数。

```
#include<stdio.h>
int main()
{
    int a,b,c;                     //百位、十位、个位数字
    int count=0;                   //统计个数
    for(a=1;a<=9;a++)              //百位数字取值
        for(b=0;b<=9;b++)          //十位数字取值
```

```
            if(a!=b)                      //百位、十位数字不同
                for(c=0;c<=9;c++)          //个位数字取值
                    if(c!=a&&c!=b)count++;   //各位数字不同，累加
    printf("count=%d\n",count);
    return 0;
}
```

运行结果：

```
count=648
```

该程序共有 3 层循环。最外层控制变量 a 的值从 1 到 9 变化，中间层 b 的值从 0 到 9 变化，最内层 c 的值从 0 到 9 变化。最内层的 c 从 0 变化到 9，中间层的 b 才加 1，而中间层的 b 从 0 变化到 9，最外层 a 才加 1。由此可以看出最外层变化最慢，最内层变化最快。

此题还有另一种解法，对于任何一个 100 到 999 之间的整数，分离出百位、十位和个位数字，并判断是否满足各个位数均不等，然后累计各个位数均不等的整数的个数。这种方法只需使用一层循环，具体程序如下。

```
#include<stdio.h>
int main()
{
    int a,b,c,s;                       //百位、十位、个位数字
    int count=0;                       //统计个数
    for(s=100;s<=999;s++)              //100～999 整数
    {
        a=s%10;                        //取个位数字
        b=s/10; b=b%10;                //取十位数字
        c=s/100;                       //取百位数字
        if(a==b||a==c|b==c) continue;  //不符合要求，不计数
        count++;
    }
    printf("count=%d\n",count);
    return 0;
}
```

**例 3.49** 统计 200 以内所有素数的个数，并输出所有素数及其个数。

对于任何一个在 2 到 200 之间的整数 m，判断 m 是否为素数。具体实现是在例 3.46 的程序外，又嵌套 m 从 2 到 200 之间取值的一层外循环。

```
#include<stdio.h>
#include<math.h>
int main()
{
    int m,i,isprime;                   //定义变量
    int count=0;                       //统计个数，初始化
    int n;
    for(m=2;m<=200;m++)                //2 到 200 内取值
    {
        isprime=1;                     //默认为素数
```

```
        n=sqrt(m);
        for(i=2;i<=n;i++)
          if(m%i==0)                      //不是素数
          {
              isprime=0;                  //修改默认值
              break;                      //不再测试 m
          }
          if(isprime==0)continue;         //不是素数，结束此次循环
          printf("%5d",m);                //输出素数
          count++;                        //累加素数个数
          if(count%10==0)printf("\n");    //10 个数据换行
        }
        printf("\n200 以内的素数共有%d 个\n",count);
        return(0);
    }
```

运行结果：

```
   2   3   5   7  11  13  17  19  23  29
  31  37  41  43  47  53  59  61  67  71
  73  79  83  89  97 101 103 107 109 113
 127 131 137 139 149 151 157 163 167 173
 179 181 191 193 197 199
200 以内的素数共有46 个
```

对 2 到 200 之间的任何一个数 m，判断其是否为素数。首先假设 m 是素数，所以循环体内使用了"isprime=1;"以确保对每个 m 值都重新开始默认为素数。

注意：break 语句和 continue 语句出现在多层嵌套的循环语句中时，只对最近包含的 break 语句和 continue 语句的当前循环语句有效，而更外层或更内层的循环语句不受影响。例如，例 3.49 中的 break 语句只能结束内嵌的 for 语句，外层的 for 语句不受影响，而 continue 语句只能结束外层 for 语句的当前循环，内层的 for 语句不受影响。

例 3.50　中国古代数学问题：百钱买百鸡。100 个铜钱买了 100 只鸡，其中公鸡一只 5 钱，母鸡一只 3 钱，小鸡一钱 3 只，问 100 只鸡中公鸡、母鸡、小鸡各多少？列出所有可能的购买方案。

设 100 只鸡中公鸡、母鸡、小鸡的数量分别为 $x$、$y$、$z$，则问题转化为三元一次方程组，即

$$\begin{cases} 5x+3y+\dfrac{z}{3}=100 \\ x+y+z=100 \end{cases}$$

其中，$x$、$y$、$z$ 为正整数，且 $z$ 是 3 的倍数。由于鸡和钱的总数都是 100，因此可以确定 $x$、$y$、$z$ 的取值范围：$x$ 的取值范围为 1～20；$y$ 的取值范围为 1～33；$z$ 的取值范围为 3～99，步长为 3。采用枚举法遍历 $x$、$y$、$z$ 所有可能的组合，得到问题的解。

```
    #include<stdio.h>
    int main()
    {
        int x,y,z;                        //变量定义，表示数量
```

```
    for(x=1;x<=20;x++)                                        //数量变化
        for(y=1;y<=33;y++)
            for(z=3;z<=99;z+=3)
                if((5*x+3*y+z/3==100)&&(x+y+z==100))    //满足条件
                    printf("cock=%d,hen=%d,chicken=%d\n",x,y,z);
    return 0;
}
```

运行结果：

```
    cock=4,hen=18,chicken=78
    cock=8,hen=11,chicken=81
    cock=12,hen=4,chicken=84
```

如果只要求得到一种而非所有购买方案，而不是所有可能方案，那么程序应如何修改？答案是，找到第一种方案时，就终止测试其他可能的组合，即在程序中结束所有循环。此时，可用 break 语句跳出循环，但 break 语句只能跳出当前循环，因此可设置一个标识变量 flag，其初值为 0，找到一种方案时，就给 flag 赋值 1，同时在其他循环中都加上 break，即

```
    if(flag==1) break;
```

确保循环逐层跳出。修改后的程序如下。

```
    #include<stdio.h>
    int main()
    {
        int x,y,z,flag=0;
        for(x=1;x<=20;x++)
        {
            for(y=1;y<=33;y++)
            {
                for(z=3;z<=99;z+=3)
                if((5*x+3*y+z/3==100)&&(x+y+z==100))
                {
                    printf("cock=%d,hen=%d,chicken=%d\n",x,y,z);
                    flag=1;
                    break;                          //跳出内层
                }
                if(flag==1) break;                  //跳出中间层
            }
            if(flag==1) break;                      //跳出外层
        }
        return 0;
    }
```

运行结果：

```
    cock=4,hen=18,chicken=78
```

也可采用 goto 语句跳出所有循环，这样做可使得思路更为清晰，简化程序。

```
    #include<stdio.h>
```

```
int main()
{
    int x,y,z;
    for(x=1;x<=20;x++)
        for(y=1;y<=33;y++)
            for(z=3;z<=99;z+=3)
                if((5*x+3*y+z/3==100)&&(x+y+z==100))
                {
                    printf("cock=%d,hen=%d,chicken=%d\n",x,y,z);
                    goto End;
                }
    End: return 0;
}
```

使用 goto 语句实现程序跳转时，可实现多层嵌套程序的跨层跳转。自从提倡结构化程序设计风格以来，goto 语句就成为有争议的语句。若过度使用 goto 语句，则会破坏结构化程序的设计风格，使程序看上去杂乱无章、难以读懂，且程序一旦出现错误，人工纠错会极其困难，因而不利于程序的维护。事实上，这些都不是 goto 语句的问题，而是程序设计人员自己造成的，事实上并不是提倡杜绝使用 goto 语句，而是提倡尽量少用和高效使用 goto 语句。

## 本章小结

程序结构是指语句的执行流程，即一条语句执行完毕后决定如何执行下一条语句，它可分为顺序结构、分支结构（也称选择结构）和循环结构。顺序结构是最简单的结构，在这种结构中，一条语句执行完毕后不做任何判断就"自上而下，自左到右"依次地执行；而分支结构、循环结构则需要进行条件判断后再决定下一条语句的执行。三种结构的组合可以求解任何复杂的问题。

C 语言的输入/输出功能是通过调用标准库函数中的输入/输出函数实现的。键盘和屏幕分别为标准的输入设备和输出设备，数据输入和输出的标准函数可分为格式化输入/输出函数、字符输入/输出函数及字符串输入/输出函数（后续介绍）。格式化输入/输出函数为 scanf 输入函数和 prinft 输出函数；字符输入/输出函数为 getchar 字符输入函数和 putchar 字符输出函数。每个函数都有一个返回值，除 getchar 函数的返回值为字符的 ASCII 码外，返回值还表示函数调用的正确性。由于在程序中都是简单地使用输入/输出函数，调用基本上不会出错，因此只需关注程序的功能，而不必关注其返回值。printf 输出函数的调用形式为"printf(«格式说明串»⌐,«运算数列表»」)"，其中"⌐」"表示可选项，即若没有输出数据，则可以省略。"运算数列表"可以是若干常量、变量、表达式或有返回值的函数。"格式说明串"包括原样输出的普通字符和格式控制串"%⌐±0⌐m⌐.n⌐l⌐«格式符»"，其中"格式符"与输出数据的数据类型对应，"±"表示在输出数据所占列数较大时数据是靠右还是靠左；"m"表示输出数据所占的列数（较小时，数据原样输出，不失真）；"n"表示数据区的小数位（对浮点型数据而言）或从字符串头部所取的字符数（对字符串而言）；"l"表示输出的数据为 double 型或 long int 型等类型。还要求输出数据与"格式控制串"一一对应，包括数据类型和数据个数。scanf 输入函数的调用形式为"scanf(«格式说明串»,«地址列表»)"。其中"地址列表"为数据单元的地址，或称变量的指针。C 语言是高级语言，因此程序设计人员无须参与内存的管理，而只需关注变量指针的存在和使用，不必关注其具体值。变量指针由"&"取地址运算符表示。"格式说明串"包括原样输入的普通字符和格式控制串"«%»⌊*⌋⌊m⌋⌊l⊥h⌋«格式符»"，其中"格式符"与输入数据的数据类型对应，"*"表示输入时跳过相应位置上的数据，或称忽视相应位置上的数据；"m"表示读取 m 列的数据；"l"表示读取的数据为 double 型与 long int 型数据；"h"表示读取的数据为 short int 型数据。字符输出函数的形式为"putchar(«字符数据»)"，其中"字符数据"可以是字符常量、字符变量、整常数或整型变量。除数据单元大小不同外，在 ASCII 码范围内整型数据与字符型数据是等效的，字符输入函数 getchar 返回一个字符的 ASCII 码。若不保留 getchar 函数的值，则其在程序中起到暂停程序运行的作用。

分支程序结构是结构化程序设计中的三种结构之一。分支程序结构表示根据判断条件来选择相应的处理方法，即在程序中，体现着相应的分支程序结构。判断条件作为分支程序结构的重要组成部分，主要采用关系运算（比较运算）和逻辑运算构成的表达式。

条件运算符"? :"是 C 语言中的唯一三元运算符，其构成的表达式形式为"«选择条件»? «表达式 1»:«表达式 2»"，且当"选择条件"非 0（逻辑"真"）时，"表达式 1"为条件表达式的结果；反之，当"选择条件"为 0（逻辑"假"）时，"表达式 2"为条件表达式的结果，即通过"选择条件"选择了"表达式 1"或"表达式 2"为条件表达式的结果，而且条件表达式的数据类型为"表达式 1"和"表达式 2"中精度高、数据单元大的类型。"选择条件""表达式 1""表达式 2"可以为常量、变量或表达式（包括条件表达式），而"选择条件"常为关系表达式或逻辑表达式。条件表达式中嵌套条件表达式时，注意条件表达式为右结合性运算符，它可帮助理解嵌套条件表达式的含义。

C 语言由 if 语句、switch 语句和 break 语句联合实现分支程序结构，其中 if 语句多用于实现二分支结构，而 switch 语句和 break 语句联合用于实现多分支结构。if 语句的基本形式为"if（«选择条件»）«语句 1»⌊else «语句 2»⌋"。"选择条件"为判断条件，可以是常量、变量或表达式（尤其是关系表达式或逻辑表达式），当其值非 0（逻辑"真"）时，执行"语句 1"；值为 0（逻辑"假"）时，执行"语句 2"。"语句 1"和"语句 2"均可以是 if 语句，从而构成实现多分支的 if 语句嵌套，if 语句的 else 子句是可选子句。由于 C 语言程序书写的灵活性，因此可以使用多个空格来对齐语句，但在多分支的 if 语句（if 语句嵌套）中，else 子句只与最近的 if 子句配对。switch 语句的基本形式为

```
switch(«运算数»)
{
    ⌊case «常量：» ⌊«语句 1»⌋ᵇ ⌉ⁿ ⌊ break;⌋
        ⌊default  :   ⌊«语句 2»⌋ᵇ⌋
}
```

实际上，switch 语句是条件转向语句，而"常量"为跳转的目标位置。"运算数"等于"常量"时，跳转到"常量"位置，执行其后的所有语句。单独使用 switch 语句无法实现多分支选择功能。为实现多分支选择功能，需要结合无条件跳转 break 语句。至此，break 语句只能结合 switch 语句使用，而不能单独使用。通过 switch 语句的条件跳转和 break 语句的无条件跳转，可实现多分支选择功能。在 switch 语句中，case 后的语句还可以是 switch 语句，构成 switch 语句的嵌套。执行 break 语句时，只能跳转出当前的 switch 语句。

循环结构是结构化程序的三种结构之一，它解决的是具有相同变化规律的现实问题。在实现过程中，循环结构体反复执行一段相同功能的程序段，即循环程序。为确保循环程序在有限

的步骤内完成问题的求解，避免陷入死循环，循环程序通常包括 4 个方面：有关问题初始化、循环条件、循环求解目标和循环控制变量的变化。有关问题初始化包括循环控制变量、累加或累乘、标记符号的初始化等。循环条件决定是结束还是继续循环。循环求解目标需要反复执行，体现有规律的问题求解。循环控制变量的变化很重要，控制变量随着循环的进行而变化，它与循环条件联合。循环控制变量的变化一定要朝着不能满足循环条件的方向逼近，以便使得循环在有限的步骤内终止，确保问题有解。循环结构的循环体中还可嵌入顺序结构、分支结构和循环结构。在循环结构中嵌入循环结构就构成了嵌套循环，外层循环进行一次循环，内层循环则进行一个完整的循环，即外层循环变化慢，内层循环变化快。

实现循环结构的语句有 if 语句和 goto 语句联合构成的循环语句、for 语句、while 语句和do-while 语句。for 语句、while 语句和 do-while 语句统称循环语句，这三种循环语句都只能内嵌一条语句（也称为内嵌语句）作为循环体的主要部分。内嵌语句可以是任何语句，若内嵌语句为复合语句，则循环执行一个程序段；若内嵌语句包含循环语句，则构成嵌套循环。三种循环语句都是在循环条件非 0（逻辑"真"）时执行内嵌语句。各种循环语句可以相互嵌套，也可以并列（即顺序结构），但不能相互交叉。在实际应用中，for 语句的使用频率最高，while语句次之，do-while 语句的使用频率最低。

for 语句的形式为"for（«表达式 1»；«循环条件 2»；«表达式 2»）«语句»"，其中«循环条件»也是表达式。三个"表达式"依次表示有关问题的初始化、满足循环的条件和循环控制变量的变化，结构清晰，可读性好。三个"表达式"可以省略，但循环结构所要求的有关问题初始化、循环条件和循环控制变量的变化不能省略，只能在程序的其他位置出现。for 语句一般用在循环次数已知的情况下。while 语句的形式为"while(«表达式» )«语句»"。for 语句和 while语句的特点是"先判断循环条件，再执行内嵌语句"，因此有可能内嵌语句一次都不执行。do-while 语句的形式为"do «语句» while(«表达式»)"。do-while 语句的特点是"先执行内嵌语句，再判断循环条件"，因此内嵌语句至少执行一次。

从实现功能的角度看，无论是三种循环语句，还是 if 语句和 goto 语句构成的循环语句，都是等价的，因此可以相互代替；但从编程风格来看，针对不同的问题，编程的简易性和可读性有所不同，因此需要注意以下事项。

（1）一般不提倡使用 if 语句和 goto 语句构成的循环语句。由于 goto 语句可跳转到函数内执行任何语句，因此转向具有随意性，这会使得程序的可读性差和可维护性差。goto 语句不是结构化程序设计的语句。

（2）for 语句一般用于有循环控制变量且事先知道循环次数的情形。for 语句中的三个"表达式"分别对应循环控制变量的初始化、循环条件和循环变量的变化，可读性好。

（3）while 语句一般用于不知道循环次数或没有循环控制变量的情形。

（4）do-while 语句一般用于需要至少执行一次循环的情形。

（5）在 while 和 do-while 语句的内嵌语句中，应包含使循环趋于结束的语句。如果有循环控制变量，那么循环控制变量初始化的操作应在 while 和 do-while 语句之前完成。

goto 语句、break 语句和 continue 语句都是无条件转向语句（或称无条件跳转语句）。使用无条件转向语句，可以改变程序的执行顺序。因此在使用这些无条件转向语句时，经常需要结合 if 语句来决定跳转去向。goto 语句使用"语句标号"来决定转向位置，该位置只要在同一个函数（即模块）内就都是合法的，因此转向的范围很大，随意性强，而这会破坏程序的结构化，进而导致程序（尤其是循环程序）的可读性差、可维护性差。break 语句和 continue 语句的转向位置是默认的、固定的，无须语句标号，其默认位置在内嵌语句之后。goto 语句可以结束由 if 语句与 goto 语句构成的循环、由循环语句构成的循环以及任何嵌套循环。break 语句和 continue 语句只能用在循环语句的内嵌语句中，而不能用在 if 语句和 goto 语句构成的循环中。break 语句会跳转出当前的循环语句，终止整个循环，而 continue 语句会结束当前循环语句的当前次循环，提前进入下一次循环，而并不终止整个循环。

## 习题 3

### 一、顺序程序设计

1．将华氏温度转换为摄氏温度和热力学温度，其转换关系为

$$c = \frac{5}{9}(f - 32) \qquad （摄氏温度）$$

$$k = 273.16 + c \qquad （热力学温度）$$

2．将极坐标$(r,\theta)$（$\theta$ 的单位为度）转换为直角坐标$(x,y)$，转换关系为

$$x = r\cos\theta$$

$$y = r\sin\theta$$

3．求任意 4 个实数的平均值、平方和、平方和开方。

### 二、分支程序设计

1．break 语句与 switch 语句配合使用时，能起到什么作用？

2．利用程序实现如下函数。

$$y = \begin{cases} \dfrac{\sin(x) + \cos(x)}{2} & (x \geqslant 0) \\ \dfrac{\sin(x) - \cos(x)}{2} & (x < 0) \end{cases}$$

3．字符判断、转换输出：小写英文字母转换为大写英文字母输出；大写英文字母转换为小写英文字母输出；数字字符保持输出不变；其他字符，输出"other"。

4．三个数 $a$、$b$、$c$ 由键盘输入，输出其中最大的数。

5．四个数 $a$、$b$、$c$、$d$ 由键盘输入，将 4 个数由小到大排序输出。

6．将百分制成绩转换为成绩等级：90 分及以上为 A，80～89 分为 B，70～79 分为 C，60～69 分为 D，60 分以下为 E。

### 三、循环程序设计

1．循环程序大概有几个组成部分？

2．goto 语句与 if 语句在实现循环过程中有何优缺点？

3．break 语句与 continue 语句在循环语句中的作用是什么？

4．从跳转位置看，goto 语句、break 语句、continue 语句有何不同？在循环嵌套中的应用有何不同？

5．求数列 12, 22, 32, …, 202 的和。分别用 3 种循环语句实现。

6．求两个整数的最大公约数和最小公倍数。

7．水仙花数是指一个三位数的各位数字的立方和等于该数本身，如水仙花数 $153 = 1^3 + 5^3 + 3^3$。求所有水仙花数。

8. 求和 $s_n = \dfrac{1}{1} + \dfrac{1}{1+2} + \dfrac{1}{1+2+3} + \cdots + \dfrac{1}{1+2+3+\cdots+n}$。

9. 求方程 $3x + 5y + 7z = 100$ 的所有非负整数解。

10. 打印如下英文字母组成的阵列。

<pre>
            A
            B  B
            C  C  C
            D  D  D  D
            E  E  E  E  E
            F  F  F  F  F  F
</pre>

11. 求正整数的各位数之和。

12. 求正整数中的所有质数。

# 第4章

# 构造类型数据（一）

数据类型的丰富程度是衡量计算机高级语言功能强弱的标准之一。C 语言作为当代计算机高级语言的代表，除提供了常用的字符型、整型和浮点型等基本数据类型外，还提供了根据问题求解需要、方便描述表达问题的构造类型。构造类型可在已有的数据类型基础上由用户自定义数据类型，而已有的数据类型也可以是构造数据类型，因此构造数据类型定义具有嵌套定义的特点，构造数据类型也称派生数据类型。数据类型是具有相同特性的一类数据的集合或共性抽象，而数据是数据类型的特例（或称对象、实例）。数据与数据类型的关系就如同社会上"张三""李四"（数据）属于"人"（数据类型）的关系。在程序中，首先定义构造数据类型，其次由构造数据类型定义数据（变量），因此构造数据类型是 C 语言知识体系的有机组成部分，也是 C 语言的重要特色之一。

构造数据类型包括指针数据类型、数组数据类型、结构体数据类型、共用体数据类型、枚举数据类型和文件数据类型等。通过本章的学习，重点掌握指针数据类型、数组数据类型及其数据的定义、初始化与访问，从而实现批量数据表示与处理的目的。

## 4.1 指针类型数据

指针涉及计算机内存的基本概念。在程序中，变量名是计算机内存数据单元在程序中的表示，或称变量名是数据单元的别名。内存数据单元均有相应的地址，在程序中，通过变量名对变量的访问（取值和赋值），实质上是系统（编译系统、操作系统）通过数据单元的地址对数据单元的访问（获取数据和存放数据）。逻辑关系上，变量、变量名、数据单元和地址具有一一对应的关系。程序中变量指针是内存数据单元地址的一种表示，或称变量指针是数据单元地址的别名，因此变量和数据单元、指针和地址具有很好的对应关系。有关指针的概念似乎有些抽象，可以简单理解为：从程序看变量、指针，从内存看数据单元、地址。现实世界中也有很多类似的关系，如现在很多饭店内的包间有两种表示方法：门牌号（如 1012 号）和命名（如菊花厅）。饭店对应内存，包间对应数据单元，门牌号对应地址，包间名对应变量名，地址的别名就是指针（如对 1012 取名为菊花厅的指针）。到饭店包间就餐可以通过门牌号（地址、指针）或包间名（变量名）找到包间（数据单元）。在程序中，把指针看作一类具有地址值的数据，也就是指针值是地址。通过基本数据类型及其数据和访问的学习，已经知道数据类型、变量、变量名、变量值和访问的关系。指针的概念也涉及指针类型、指针变量、指针变量名、指针值和访问的关系。通过指针可直接访问计算机的存储空间，即间接访问。指针类型及其数据是 C 语言的精华之一。

### 4.1.1 指针与指针运算

计算机中所有的数据都存放在存储器中，主存储器的访问方式按照地址进行访问。主存储器按一维线性连续编址（编排地址），如存储器容量 1GB，其从 0 到 1GB-1。每一个编址单元的大小为 1 字节（1B）。定义一个整型变量为

```
int a=10;   //定义变量，并初始化
```

当 C 语言编译系统进行编译时，根据数据类型决定内存开辟了一个数据单元，其大小为 2 字节（16 位系统，如 TC 2.0）或 4 字节（32 位系统，如 VC++ 6.0）。这个数据单元有一个首地址，为常整数，并且在整个程序运行过程中保持不变，即在程序运行过程中数据单元地址为常量，如同饭店包间的门牌号。

在程序中，变量名标识变量，可以理解变量为数据单元的抽象表示，通过变量名访问（取值或赋值）变量的过程实际上是访问数据单元，通过变量名访问变量（数据单元）称为直接访问。变量所对应数据单元的地址称为变量的指针，即指针是地址在程序中的别名。由于 C 语言是高级计算机语言，并且为了让编程人员不需要参与内存数据单元的管理，而只关心数据单元的指针的存在及其应用，因此无须关注指针的具体值，而是通过取地址运算符"&"获取数据单元的地址，即变量的指针，如变量 a 的指针为&a。除取地址运算外，指针相关运算还有指向运算"*"，即通过指针的指向运算明确数据单元，进而进行数据单元的访问。通过指针访问数据单元（变量）的过程称为间接访问。取地址运算"&"和指向运算"*"是单目运算符，而且运算优先级为 2 级，均为从从左到右进行运算的左结合性运算符。指针概念具有更形象表示或"指向"的含义。变量名、数据单元、指针的关系如图 4.1 所示。

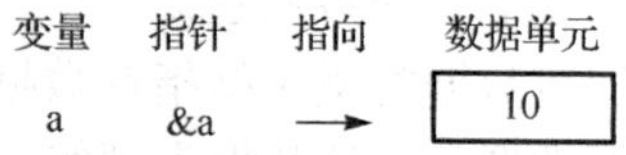

**例 4.1** 显示变量的指针。

| 变量 | 指针 | 指向 | 数据单元 |
|---|---|---|---|
| a | &a | → | 10 |

图 4.1 变量名、数据单元、指针的关系

```
#include <stdio.h>
void main()
{
    int a;                   //定义变量
    float b;
    char c;
    printf("%u,%u,%u\n%x,%x,%x\n",&a,&b,&c,&a,&b,&c);//输出指针
}
```

运行结果：

```
1245052,1245048,1245044
12ff7c,12ff78,12ff74
```

由于变量对应内存中数据单元由系统根据数据类型进行分配,因此对应数据单元有相应的地址,这些地址是常量。注意：运行环境不同可能导致地址（指针）的差异。

通过变量名对数据单元的访问（包括取值和赋值），称为直接访问，如

```
int b;
b=a+90;
```

直接访问包含对变量名 a 对应的数据单元的取值访问和对变量名 b 对应的数据单元的赋值访问。

这种形式的访问以前都学习过，在不影响理解访问运算实质的情况下，简称变量的赋值和取值。

通过变量的指针对数据单元（程序中的变量）的访问称为间接访问。间接访问是通过指向运算"*"实现的，如

```
*(&b)=*(&a)+90;
```

这与"b=a+90;"直接访问是等价的，其含义是：从指针&a 所指向的数据单元中获取数据，赋给指针&b 所指向的数据单元，其要点是通过指针的指向运算"*"实现间接访问。

为了加强对指针的理解，请看下面程序。

**例 4.2** 直接访问和间接访问。

```
#include <stdio.h>
void main()
{
    int a,b;
    printf ("a 的指针=%x, b 的指针=%x\n" , &a,&b);    //a 和 b 数据单元的指针
    a=10;
    b=a+90;
    printf ("a=%d, b=%d\n" , a,b);            //a 和 b 对应数据单元的值，即 a,b 的值
    printf ("*(&a)=%d, *(&b)=%d\n", *(&a), *(&b)); //&a 和&b 指向数据单元的值
    *(&a)=200;
    *(&b)=*(&a)+1800;
    printf ("*(&a)=%d, *(&b)=%d\n", *(&a), *(&b)); //&a 和&b 指向数据单元的值
    printf ("a=%d, b=%d\n", a,b);              //a 和 b 对应数据单元的值，即 a,b 的值
}
```

运行结果：

```
a 的指针=12ff7c,  b 的指针=12ff78
a=10,b=100
*(&a)=10,*(&b)=100
*(&a)=200,*(&b)=2000
a=200, b=2000
```

直接访问结果如图 4.2 所示，间接访问结果如图 4.3 所示。定义变量 a、b，系统为其分配数据单元，就有相应的指针（为常量）。由于变量对应的数据单元与指针指向的数据单元是同一个数据单元，即 a 的数据单元与*(&a)指向的数据单元是同一个数据单元，b 的数据单元与*(&b)指向的数据单元是同一个数据单元，因此 a 与*(&a)数值相同，b 与*(&b)数值相同。

图 4.2　直接访问结果　　　　　图 4.3　间接访问结果

## 4.1.2　指针变量定义

指针是一种数据，可用于变量存放指针，该变量称为指针变量，也就是指针变量的值是某个内存单元的地址或变量的指针，如同整数可以存放在整形变量中。对已存在的数据类型定义指针变量，如

```
int *pi, *pi1, *pi2;
float *pf1, *pf2, *pf3;
```

是定义指向整型变量的指针变量 pi、pi1、pi2 和定义指向浮点型变量的指针变量 pf1、pf2、pf3。
上述指针变量定义等同于

```
int* pi, pi1, pi2;
float* pf1, pf2, pf3;
```

从上述定义指针变量可以看到有两种定义指针变量形式，分别为

«数据类型符» «*指针变量名 1»⌐,«*指针变量名 2»⌐;
«数据类型符*» «指针变量名 1»⌐,«指针变量名 2»⌐;

其中，"数据类型符"既可以是字符型、整型、浮点型等基本数据类型，又可以是用户自定义
的数据类型，指针变量名为用户自定义标识符。这两种指针变量的定义是等价的，但第 2 种形
式是用户自定了指针类型后定义的指针变量，如定义整型指针类型 int*和浮点型指针类型
float*后，再定义指向整型变量的指针变量 pi、pi1、pi2 和指向浮点型变量的指针变量 pf1、pf2、
pf3，因此"数据类型符*"属于构造类型，指针变量和指针属于构造数据类型。

C 语言还提供给数据类型命名或定义数据类型的 typedef 语句，其使用形式为

typedef «数据类型符» «数据类型新名»;

其中，"数据类型符"是已有的数据类型，"数据类型新名"是用户自定义的标识符，如

```
typedef int Integer;        //数据类型重命名
typedef int *Pint;          //命名指针类型
typedef int* PInteger;      //命名指针类型
```

分别定义了 Integer、Pint 和 Pinteger 这 3 种数据类型，Integer 表示整型，Pint 与 PInteger 都是
表示指向整型变量的指针类型。这 3 种类型可以用于定义变量等，如

```
Integer a,b;               //等价于 int a,b;
Pint p1;                   //等价于 int *p1;
PInteger p2;               //等价于 int *p2;
```

变量指针和指针变量都属于指针类型，指针类型是已有构造数据类型。可用重命名语句
typedef 命名指针类型，以增加程序可读性。与指针概念紧密相关的运算有取地址运算和指向
运算。

### 4.1.3　指针变量访问

指针类型是用户构造数据类型，可定义指针变量用于保存变量的指针，如

```
int *p, a=10;
p=&a;
```

即指针变量 p 的值为变量 a 的指针，意味着指针变量 p 建立与变量 a
的联系（如图 4.4 所示，为了方便，变量名标在数据单元旁边）。这种
联系称为指针变量 p 指向变量 a。指针变量是变量，可直接访问，如
赋值运算 p=&a。

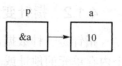

图 4.4　指针变量与变量

通过指针变量也可以访问指针变量所指向的变量，如

```
*p=100;
```

等价于"a=100;"，即指针变量 p 进行直接访问得到 p 的值（此时为变量 a 的指针）后，通过指向运算"*"间接访问变量 a。简单地说，直接访问 a，通过指针变量 p 间接访问 a。

**例 4.3** 指针变量的访问。

```
#include "stdio.h"
void main()
{
    int a=10,b,*p=&a;                //定义变量并初始化，如图 4.5 所示
    printf ("a=%d, *p=%d\n", a,*p);  //a 的值
    *p=100;                          //a 间接赋值，如图 4.6 所示
    p=&b;                            //赋值改变指向，如图 4.7 所示
    *p=a+200;                        //b 间接赋值，如图 4.8 所示
    printf ("b=%d, *p=%d\n", b,*p);  //b 的值
}
```

运行结果：

```
a=10,*p=10
b=300,*p=300
```

该程序中，定义变量 a 和指针变量 p，并通过初始化，使得指针变量 p 指向变量 a，因此直接访问 a 和通过 p 间接访问 a，结果自然相同。对指针变量赋值"p=&b;"，改变了指针变量 p 的指向，即 p 指向 b。语句"*p=a+200;"是直接访问 a 然后加 200，通过指针变量 p 间接访问 b，即改变了变量 b 的值。

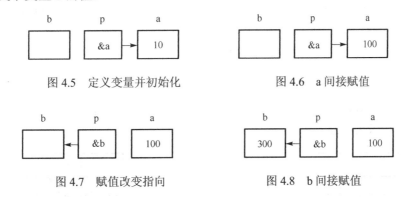

图 4.5 定义变量并初始化    图 4.6 a 间接赋值

图 4.7 赋值改变指向    图 4.8 b 间接赋值

有关指针变量，需要注意以下事项。

（1）指针变量是变量，具有变量的特点，即可以取值和赋值（直接访问），如"p=&a;"。

（2）强调通过指针变量访问其所指向的变量（间接访问），但对指针变量本身的访问还是直接访问。

（3）星号"*"出现的不同位置，则含义也不同。

① 在变量定义中，如"int *p;"，此时的"*"为指示符，表明定义的变量为指针变量。

② 在指针类型定义中，如"int* p;"，此时的"*"为指示符，表明定义了指针类型。

③ 在执行语句中，如"int a=10,b,*p=&a; b=a**p;"，根据运算符的优先级，"b=a**p;"可

以解释为"b=a*(*p);",由此可见第1个"*"为乘运算（双目运算符），而第2个"*"为指向运算。但不可能解释为"b=(a*)(*p);"（注：a*是错的，*p是对的，运算数之间没有运算符）或"b=(a*)*p;"（注：a*是错的，第2个"*"为乘运算符是对的）。

④ 在 scan 函数的格式控制串中，如"%d%*f%c""*"为指示符，表示输入数据时，跳过一个浮点数。

**例4.4** 输入两个整数，按先大后小的顺序输出。

```
#include "stdio.h"
int main()
{
    int *p1,*p2,*p,a,b;                //定义变量
    scanf("%d,%d",&a,&b);              //输入数据5,9
    p1=&a; p2=&b;                      //建立指向关系，如图4.9
    if(a<b)                            //比较大小
        {p=p1;p1=p2;p2=p; }            //改变指向关系，如图4.10
    printf("a=%d,b=%d\n",a,b);         //直接访问输出数据
    printf("max=%d,min=%d\n",*p1, *p2); //间接访问输出数据
    return 0;
}
```

运行结果：

```
5, 9⏎（回车）
a=5, b=9
max=9, min=5
```

该程序中定义了两个整型变量 a、b，两个指针变量 p1、p2，通过指针变量赋值，使得 p1、p2 分别指向 a 与 b（如图4.9所示）。比较 a、b 的大小，决定排序顺序。排序时，交换的是指针变量 p1 和 p2 的值，即改变指针的指向，而没有交换 a 和 b 的值（如图4.10所示），所以输出 a、b 的值不变（直接访问 a、b），而输出*p1、*p2 时，实现先大后小的顺序输出（间接访问 a、b）。

图 4.9 指向关系（p1、p2 分别指向 a 与 b） 图 4.10 改变指向关系（指针的指向改变，未交换 a 和 b 的值）

**例4.5** 输入两个整数，按先大后小的顺序输出。

```
#include "stdio.h"
int main()
{
    int *p1,*p2,p,a,b;
```

```
    scanf("%d,%d",&a,&b);                    //输入数据 5,9
    p1=&a; p2=&b;                            //建立指向关系,如图 4.9
    if(a<b)                                  //比较大小
        {p=*p1;*p1=*p2;*p2=p;}               //交换整数,如图 4.11
    printf("a=%d,b=%d\n",a,b);               //直接访问输出数据
    printf("max=%d,min=%d\n",*p1, *p2);      //间接访问输出数据
    return 0;
}
```

运行结果:

```
5, 9↵(回车)
a=9, b=5
max=9, min=5
```

与例 4.4 程序相比,两个程序变量名都一样,但是例 4.4 程序中 p 是指针变量,比较数据 a 与 b 的大小后数据交换的是指针,改变指向(如同包间客人没变,仅交换包间的门牌号),而本程序中 p 是整型变量,比较数据 a 与 b 大小后,交换的是指针指向的数据单元(a、b),指向关系并没改变(如同包间的门牌号没变,但对换包间客人,如图 4.11 所示)。对比例 4.4 与例 4.5 的程序,指针变量(如 p1、p2)是其他变量(如 a、b)的索引,即指针是索引。

由于指针变量是变量,也有相应的数据单元,因此也有相应的地址(指针变量的指针),指针变量的指针也可以有相应的指针变量保留该指针,如

```
int a,*pa=&a;    //定义指针变量,并初始化
int **pp=&pa;    //定义指针变量,并初始化
```

其中,3 个变量 a、pa、pp 的关系如图 4.12 所示,如同有 3 个抽屉,第 1 个抽屉 a 放 10 元钱,第 2 个抽屉 pa 放第 1 个抽屉 a 的钥匙(编号),第 3 个抽屉 pp 放第 2 个抽屉 pa 的钥匙(编号)。

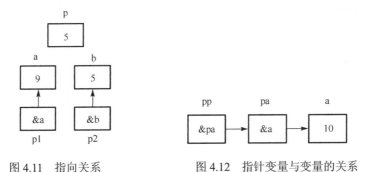

图 4.11　指向关系　　　　　　　图 4.12　指针变量与变量的关系

下面的语句是等价的。

```
a=10;        //直接访问变量 a
*pa=10;      //直接访问 pa,通过 pa 间接访问变量 a
**pp=10;     //直接访问 pp,通过 pp 间接访问 pa(*pp)后,再间接访问变量 a
```

由此可见,指针变量是递归定义的,即可以定义多级的间接指向关系的指针变量,而且指针变量具有如同基本类型的变量,可以由类型定义、赋值、取值、初始化,包括后续将要介绍的作函数参数、定义数组等,还需要注意以下 4 点。

（1）由"《数据类型》《*指针变量名》;"或"《数据类型*》《指针变量名;》"定义指针变量

时，称为指向数据类型变量的指针变量，或称"数据类型*"的变量，如"int *p;"或"int* p;"中的变量 p 称为指向 int 型变量的指针变量，或 int*类型的变量，即指向 int 型变量的指针变量，而"int** pp;"中的变量 pp 称为一个指向 int 类型指针变量的指针变量，即指向指针变量的指针变量。

（2）指针变量指向的变量与数据类型紧密相关，如

```
int i, *pi;              //定义变量与指针变量
float f, *pf;
double d, &pd;
pi=&i;                   //指针变量赋值
pf=&f;
pd=&d;
```

由于变量和指针变量对应的数据类型是相同的，因此这种赋值是合法正确的，但

```
pi=&d;                   //指针变量赋值
pf=&i;
pd=&f;
```

是不合法的赋值。

**例 4.6**　指针变量的变化。

```
#include "stdio.h"
int main()
{
    int i, *pi=&i;                //定义变量与指针变量
    float f, *pf=&f;             //指针变量初始化
    double d, *pd=&d;
    pi=pi+1;                     //等价于 pi=&i+1;
    pf=pf+1;                     //等价于 pf=&f+1;
    pd=pd+1;                     //等价于 pd=&d+1;
    i=pi-&i;                     //指针差为单元个数
    printf("%d, %u, %u, %d\n", sizeof(int), pi,&i,i);
    i=pf-&f;
    printf("%d, %u, %u, %d\n", sizeof(float), pf,&f,i);
    i=pd-&d;
    printf("%d, %u, %u, %d\n", sizeof(double),pd,&d,i);
    return 0;
}
```

运行结果：

```
4, 1245056, 1245052, 1
4, 1245048, 1245044, 1
8, 1245040, 1245032, 1
```

由此可见，指针加/减 1，指针值变换的是数据单元的字节数，即指针加/减 1 实为跳过一个数据单元，而不是 1 字节，因此需要特别注意指针所指向变量的数据类型（该程序在 VC 6.0 上运行，int 型数据为 4 字节）。

（3）变量的指针或指向变量的指针变量常以整数形式（十进制数、八进制数或十六进制数）输出，但是不能把整数赋给指针变量，如

```
int *p;
p=2010;
```

主要原因是，2010 为 int 类型数据，而 p 为 int* 类型数据，即数据类型不一致（如同 100 元和 100 吨，量纲不同，不能等价），可采用强制类型转换，即 "p=(int*)2010;"，该语句合法但不正确。因为 2010 指向的数据单元在程序中不一定有相应的变量，或许 2010 指向的数据单元是系统区，对其访问可能导致系统崩溃，也就是对现有内存分配不了解，而直接参与内存使用，极易破坏系统运行。

（4）对指针变量的访问，首先要求指针变量所指向的数据单元必须明确，如

```
int *p;
*p=10;
```

只定义了指针变量 p，没有明确 p 的具体指向数据单元，而是系统在定义指针变量 p 时随机产生的一个值，即 p 的值是随机数，因此 p 指向一个随机的数据单元，该数据单元有可能在系统区，访问后可能导致系统崩溃，这种指针称为悬挂指针。通过改为明确指向来回避悬挂指针带来的危险，如

```
int *p, a;        //系统开辟 a 的数据单元
p=&a;             //明确 p 指向 a
*p=10;            //通过 p 间接访问 a
```

系统分配 a 的数据单元，该语句不出错，也可在程序运行过程中动态分配数据单元，令指针变量指向该单元。这种动态分配的数据单元肯定在内存数据区中，由系统维护不会出现冲突。有关动态数据单元分配内容将在 4.5 节中介绍。

## 4.2  一维数组类型数据

数组是连续组织数据的变量集合，具有以下基本内涵。

（1）数组可以由多个变量构成，具有有限大小（变量个数有限）。

（2）数组中的变量（称为数组元素）必须属于相同数据类型，因此数组具有数据类型。

（3）数组拥有的数据单元大小是所有数组元素数据单元大小之和（元素数据单元大小×元素个数）。

（4）数组元素对应数据单元在内存中是按线性顺序排列的，也就是数组元素数据单元的地址（数组元素指针）是连续的（数组元素有序性），相邻数组元素数据单元的地址（数组元素指针）之差为数组元素数据单元的大小。

由于数组具有元素的数据类型相同，多个数组元素、数组元素的数据单元在内存中连续的特点，因此数组在程序中广泛应用于批量的数据存储与管理。根据数据元素的数据类型，可将数组分为整型、浮点型、字符型和指针型等，即只要有数据类型均可有相应的数组。根据组织形式（维数），数组可分为一维数组、二维数组及多维数组等。

### 4.2.1  一维数组定义

在 C 语言中，数组是变量的集合，对数组的使用与变量一样，必须遵循"先定义，后使用"的原则。一维数组的一般定义形式为

«数据类型符» «数组名 1» [«常量 1»⊥«常量表达式 1»]
⌐，«数组名 2» [«常量 2»⊥«常量表达式 2»] ⌐n;

其中，"数组名 1""数组名 2"等为自定义标识符；方括号"[]"表示数组定义；"常量 1""常量 2""常量表达式 1""常量表达式 2"等值为正整型常数，表示数组大小（数组元素个数），也称为数组长度，如

```
int a[10], b[2+16/4-1];
float c[8+4];
char* p[5];
```

分别定义了 4 个一维数组，数组名分别 a、b、c、p，其中 a、b 为整型数组，数组大小分别为 10个和 5 个元素；c 为浮点型数组，数组大小为 12 个元素；p 为指针数组，有 5 个元素，并且每个元素均是指向浮点型变量的指针变量。由此可见，数组大小为正整型数值的常数或表达式。

数组元素属于相同的数据类型。对于数组长度相同的一维数组，可采用如下定义。

«数据类型符»[«常量»⊥«常量表达式»] «数组名 1» ⌐，«数组名 2» ⌐n;

其中 "«数据类型符»[«常量»⊥«常量表达式»]" 就是由 "数据类型符" 和 "[常量]" 或 "[常量表达式]" 联合构成的一维数组类型，如

```
int[2+8] a,b,c;
float[20] d;
char*[5] p;
```

其中，int[2+8]、float[20]、char*[5]是长度分别为 10、20、5 的一维整型数组类型、浮点型数组类型和指向字符型指针数组类型，分别定义了数组长度为 10 的整型数组 a、b、c（数组 a、b、c 分别有 10 个元素，每个元素均是整型变量）和数组长度为 20 的浮点型数组 d（数组 d 有 20 个元素，每个元素均是浮点型变量），以及指向字符型的长度为 5 的指针数组 p（数组 p 有 5 个元素，每个元素均是指向字符的指针变量）。

需要注意：数组的数据单元是在编译阶段完成分配的，即在程序编译阶段给数组分配数据单元，而不是在程序运行阶段，因此上述两种数组定义形式中的方括号"[]"中必须是正整型常量表达式或整常数，不能是含有变量的表达式，如

```
int num=8;
int a[num], b[num+2];
```

不能通过程序编译，这是强类型语言的要求。在程序运行中改变数组长度的想法很好，其可通过内存分配管理的方式实现，详见 4.5 节介绍。

对数组第二种定义形式有些 C 语言编译系统不能支持，但可用 typedef 语句命名数组类型后，再定义数组。数组类型定义形式为

```
typedef  «数据类型符» «数组类型名» [«常量»⊥«常量表达式»];  //数组类型定义
```

如

```
typedef int IntVector[20];          //命名整型数组类型
typedef float FVector[20];          //命名浮点型数组类型
typedef char *P_C_Vector[5];        //命名指向字符型变量的指针数组类型
```

可利用数组类型定义数组。数组定义形式为

«数组类型名» «数组名 1» ⌐，«数组名 2» ⌐n;

如

```
IntVector a,b,c;      //等价于 int a[20],b[20],c[20];
FVector d;            //等价于 float d[20];
P_C_Vector p;         //等价于 char *p[5];
```

数组由数组元素构成，每个数组元素都是一个变量，而且数组元素在内存中是连续的，可用数组名和下标（顺序位置）进行访问。数组元素的表示形式为

《数组名》 [《下标表达式》]

其中，"下标表达式"为数组元素的序号，该序号从 0 到"数组长度−1"。此处，方括号"[]"为下标运算符，其具有运算优先级最高和左结合性特性，如

int a[5];　//[]表示一维整型数组定义，长度为 5

数组元素为 a[0]、a[1]、a[2]、a[3]、a[4]。"下标"还可以是常量、变量或表达式，如

int i=1,j=i+2;

数组元素可以是 a[i+j−3]，a[1+j]，a[i+j/2]等。需要注意："下标"的取值范围 0 到"数组长度−1"，不可越界，即下标不可小于 0，也不可大于/等于数组长度。

数组元素为变量，对应内存一个数据单元。数组是数组元素集合，数组数据单元由数组元素数据单元构成，而且数组元素数据单元在内存中是顺序排列的（如图 4.13 所示）。

图 4.13　数组元素与数据单元

**例 4.7**　显示数组单元大小和连续性。

```
void main()
{
    int a[5],i,total_v=0;                    //变量、数组定义
    for(i=0;i<5;i++)
    {
        total_v+= sizeof(a[i]);              //数组元素数据单元大小累加
        //显示数组元素的地址和数据单元大小
        printf("&a[%d]=%d,sizeof(a[%d])=%d\n",i,&a[i],i,sizeof(a[i]));
    }
        printf("sum of all elements=%d\n", total_v);
                                             //显示数组元素数据单元大小之和
        printf("sizeof(a)=%d\n",sizeof(a)); //显示数组数据单元大小
}
```

运行结果：

```
&a[0]=1245036, sizeof<a[0]>=4
&a[1]=1245040, sizeof<a[1]>=4
&a[2]=1245044, sizeof<a[2]>=4
&a[3]=1245048, sizeof<a[3]>=4
&a[4]=1245052, sizeof<a[4]>=4
sum of all elements = 20
sizeof <a>=20
```

该程序在 VC++ 6.0 环境中运行，数组为 int 类型，每个数组元素均属于 int 类型，其数据单元大小为 4 字节，地址（即指针）按 4 字节递增，数据单元大小之和为 20 字节，数组数据单元大小为 20 字节。可看到数组元素数据单元是顺序排列的，数组数据单元大小为数组元素数据单元大小之和。

### 4.2.2 一维数组初始化

定义数组同时可对全部或部分的数组元素赋初值，称为数组的初始化。数组初始化是在编译阶段进行的，一维数组初始化的一般形式为

«数据类型符» «数组名 1» [«常数 1»⊥«常数表达式 1»]={«常数表达式 11»⌐，<常数表达式 12>⌐}⌐，«数组名 2» [«常数 2»⊥«常数表达式 2»]={«常数表达式 21»⌐，<常数表达式 22>⌐}⌐}；

其中，花括号"{}"表示一个集合，"常数 1""常数 2""常数表达式 1""常数表达式 2"为数组长度。"常数表达式 11""常数表达式 12"等的值依次为数组元素的初值。数组初始化可分为以下 3 种情况。

（1）对所有数组元素赋初值，如

```
int a[5]={ 10,12,20,10+20,80/2 };
char c[5]={'a','b','c','d','e'};
int a1,a2,a3;
int* ps[3]={&a1,&a2,&a3};
```

即 a[0]、a[1]、a[2]、a[3]、a[4]的值依次为 10、12、20、30、40（如图 4.14 所示），而 c[0]、c[1]、c[2]、c[3]、c[4]的值依次为字符 a、b、c、d、e。

若所有数组元素初始化为相同值，则只能指定每个元素均为同一个值，如

```
int a[5]={1,1,1,1,1};
```

（2）对部分数组元素赋初值，如

```
int a[5]={10,12,20};
char c[8]={'a','b','c','d','e'};
```

即 a[0]、a[1]、a[2]的值依次为 10、12、20，其他元素 a[3]、a[4]的初值为 0（如图 4.15 所示）。而 c[0]、c[1]、c[2]、c[3]、c[4]的值依次为字符 a、b、c、d、e，其他元素 c[5]、c[6]、c[7]的初值为'\0'（数值也是 0）。可以看出，当初始化部分数组元素时，对数值型（整型或浮点型）没有给定常数的数组元素，系统自动初始化为数值 0，而对字符型没有给定常数的数组元素，系统自动初始化为'\0'（数值也是 0）。部分元素初始化只能从头开始初始化，不能出现前面元素没有初始化而后面元素已经初始化的现象，如

```
int a[8]={,,3,4,5,6,7};
char c[8]={,,'c','d','e'};
```

是错误的。

（3）当数组元素全部初始化时，数组定义中可以不给出数组元素的个数，系统根据给定常数的个数后自动确定数组元素的个数，如

```
int a[10]={ 0,1,2,3,4,5,6,7,8,9 };
```

可写为

```
int a[ ]={ 0,1,2,3,4,5,6,7,8,9 };
```

即定义数组并初始化两者等价。

| 数组元素 | 数据单元 |
|---|---|
| a[0] | 10 |
| a[1] | 12 |
| a[2] | 20 |
| a[3] | 30 |
| a[4] | 40 |

图 4.14　数组元素与数据单元

| 数组元素 | 数据单元 |
|---|---|
| a[0] | 10 |
| a[1] | 12 |
| a[2] | 20 |
| a[3] | 0 |
| a[4] | 0 |

图 4.15　数组元素与数据单元

### 4.2.3　一维数组访问

#### 1. 数组元素的直接访问

数组作为数组元素的集合，只能对其元素逐一进行访问（包括取值和赋值），也就是对数组的访问是通过对数组元素的访问来完成的，访问数组元素的一般形式为

«数组名»[«下标表达式»]

其中，"[]"为下标运算符，该运算符的优先级为最高的 1 级且左结合性，而数组定义中"[]"为数组定义的指示符。"下标表达式"可以为整常量、整型变量和整型表达式，其值范围为 0～数组长度–1。数组元素为变量，可以对其进行访问，包括取值和赋值，如

```
float f[5];              //浮点型数组定义，[]为数组定义指示符，表示定义数组
int i=3;                 //变量定义，初始化
f[0]=10;                 //对数组元素赋值，[]为下标运算符
f[1]=f[0]+20;            //数组元素 f[0]取值后，对数组元素 f[1]赋值
f[i]=f[i-3]+f[i-2];      //数组下标为变量和表达式，相当于 f[3]=f[0]+f[1];
```

结果如图 4.16 所示。可以看出，数组元素的访问形式如同变量的访问，只是通过"数组名"和"下标运算符"的访问方式而已。数组访问需要注意以下两点。

（1）对数组访问是通过对数组元素的访问实现的，而对数组元素的访问是通过数组名和下标运算符实现的，下标表达式的值不能越界，有效范围为 0～数组长度–1，如 f[4]=f[0]*f[1]是合法的，但 f[5]、f[6]下标越界，不合法。

（2）数组定义中"[]"只是数组定义的指示符，不是下标运算符。

由于下标表达式具有方便表达变化的特点，因此数组主要运用在批量数据处理中。

**例 4.8**　从键盘输入 10 个整数后按倒序输出。

| 数组元素 | 数据单元 |
|---|---|
| f[0] | 10 |
| f[1] | 30 |
| f[2] | |
| f[3] | 40 |
| f[4] | |

图 4.16　数组元素与数据单元

```
#include<stdio.h>
int main()
{
int i,a[10];                              //定义变量，定义数组存放数据
   for(i=0;i<=9;i++) scanf("%d",&a[i]);   //下标表达式为变量，访问数组元素
```

```
    for(i=9;i>=0;i--) printf("%2d",a[i]);        //下标表达式为变量，访问数组元素
    printf("\n");
    return 0;
}
```

运行结果：

```
1 2 3 4 5 6 7 8 9 10↵（回车）
10 9 8 7 6 5 4 3 2 1
```

第 1 个 for 语句依次给数组元素 a[0]、a[1]、a[2]、…、a[9]赋值；第 2 个 for 语句依次输出数组元素 a[9]、a[8]、…、a[0]的值。在 for 语句中，下标表达式为变量 i，数组元素为 a[i]，通过改变变量 i 的值，访问不同的数组元素。

**例 4.9** 从键盘输入 10 个整数，输出其中最大值、最小值以及其对应的位置。

设置数组 a 存放 10 个整数，而变量 pmax 与 pmin 分别表示最大值与最小值所在的位置（下标），最大值与最小值的数组元素为 a[pmax]与 a[pmin]。

```
#include<stdio.h>
int main()
{
    int i,pmax=0,pmin=0,a[10];                   //默认最大值、最小值的位置为 0
    printf("input 10 numbers:\n");
    for(i=0;i<10;i++) scanf("%d",&a[i]);         //输入数据保留在数组中
    for(i=1;i<10;i++)                            //当前位置
        if(a[i]>a[pmax])  pmax=i;                //修改最大值的位置
            else if(a[i]<a[pmin])  pmin=i;       //修改最小值的位置
    printf("max=%d,max_locate=%d\n",a[pmax],pmax);
    printf("min=%d,min_locate=%d\n",a[pmin],pmin);
    return 0;
}
```

运行结果：

```
input 10 numbers:
12 45 23 56 30 57 10 50 64 22↵（回车）
max=64,max_locate=8
min=10,min_locate=6
```

默认第 0 个数组元素为最大值与最小值，即 pmax 与 pmin 的值为 0。第 1 个 for 语句逐个输入 10 个数到数组 a 中（如图 4.17 所示）；第 2 个 for 语句从第 1 个数组元素开始，逐个对数组元素 a[i]与最大值 a[pmax]和最小值 a[pmin]比较大小。若当前数组元素 a[i]的值比 a[pmax]的值大，则修改最大值的位置，即"pmax=i;"；否则若当前数组元素 a[i]的值比 a[pmin]的值小，则修改最小值的位置，即"pmin=i;"。循环结束后，得到数组 a 中最大值和最小值所在位置为 pmax 和 pmin（如图 4.18 所示）。

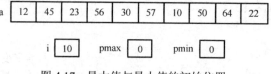

图 4.17　最大值与最小值的初始位置

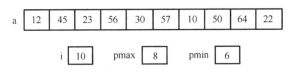

图4.18 最大值与最小值的最终位置

### 2. 数组元素的间接访问

通过"下标运算符"可直接访问数组元素（可以是变量也可以是指针），也可以通过数组元素的指针实现对数组元素的间接访问。

例4.10 显示数组元素的指针。

```
#include <stdio.h>
void main()
{
    int a[5]={10,20,30,40,50}, i;                //定义数组，并初始化
    for(i=0;i<5;i++) printf("%u->%d\n",&a[i],a[i]); //数组元素指针与数组元素值
    for(i=0;i<4;i++)
        printf("%d,%d ",sizeof(a[i]),&a[i+1]-&a[i]);//数组元素数据单元的大小
}
```

运行结果：

```
1245036->10
1245040->20
1245044->30
1245048->40
1245052->50
4,1   4,1   4,1   4,1
```

数组元素指针按无符号整型输出。第 1 个 for 语句输出每个数组元素的数据单元首地址（注：整型变量在 VC++ 6.0 中占 4 字节，该地址是 4 字节中的第 1 个地址，称为数组元素指针）和数组元素的值，可见数组元素的指针按 4 递增，即数据单元字节数，在其他计算机上运行该程序，数组元素指针值可能不一样，但是按 4 递增的规律是一样的（如图4.19所示）；第 2 个 for 语句输出前 4 个数组元素的数据单元大小和相邻两个数组元素数据单元的首地址之差，可见每个数组元素的数据单元大小为 4 字节，而相邻数组元素的指针之差为 1（注意：不是 4）。指针是一种数据类型，可按整数形式输出，但数组元素指针之差表示数组元素的个数，而不是字节数，因此在程序运行中相邻两个数组元素的指针之差为 1。由于存在"&a[i+1]−&a[i]"的运算，为了使数组下标 i 不越界，因此第 2 个 for 语句中循环少了 1 次。

通过这个例子可以看出数组是很重要的基本概念，即数组是变量（数组元素）的集合，数组元素的数据单元在内存中是连续的，数组元素的数据单元大小是一样的，数组元素可以是指针并且数组元素指针之差为数组元素个数。由于数组元素（变量）的指针也是变量的指针，因此可以定义指向变量的指针变量存储数组元素的指针，如

```
int a[5],*p;
p=&a[0];
```

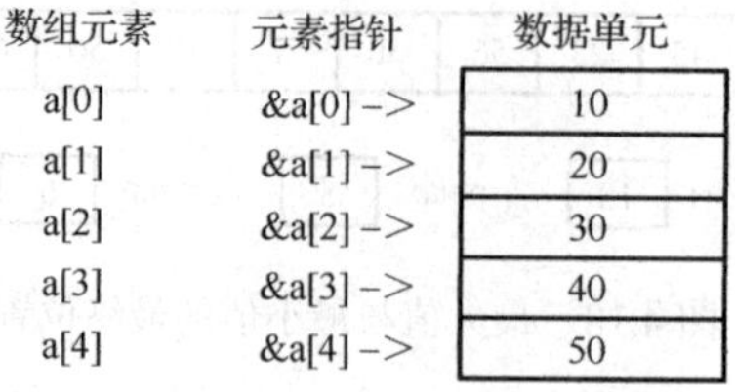

| 数组元素 | 元素指针 | 数据单元 |
|---|---|---|
| a[0] | &a[0] -> | 10 |
| a[1] | &a[1] -> | 20 |
| a[2] | &a[2] -> | 30 |
| a[3] | &a[3] -> | 40 |
| a[4] | &a[4] -> | 50 |

图 4.19　数组元素、元素指针与数据单元

由于数组元素指针之差为数据单元的个数，指针加/减一个整数 $n$，则数组元素指针变量值向上/向下跳过 $n$ 个数据单元，如 "p=&a[0]+2;"，p 的值为 a[2]的指针（&a[2]），进一步执行 "p=p+1;"，则 p 的值为 a[3]的指针（&a[3]）。

　　**例 4.11**　输入一组数据且保留在数组中，再从数组中读取数据进行累加并输出（通过数组元素的间接访问实现）。

```
#include <stdio.h>
void main()
{
    int a[5], *p, i, sum;            //定义数组、指针变量
    p=&a[0];                         //给指针变量赋值
    for(i=0;i<5;i++)
    {
        scanf("%d",p);               //给指针指向的数据单元赋值
        p++;                         //指针变量加1指向下一个数据单元
    }
    sum=0;
    for(p=&a[0];p<&a[0]+5;p++) sum+=*p; //指针指向数据单元内容，累加
    printf("sum=%d\n",sum);
}
```

运行结果：

```
1 2 3 4 5↵(回车)
sum=15
```

　　定义数组和指针变量后，通过 "p=&a[0];"，使得指针变量 p 指向数组的第 0 个元素（如图 4.20 所示）。第 1 个 for 语句循环 5 次，每次通过指针变量 p 给 p 指向的数据单元赋值，而每次循环指针变量 p 都加 1，即每次循环指针变量 p 都指向下一个数据单元。特别需要注意：指针变量加/减 1 是跳到其指向的相邻数据单元，而不是 1 字节。通过第 1 个 for 语句，输入 1、2、3、4、5 后，p 指向第 4 个数据单元之后（如图 4.21 所示）。这个程序还可以改写为

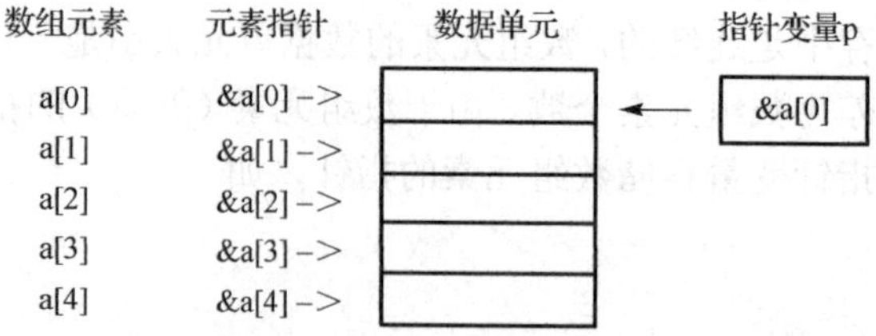

| 数组元素 | 元素指针 | 数据单元 | 指针变量p |
|---|---|---|---|
| a[0] | &a[0] -> | | ← &a[0] |
| a[1] | &a[1] -> | | |
| a[2] | &a[2] -> | | |
| a[3] | &a[3] -> | | |
| a[4] | &a[4] -> | | |

图 4.20　数组元素、元素指针、数据单元与指针变量 p

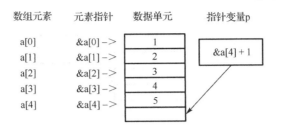

图 4.21　数组元素、元素指针、数据单元与指针变量 p

```
#include <stdio.h>
void main()
{
    int a[5], *p=&a[0], sum=0;          //定义数组、指针变量并初始化
    while(p<&a[0]+5) scanf("%d",p++);   //给指针指向的数据单元赋值后，指针下移
    p=&a[0];                            //指针回到第 0 个元素
    while(p<&a[0]+5) sum+=*p++;         //指针指向数据单元内容，累加
    printf("sum=%d\n",sum);
}
```

在 C 语言中，数组名除作为数组的标识符外，还有另一个特殊含义——数组的首地址。

**例 4.12**　显示一维数组元素的指针。

```
#include <stdio.h>
void main()
{
    int a[5], i,*p=&a[0];                    //定义数组和指向元素的指针变量
    printf("%u\n",a);                        //数组首地址
    for(i=0;i<5;i++)
        printf("%u, %u, %u\n",&a[i],a+i,p++);//数组元素指针
}
```

运行结果：

```
1245036
1245036, 1245036, 1245036
1245040, 1245040, 1245040
1245044, 1245044, 1245044
1245048, 1245048, 1245048
1245052, 1245052, 1245052
```

可以看出，a 是数组的首地址，从变化规律看，数组元素指针&a[i]，指向变量的指针变量 p（数组元素也是变量）与指针 a+i 是等价的，可见数组名是指针，而且指向数组元素（如图 4.22 所示），即 a+1 不是跳过整个数组，而是跳到下一个数组元素，因此程序中 p=&a[0]也可改为 p=a。在不同计算机上，数组指针可能不同（数组元素对应数据单元的缘故），但是变化规律是一样的。

指向数组元素的指针变量的值为数组首地址或第 0 个元素指针，此时的指针变量等同于数组名，所不同的是，数组名首地址是常量，如

```
int a[5],*p=a,i;
```

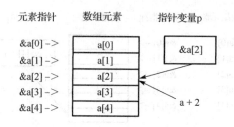

图 4.22　元素指针、数组元素与指针变量 p

对于 i 取值 0、1、2、3、4，则有 a[i]、*(&a[i])、*(a+i)、*(p+i)、p[i]，这 5 种表示形式是等价的，都表示第 i 个数组元素，因此对一维数组元素的访问形式有以下两种。

（1）下标法的直接访问，如 a[i]、p[i]。

（2）指针法的间接访问，如*(a+i)、*(p+i)、*(&a[i])。

**例 4.13**　从键盘输入 10 个整数后按倒序输出。

```c
#include<stdio.h>
int main()
{
    int i,a[10],*p;                           //定义变量,定义数组
    for(i=0;i<=9;i++) scanf("%d",a+i);        //直接访问数组元素
    for(p=a,i=9;i>=0;i--) printf("%2d",p[i]); //直接访问数组元素
    printf("\n");
    return 0;
}
```

运行结果：

```
1 2 3 4 5 6 7 8 9 10↙（回车）
10 9 8 7 6 5 4 3 2 1
```

该程序与例 4.8 一样，只是该程序主要改用指针表达访问。

**例 4.14**　从键盘输入 10 个整数，求最大值、最小值以及其对应的位置。

```c
#include<stdio.h>
int main()
{
    int a[10], *p, *pmax=a,*pmin=a;  //定义数组和指针变量,默认最大、小值的指针
    printf("input 10 numbers:\n");
    for(p=a;p<a+10;p++)                       //指针变量逐一指向每个数组元素
        scanf("%d",p);                        //给数组元素赋值
    for(p=a+1;p<a+10;p++)                      //指针变量逐一指向每个数组元素
        if(*p>*pmax) pmax=p;                   //修改最大值的指针
        else if(*p<*pmin) pmin=p;              //修改最小值的指针
    printf("max=%d, max_locate=%d\n",*pmax,pmax-a); //最大值及其位置
    printf("min=%d, min_locate=%d\n",*pmin,pmin-a); //最大值及其位置
    return 0;
}
```

运行结果：

```
12 45 23 56 30 57 10 50 64 22↵ (回车)
max=64,max_locate=8
min=10,min_locate=6
```

在 scanf 函数中，p 的值是指针，指向数组的第 0 个元素，不能再需要取地址 "&"。第 1 个 for 循环结束，p 的值为 a+10，指向最后一个数组元素的下一个数组元素（越界），因此在第 2 个 for 语句中，p=a 是 p 的值回归指向第 0 个数组元素。pmax 指向最大值的数组元素，因此在 if 语句中使用 "*p>*pmax, *p<*pmin"，即通过指向运算 "*" 比较数组元素值，而不能用 "p>pmax,p<pmax"（比较的是指针）。通过该例可以理解数组的下标和指针变量是数组元素的索引。

例 4.15　从键盘输入 10 个整数存放到一个数组中，然后将 10 个数逆序存放。

数据倒序前后均存放在同一个数组中（如图 4.23 所示）。为了实现数据倒序，第 i 位置与第 j 位置元素进行交换，位置 i 和 j 满足 "i+j==9"，且 "i>=j" 表明交换数据结束，即 i 依次取值 0、1、2、3、4，j 依次取值 9、8、7、6、5，可通过中间变量实现数据交换。程序如下。

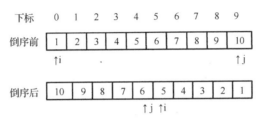

图 4.23　倒序数据的存放

```
#include<stdio.h>
int main()
{
    int a[10],i,j,t;                         //定义数组、变量
    printf("input 10 numbers:\n");
    for(i=0;i<10;i++) scanf("%d",&a[i]);     //输入 10 个数据
    for(i=0,j=9; i<j; i++,j--)
        { t=a[i]; a[i]=a[j]; a[j]=t;}        //数据交换
    for(i=0;i<10;i++) printf("%3d",a[i]);    //输出 10 个数据
    printf("\n");
    return 0;
}
```

运行结果：

```
input 10 numbers:
1 2 3 4 5 6 7 8 9 10↵ (回车)
10 9 8 7 6 5 4 3 2 1
```

上述程序改写为通过间接访问实现。

```
#include<stdio.h>
int main()
{
```

```
int a[10], *p,*q,t;                            //定义数组、变量
printf("input 10 numbers:\n");
for(p=a;p<=a+9;p++) scanf("%d",p);             //输入 10 个数据
for(p=a, q=a+9;p<q;p++,q--)
    { t=*p; *p=*q; *q=t; }                     //交换数据
for(p=a;p<=a+9;p++) printf("%3d",*p);          //输出数据
printf("\n");
return 0;
}
```

定义两个指针 p 和 q，在第 2 个 for 语句中，分别指向数组的第 0 个元素和第 9 个元素，然后每次交换*p 和*q，即交换数组元素而不是交换指针，交换后 p 的值加 1，指向下一个元素，而 q 的值减 1，指向前一个元素，直到 "p>=q" 循环结束。

### 3. 指针数组与指向指针变量的指针

只要有数据类型就可以定义变量和数组。指针类型是构造数据类型，可定义指针类型数组，有 3 种定义形式。

> 《数据类型符》 《*数组名 1》 [《常数 1》⊥《常数表达式 1》]⌊，《*数组名 2》 [《常数 2》⊥《常数表达式 2》]⌋ⁿ;
> 《数据类型符*》 《数组名 1》[《常数 1》⊥《常数表达式 1》]⌊，《数组名 2》 [《常数 2》⊥《常数表达式 2》]⌋ⁿ;
> 《数据类型符* [《常数》⊥《常数表达式》]》 《数组名 1》 ⌊，《数组名 2》 ⌋ⁿ;

其中，"数据类型符" 为数据类型的标识符，可以是基本类型或构造类型的标识符；"数组名" 是自定义标识符；"常量" "常量表达式" 可以是整型的常数或常量表达式，表示指针数组元素的个数（即数组长度）。第 2 种定义形式为指针类型定义数组，第 3 种定义形式为指针数组类型定义数组。后两种定义形式都是构造类型定义数组，如

```
int *pi[5],*ps[10];        //定义长度不同的指针数组
int* pi[5],ps[10];         //定义长度不同的指针数组
int*[5] pi;                //定义长度相同的指针数组
int*[10] ps;               //定义长度相同的指针数组
```

这些定义数组 pi 与 ps 的语句是等价的，定义了长度为 5 的一维数组 pi，其每个元素均是指向整型变量的指针变量，定义了长度为 10 的一维数组 ps，其每个元素均是指向整型变量的指针变量。由于数组元素为指针，因此该数组称为指针数组。

有些编译系统不支持第 3 种定义指针数组的形式，但仍可以用 typedef 定义指针数组类型后再定义指针数组，如

```
typedef int *PIntVect[5];   //每个元素均指向整型变量的指针的数组类型
PIntVect pi;                //等价于 int *p[5]; 定义指针数组
```

在应用上，指针数组可成为一批数据的索引。

**例 4.16** 输入一组数据，累加数据并输出（通过数组元素的间接访问实现）。

```
#include <stdio.h>
void main()
{
```

```
    int a,b,c,d,e, i, sum;                    //定义变量
    int *ps[5]={&e,&d,&c,&b,&a};              //定义指针数组并初始化
    for(i=0;i<5;i++) scanf("%d",ps[i]);       //给指针指向的变量a、b、c、d、e赋值
    sum=0;
    i--;
    while (i>=0) sum+=*ps[i--];               //指针指向数据单元内容累加
    printf("sum=%d\n",sum);
}
```

运行结果：

```
10 20 30 40 50↵（回车）
sum=150
```

变量 a、b、c、d、e 对应数据单元在内存中不一定连续，即变量之间没有关联关系。定义指针数组 ps，并初始化为变量 e、d、c、b、a 的指针，建立指针数组与多个变量的联系。在 for 语句中，通过直接访问 ps[i]，依次间接访问变量 e、d、c、b、a，实现给变量赋值（如图 4.24 所示）。在 while 语句中，也是直接访问 ps[i]，间接访问变量 a、b、c、d、e。由于 for 语句结束后，i 的值为 5，因此需要 i 先减 1。*ps[i--]等价于 "*ps[i], i--"，即 ps[i]取值进行指向运算后，i 自减 1。由于变量 a、b、c、d、e 是独立的，累加只能通过 "sum=a+b+c+d+e;" 实现。可见指针数组 ps 是一批变量的索引，数组与循环的配合使用在批量数据处理中具有方便性。

| 指针数组 | 数据单元 | 指向 | 变量单元 | 变量 |
|---|---|---|---|---|
| ps[0] | &e | -> | 10 | e |
| ps[1] | &d | -> | 20 | d |
| ps[2] | &c | -> | 30 | c |
| ps[3] | &b | -> | 40 | b |
| ps[4] | &a | -> | 50 | a |

图 4.24  指针数组、数据单元、变量单元与变量

**例 4.17**  从键盘输入若干整数，用起泡法实现从小到大排序。

起泡法是一种相邻两个数据进行比较交换的排序方法。在从小到大排序时，从一端开始比较，每次循环通过所有相邻两个元素的比较交换。第 1 次循环把最大数下降到最后位置，小数向前浮动，第 2 次循环把第 2 大的数下降到倒数第 2 位置，依次循环实现数据的排序。如 5 个数：9、8、7、6、5 由小到大的起泡排序的比较过程如下。

（1）第 1 轮：找出最大数，并排在最后。

第 1 次比较 9 和 8，大数向后，小数向前，数的顺序变为 8 9 7 6 5。

第 2 次比较 9 和 7，大数向后，小数向前，数的顺序变为 8 7 9 6 5。

第 3 次比较 9 和 6，大数向后，小数向前，数的顺序变为 8 7 6 9 5。

第 4 次比较 9 和 5，大数向后，小数向前，数的顺序变为 8 7 6 5 9。

这一轮结果：8 7 6 5 9，找到最大数。

（2）第 2 轮：找出次大的数，并排在倒数第 2 位。因为第 1 轮得到了最大数 9，所以下一轮只比较其他 4 个数。

第 1 次比较 8 和 7，大数向后，小数向前，数的顺序变为 7 8 6 5 9。

第 2 次比较 8 和 6，大数向后，小数向前，数的顺序变为 7 6 8 5 9。

第 3 次比较 8 和 5，大数向后，小数向前，数的顺序变为 7 6 5 8 9。

这一轮结果：7 6 5 8 9，找到次大数。

（3）第 3 轮和第 4 轮。

第 3 轮需要两次比较：5 个数从 7 6 5 8 9 => 6 7 5 8 9 => 6 5 7 8 9。

第 4 轮需要一次比较：5 个数从 6 5 7 8 9 => 5 6 7 8 9，到此就完成了排序。

下面引入一维整型数组 int a[5]存放 5 个数，并且 a[0]=9，a[1]=8，a[2]=7，a[3]=6，a[4]=5，列出每轮每次比较的数据（用数组元素表示）就可以找到起泡法排序的规律（如图 4.25 所示）。

| 第 1 轮比较 | 第 2 轮比较 | 第 3 轮比较 | 第 4 轮比较 |
|---|---|---|---|
| a[0]与 a[1] | a[0]与 a[1] | a[0]与 a[1] | a[0]与 a[1] |
| a[1]与 a[2] | a[1]与 a[2] | a[1]与 a[2] | |
| a[2]与 a[3] | a[2]与 a[3] | | |
| a[3]与 a[4] | | | |

图 4.25　起泡法排序

（1）每次比较相邻两个元素，前者元素下标用 i 表示，则后者元素下标为 i+1，即 a[i]与 a[i+1]比较。若 a[i]>a[i+1]，则交换两个元素值。

（2）一共进行了 4 轮比较，第 1 轮比较 4 次，以后每轮比较的次数依次减 1，最后一轮仅比较 1 次。

（3）第 1 轮比较下标范围从 0～3，第 2 轮从 0～2，第 3 轮从 0～1，第 4 轮就是 0。每轮可用变量 j 表示，用循环语句 "for(j=3; j>=0; j--)" 实现。当第 j 轮确定后，每次比较范围 i 为从 0 到 j，用循环语句 "for(i=0; i<=j; i++)" 实现。第 1 个 for 语句为外循环，第 2 个 for 语句为内循环，在内循环中进行比较和数据互换。

（4）由于对需要排序数据的个数未知，因此需要预先设置足够大的数组。

```
#include <stdio.h>
#define N 50                                    //数组足够大
void main()
{
    int i,j,t,a[N],n;                           //定义变量、数组（足够多的元素）
    scanf("%d",&n);                             //待排序数据的个数，n 小于 N
    for(i=0;i<n;i++) scanf("%d",&a[i]);         //输入数据
    for(j=n-2; j>=0; j--)                       //多轮
        for(i=0; i<=j; i++)                     //其中一轮
            if(a[i]>a[i+1])                     //相邻数据两两比较
                {t=a[i]; a[i]=a[i+1]; a[i+1]=t; }//互换数据
    for(i=0; i<n; i++) printf("%3d",a[i]);
    printf("\n");
}
```

运行结果：

```
2 4 1 5 3↵（回车）
 1  2  3  4  5
```

上述起泡排序程序可改为利用指针方法实现。

```c
#include <stdio.h>
#define N 50                                       //数组足够大
void main()
{
    int j,t,a[N],*p,n;                             //定义变量、数组（足够多的元素）
    scanf("%d",&n);                                //待排序数据的个数，n 小于 N
        for(p=a;p<a+n;p++) scanf("%d",p);          //输入数据
    for(j=n-2; j>=0; j--)                          //多轮
        for(p=a; p<=a+j; p++)                      //其中一轮
            if(*p>*(p+1))                          //相邻数据两两比较
                {t=*p; *p=*(p+1); *(p+1)=t;}       //交换数据
    for(p=a; p<a+n; p++)  printf("%3d",*p);        //输出排序结果
    printf("\n");
}
```

上述两个程序都改变了原来数组 a 中元素的值，可以改为输入数据放在一个数组（数据数组）中，另一个指针数组作为数据数组的索引，然后只在指针数组中排序，而数据数组保持不变，即通过指针数组输出的数据是有序的，而数据数组仍然无序。

```c
#include <stdio.h>
#define N 50                                       //数组足够大
void main()
{
    int i,j,*t,a[N],*ps[N],n;                      //定义变量、数组（足够多的元素）
    scanf("%d",&n);                                //待排序数据的个数，n 小于 N
    for(i=0;i<n;i++)
    {
        ps[i]=&a[i];                               //建立数据数组索引
        scanf("%d",ps[i]);                         //输入数据到数据数组中
    }
    for(j=n-2; j>=0; j--)                          //多轮
        for(i=0; i<=j; i++)                        //其中一轮
            if(*ps[i]>*ps[i+1])                    //相邻数据两两比较
                {t=ps[i]; ps[i]=ps[i+1]; ps[i+1]=t; }    //交换索引
    for(i=0; i<n; i++) printf("%3d",a[i]);         //输出原有数据
    printf("\n");
    for(i=0; i<n; i++) printf("%3d",*ps[i]);       //输出排序数据
    printf("\n");
}
```

运行结果：

```
2 4 1 5 3↵(回车)
2 4 1 5 3
1 2 3 4 5
```

数据数组 a 保留输入数据，指针数组 ps 保留数组 a 元素的指针，即指针数组 ps 的每个元素均是数组 a 的元素指针，指针数组 ps 成为数据数组 a 的索引。第 1 个 for 语句执行后，结果

如图4.26所示（假设输入数据2、4、5、3、1）。在起泡排序过程中，比较的数组数据是*ps[i]和*ps[i+1]（不是比较指针/索引 ps[i]和 ps[i+1]），而交换的是指针 ps[i]和 ps[i+1]（不是通过交换*ps[i]和*ps[i+1]改变指向，结果如图4.27所示）。

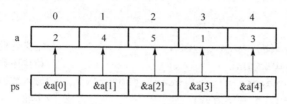

图 4.26  索引起泡排序

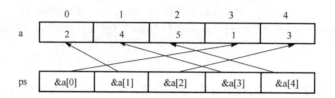

图 4.27  索引起泡排序

指针数组是数组，数组名为数组的首地址，每个元素均是变量且有相应的地址，如

```
int *ps[5];
```

ps 是数组名，是数组的首地址，每个元素均有地址（指针）分别为&ps[0]、&ps[1]、&ps[2]、&ps[3]、 &ps[4]，因此也可以定义指针变量来表示这些指针，这些指针变量是指向指针变量的指针变量。指向指针变量的指针变量定义形式如下。

```
«数据类型符» «**指针变量名»
«数据类型符*» «*指针变量名»
«数据类型符**» «指针变量名»
```

其中，"数据类型符"是已有数据类型的标识符，可以是基本类型或构造类型。"指针变量名"是自定义标识符，其含义是定义一个指向"数据类型"指针变量的指针变量，简单记为指向指针变量的指针变量，或称指针的指针。这3种定义形式是等价的，而后两种是指针类型定义指针变量。星号"*"是指针类型指标符；"数据类型符*"是指向"数据类型"变量的指针类型；"数据类型符**"是指向"数据类型"指针变量的指针类型，如"int **pp;"。由于指针数组的每个元素均是指针，因此指针数组元素的指针可以保留在指向指针变量的指针变量中，如pp=&p[0]或pp=p。如果有"int a; p[0]=&a;"，那么"a,*p[0],**pp"是等价的。上述程序还可改写为

```
#include <stdio.h>
#define N 50                              //数组足够大
int main()
{
    int i,j,*t,a[N],*ps[N],**pp,n;        //定义变量、数组（足够多的数组元素）
    scanf("%d",&n);                       //待排序数据个数，n 小于 N
    for(i=0;i<n;i++)
```

```
    {
        ps[i]=&a[i];                                 //建立数据数组索引
        scanf("%d",ps[i]);                           //输入数据到数据数组中
    }
    for(j=n-2; j>=0; j--)                            //多轮
        for(pp=ps; pp<=ps+j; pp++)                   //其中一轮
            if(**pp>**(pp+1))                        //相邻数据两两比较
                {t=*pp; *pp=*(pp+1); *(pp+1)=t; }    //交换索引（指针）
    for(i=0; i<n; i++) printf("%3d",a[i]);           //输出原有数据
    printf("\n");
    for(pp=ps; pp<ps+n; pp++) printf("%3d",**pp);    //输出排序数据
}
```

指向指针变量的指针变量 pp，通过两次的指向运算"**"，访问数组 a 的元素，即*pp 得到数组 a 的元素指针，**pp 等价于*(*pp)得到数组 a 的元素。可以理解为 pp 是索引 ps 的索引，如同 ps 是 a 的目录，而 pp 又是 ps 的目录，对 a 而言，pp 就是二级目录。指向指针变量的指针可以理解为二级指针；指向变量的指针可以理解为一级指针。当然，可以定义和引用更多级的指针，但是容易造成指向的混乱。

通过起泡排序的介绍，可以看出一种算法可由多种程序实现。实际上，一个问题有多种算法，而每种算法可由多种实现程序，如针对排序问题，可以采用起泡排序、选择排序或插入排序等算法，而每个排序算法有多种实现程序。

## 4.3 多维数组

一维数组是变量的集合，其中变量称为数组元素，均属于同一种数据类型，数组元素之间的关系为线性关系，即除第 0 个元素和最后一个元素外，每个元素均有唯一一个前驱元素和后续元素，而第 0 个元素有唯一的后续元素，最后一个元素有唯一的前驱元素。这种线性关系体现在通过数组元素下标或指针的算术运算（如+、-、++、--等）的可定位到元素，从而进一步实现访问元素。

多维数组是一维数组的扩展，具有一维数组所具有的特点。实际上，C 语言多维数组采用递归定义，即 $n$（$n>1$）维数组是一维数组，每个元素均是 $n-1$ 维数组。

### 4.3.1 多维数组定义

$n$ 维数组定义的一般形式是

《数据类型符》 《数组名 1》[《常数表达式 11》]⌊[《常数表达式 12》]⌉⌐
⌊，《数组名 2》[《常数表达式 21》]⌊[《常数表达式 22》]⌉⌏⌐;

其中，"数据类型符"为数据类型的标识符；"数组名 $i$"（$i$=1,2,…）为自定义标识符；每个方括号"[]"表示定义数组的维数，其"常量表达式 $ij$"（$j$=1,2,…）对应数组的第 $j$ 维；"常数表达式 $ij$"表示第 $j$ 维的长度，不可以含有变量。多维数组 $i$ 的数组元素个数为"常量表达式 $i1$"×"常量表达式 $i2$"×…，每个数组元素属于同一种数据类型。当 $n$=2 时，$n$ 维数组为二维数组；当 $n$=3 时，$n$ 维数组为三维数组，如

```
int a[3][4],b[2+5][4/2][4];     //定义整型的二维数组 a 和三维数组 b
char c[5][6];                   //定义字符型二维数组 c
float *p[4][3];                 //定义指向浮点型变量的二维指针数组 p
```

其中，a 为二维数组名，第一维长度为 3，第二维长度为 4，共有 3×4=12 个整型数组元素。对于二维数组，第一维称为行，第二维称为列，a 称为 3 行 4 列整型数组。b 为三维数组名，第一维长度为 7，第二维长度为 2，第三维长度为 4，共有 7×2×4=56 个整型数组元素。同样，二维数组 c 为 5 行 6 列字符型数组，共有 5×6=30 个字符型数组元素。二维数组 p 为 4 行 3 列指针数组，共有 4×3=12 个指向浮点型变量的指针数组元素。

多维数组还有其他定义形式

```
《数据类型符[《常量表达式 2》]⌊[《常量表达式 n》]⌉》《数组名》[《常量表达式 1》];
《数据类型符[《常量表达式 1》]⌊[《常量表达式 n》]⌉》《数组名》;
```

如

```
int[4] a[3],b[5];       //整型一维数组类型 int[4]，定义一维数组 a[3],b[5]
char[4][2] c;           //字符型二维数组类型 char[4][2]，定义数组 c
```

等价于

```
int a[3][4],b[5][4];
char c[4][2];
```

有些系统不能支持上述多维数组定义，还可通过重命名 typedef 语句定义多维数组类型后，再定义多维数组，形式如下。

```
typedef 《数据类型符》《数组类型名》[《常数表达式 1》]⌊[<常数表达式 2>]⌉⌉;
《数组类型名》《数组名 1》⌊，《数组名 2》⌉⌉;
```

如

```
typedef int TwoD[3][5];
TwoD a,b;
```

等价于

```
int a[3][5],b[3][5];
```

无论采用哪种形式定义数组，数组维数和每维长度都必须是常量（可以正整型常数或正整型常数表达式），即每维的长度不能含有变量，如

```
int i=10, j;
scanf("%d",&j);
float a[i+4][i];
```

语句中有两个错误。因为数组数据单元的分配是在程序编译阶段完成的，而不是程序运行阶段，所以数组必须"先定义，后引用"，也就是数组定义与变量定义一样都必须在所有可执行语句之前进行定义。当定义数组任意一维长度时，不可用变量定义。程序运行阶段分配数据单元可使用动态内存分配函数实现，此部分内容将在 4.5 节中介绍。

多维数组是属于同一种数据类型的变量的集合，这个集合的变量就是数组元素。$n$ 维数组元素的表示形式为

«数组名»[«下标表达式 1»]﹂[«下标表达式 2»]ⁿ

其中，"下标表达式 $i$"（$i$=1，2，…）表示第 $i$ 维的正整型常量或正整型表达式，而且取值为 0～第 $i$ 维长度−1。方括号"[]"为下标运算符，优选级 1 级（最高），运算顺序为左结合性，如"int a[3][4];"，其数组元素为 a[0][0]、a[0][1]、a[0][2]、a[0][3]、a[1][0]、a[1][1]、a[1][2]、a[1][3]、a[2][0]、a[2][1]、a[2][2]、a[2][3]，数组元素分布形式如图 4.28 所示，其中 10、20、…、93 是数组元素的值。

| a[0][0] | a[0][1] | a[0][2] | a[0][3] |
|---|---|---|---|
| 10 | 20 | 30 | 40 |

| a[1][0] | a[1][1] | a[1][2] | a[1][3] |
|---|---|---|---|
| 50 | 60 | 70 | 80 |

| a[2][0] | a[2][1] | a[2][2] | a[2][3] |
|---|---|---|---|
| 90 | 91 | 92 | 93 |

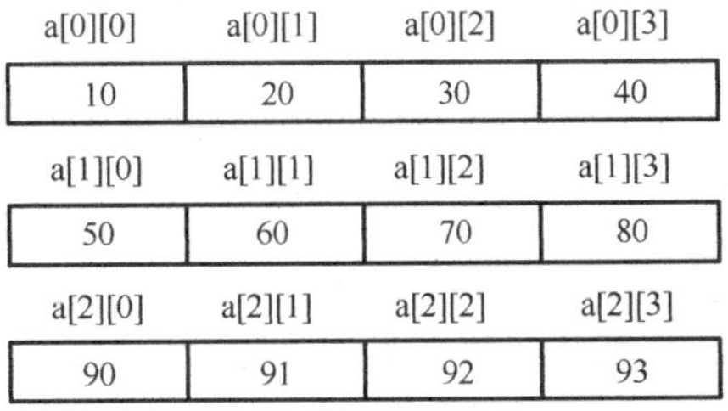

图 4.28　数组元素分布形式

根据数组的递归定义：$n$ 维数组是一维数组，每个元素又是 $n$−1 维数组，如二维数组 a 是一维数组，包括元素 a[0]、a[1]、a[2]，而元素 a[0]、a[1]、a[2]又均是一维数组（a[0]、a[1]、a[2]为数组名），包括元素(a[0])[0]、(a[0])[1]、(a[0])[2]、(a[0])[3]等。由于下标运算符是左结合性运算符，即(a[0])[0]、(a[0])[1]、(a[0])[2]、(a[0])[3]等元素等价于 a[0][0]、a[0][1]、a[0][2]、a[0][3]等元素，因此根据一维数组的数据单元存储的连续性，二维数组元素的数据单元是按行顺序存储的（如图 4.29 所示，10、20、…、93 是数组元素的值）。需要注意：二维数组只有数组元素 a[i][j]的数据单元，而 a[0]、a[1]、a[2]只是二维数组 a 的逻辑单元，并没有真正的数据单元。

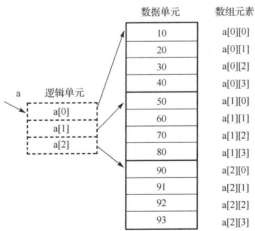

图 4.29　二维数组元素与数据单元

## 4.3.2　多维数组初始化

数组的初始化是在数组定义时，根据给定常数或常数表达式依次存储到数组元素相应的数据单元中，使数组元素获得数值。

（1）当数组初始化时，每维对应一对花括号"{}"且对应初始化列表，如

```
int a[3][4]={ {10,20,30,40},{50,60,70,80},{90,91,92,93} };
```

第一维有 3 个元素，第二维有 4 个元素。数组元素 a[0][0]、a[0][1]、a[0][2]、a[0][3]的值分别为 10、20、30、40，正好是第一行的数组元素值，其他数组元素取值类似，如图 4.29 所示。又如

```
int b[2][3][2]={{{1,2},{3,4},{5,6}},{{7,8},{9,10},{11,12}}};
```

第一维有 2 个元素，第二维有 3 个元素，第三维有 2 个元素。数组元素 b[0][0][0]、b[0][0][1]的值分别为 1、2；b[0][1][0]、b[0][1][1]的值分别为 3、4；b[0][2][0]、b[0][2][1]的值分别为 5、6，其他元素初始化类似。

对数组元素进行全部初始化时，由于数组元素是按线性存储的，因此可以只用一对花括号，如上述 a、b 数组初始化等同于

```
int a[3][4]={ 80,75,92,12,61,65,71,21,59,63,70,22 };
int b[2][3][4]={1,2,3,4,5,6,7,8,9,10,11,12};
```

C 语言约定，当对所有元素初始化时，第一维的长度可以省略，如

```
int a[][4]={ {80,75,92,12},{61,65,71,21},{59,63,70,22} };
int b[][3][2]={{{1,2},{3,4},{5,6}},{{7,8},{9,10},{11,12}}};
```

或

```
int a[][4]={ 80,75,92,12,61,65,71,21,59,63,70,22 };
int b[][3][4]={1,2,3,4,5,6,7,8,9,10,11,12};
```

当数组初始化时，自动计算第一维的长度，但不能类推到其他维上，如以下初始化都是错误的。

```
int a[3][]={ {80,75,92,12},{61,65,71,21},{59,63,70,22} };
int b[2][][2]={{{1,2},{3,4},{5,6}},{{7,8},{9,10},{11,12}}};
int a[3][]={ 80,75,92,12,61,65,71,21,59,63,70,22 };
int b[2][3][]={1,2,3,4,5,6,7,8,9,10,11,12};
```

（2）当数组初始化时，只对部分元素初始化，对应各维列表的花括号"{}"不能省略，但花括号"{}"内其他维或值可以省略，省略的值自动取 0 值（对整型或浮点型）或 NULL（对指针型）或'\0'值（对字符型），如

```
int a[3][4]={{1},{2}};
```

对每行的第一列元素赋值，未赋值的元素取 0 值，a[0][0]、a[0][1]的值分别为 1、2，其他元素为 0，即

$$\begin{matrix} 1 & 0 & 0 & 0 \\ 2 & 0 & 0 & 0 \\ 0 & 0 & 0 & 0 \end{matrix}$$

又如

```
int b[2][3][2]={{{1},{2},{3}}, {{4},{0},{5}}};
```

即 b[0][0][0]、b[0][1][0]、b[0][2][0]、b[1][0][0]、b[1][1][1]、b[1][2][0]的值分别为 1、2、3、4、0、5，其他元素为 0。

数组元素部分初始化，本质上也是全部初始化，只是未初始化的值由系统自动取值为 0（对

整型或浮点型）或 NULL（对指针型）或'\0'（对字符型）。在这种情况下，就很好理解为什么必须用花括号"{}"对应各维。

### 4.3.3 多维数组元素访问

#### 1. 多维数组元素直接访问

多维数组是属于同一种数据类型的变量的集合，集合的变量为数组元素。对多维数组的访问必须通过访问多维数组元素实现。$n$ 维数组元素的一般访问（包括取值和赋值）形式为

«数组名» [«下标表达式 1»]⌊ [«下标表达式 2»] ⌋ⁿ

其中，"下标表达式 $i$"（$i$=1, 2, …）表示第 $i$ 维的整型常量或整型表达式，而且取值为 0～第 $i$ 维长度–1。方括号"[]"为下标运算符，优选级为 1 级（最高），运算顺序为左结合性，如

```
int a[5][10];            //定义 5 行 10 列的二维整型数组
a[0][0]=100;             //给第 0 行第 0 列的数组元素赋值
a[4][9]=a[0][0]+10;      //第 0 行第 0 列元素取值并运算后给第 4 行第 9 列元素赋值
```

下标表达式的取值不可越界，如 a[–1][3]与 a[5][10]下标越界，不能通过编译。

**例 4.18**  在二维数组中，查找数值最大元素及其所在的位置。

默认一个最大值，然后利用枚举法遍历数组所有元素，并进行逐一比较。若当前元素比默认值大，则修改默认最大值及其位置。通过数组的行下标和列下标可以定位到二维数组的每个元素。

```
#include<stdio.h>
int main()
{
    int row,col,arr[4][5];              //行、列、数组定义
    int max,row_max,col_max;            //最大值、最大值的行和列
    for(row=0;row<4;row++)              //每一行
        for(col=0;col<5;col++)          //每一列
            scanf("%d",&arr[row][col]); //输入第 row 行、第 col 列元素
    max=arr[0][0];                      //默认最大值及其位置
    row_max=0;
    col_max=0;
    for(row=0;row<4;row++)              //遍历行
        for(col=0;col<5;col++)          //遍历列
            if(arr[row][col]>max)       //当前值最大
            {
                max=arr[row][col];      //修正最大值所在的行、列
                row_max=row;
                col_max=col;
            }
    for(row=0;row<4;row++)              //遍历行
    {
        printf("\n");                   //换行
        for(col=0;col<5;col++)          //遍历列
            printf("%7d",arr[row][col]);
    }
```

```
        printf("\nMax=%d locates (%d, %d).\n",max,row_max,col_max);
        return 0;
    }
```

运行结果：

```
1   2   3  13   5↵（回车）
4   5   6  14   8↵（回车）
7  80   9  21   7↵（回车）
10  11  12   6   6↵（回车）
1   2   3  13   5
4   5   6  14   8
7  80   9  21   7
10  11  12   6   6
Max=80 locates (2,1).
```

为了遍历二维数组的每个元素，定义了变量 row 与 col 表示行和列下标，分别从 0～3 和 0～4 循环变化，通过循环嵌套实现"先行后列"逐行逐列（行变化 1 次，列变化 4 次）的数据输入、数据遍历及数据输出。

**例 4.19** 在三维数据体中，查找所有极大值点（该点在三个坐标轴上都是最大的）。

对任何一点$(x, y, z)$的数值 $v$，在 $x$ 坐标 0,1,2,… 上最大，同时在 $y, z$ 轴上也最大。用三维数组表示和存储三维数据体。

```
#include<stdio.h>
#define Nx 3
#define Ny 3
#define Nz 3
int main()
{
    int x,y,z,v[Nx][Ny][Nz];            //x,y,z坐标、数据体（数组）
    int w,flag;                         //坐标轴、极大值点标识
    for(x=0;x<Nx;x++)                   //每个坐标轴
      for(y=0;y<Ny;y++)
        for(z=0;z<Nz;z++)
          scanf("%d",&v[x][y][z]);      //输入每点的数据
    for(x=0;x<Nx;x++)                   //遍历所有点v(x,y,z)
      for(y=0;y<Ny;y++)
        for(z=0;z<Nz;z++)
          {
          flag=1;                       //默认v(x,y,z)是极大值点，在x轴上判断
          for(w=0;w<Nx;w++)             //遍历x轴
            {
            if(w==x) continue;          //点x无须判断
            if(v[w][y][z]>v[x][y][z])   //x轴上的其他点比点x大
              { flag=0;  break; }       //不是极大值点，修正标记
            }
          if(flag==1)   //在x轴上是极大值，默认v(x,y,z)是极大值点，在y轴上判断
            for(w=0;w<Ny;w++)                   //遍历y轴
```

```
                          {
                          if(w==y) continue;            //无须判断点 y
                          if(v[x][w][z]>v[x][y][z])      //y 轴其他点比点 y 大
                          { flag=0;  break; }            //不是极大值点
                          }
                      if(flag==1)  //在 x、y 轴上是极大，默认 v(x,y,z)是极大值点，在 z 轴上判断
                          for(w=0;w<Nz;w++)             //遍历 z 轴
                          {
                            if(w==z) continue;           //z 点无须判断
                            if(v[x][y][w]>v[x][y][z])    //z 轴其他点有比 z 点大
                            { flag=0;  break; }          //不是极大值点
                          }
                      if(flag==1)                        //在 x,y,z 轴上均最大
                          printf("v(%d,%d,%d)=%d  ",x,y,z,v[x][y][z]);
                    }
         printf("\n");
         return 0;
     }
```

运行结果：

```
    2 3 2  4 2 1  3 8 4  2 3 1  2 1 3  2 2 3  3 1 2  3 2 4  1 4 5↵(回车)
    v(0,1,0)=4  v(0,2,1)=8  v(1,0,1)=3  v(2,0,0)=3  v(2,2,2)=5
```

三维数组的下标分别由变量 $x$、$y$、$z$ 表示，输入顺序如图 4.30 所示。对于每个元素 $v(x, y, z)$，默认点 flag=1 为极值点。只要 $x$、$y$、$z$ 方向上任意一点不满足极值点的条件，就修正默认值 flag=0，而不再需要进行其他判断。如果 $x$、$y$、$z$ 所有方向上的任意一点都满足极值点条件，那么默认极值点是正确的（即 flag==1），输出极值点。

| $x=0$ | | | | $x=1$ | | | | $x=2$ | | |
|---|---|---|---|---|---|---|---|---|---|---|
| z\y | 0 | 1 | 2 | z\y | 0 | 1 | 2 | z\y | 0 | 1 | 2 |
| 0 | 2 | 3 | 2 | 0 | 2 | 3 | 1 | 0 | 3 | 1 | 2 |
| 1 | 4 | 2 | 1 | 1 | 2 | 1 | 3 | 1 | 3 | 2 | 4 |
| 2 | 3 | 8 | 4 | 2 | 2 | 2 | 3 | 2 | 1 | 4 | 5 |

图 4.30 三维数组输入顺序

**例 4.20** 已知 5 名学生的 3 门课程的成绩，求每名学生的平均成绩、每门课程的平均成绩，以及总平均成绩。

```
#include<stdio.h>
int main()
{
    int i,j;
    float all_sc[5][3];                //5 名学生，3 门课程的成绩
    float av_st[5],av_sc[3];           //5 名学生，3 门课程的平均成绩
    float s, average=0;                //求和，总平均成绩
    for(i=0;i<5;i++)                   //每名学生
        for(j=0;j<3;j++)              //每门课程
        {
```

```
                scanf("%f",&all_sc[i][j]); //第 i 名学生的第 j 门课成绩
                average+=all_sc[i][j];     //累加的课程成绩
            }
        average/=5*3;                      //课程的总平均成绩
        for(i=0;i<5;i++)                   //每名学生
        {
            for(s=0,j=0;j<3;j++)  s+=all_sc[i][j]; //累加当前学生的每门课程的成绩
            av_st[i]=s/3;                  //学生的平均成绩
        }
        for(i=0;i<3;i++)                   //每门课程
        {
            for(s=0,j=0;j<5;j++)  s+=all_sc[j][i];  //累加当前课程的成绩
            av_sc[i]=s/5;                  //课程的平均成绩
        }
        for(i=0;i<5;i++) printf("Student%d:% .2f\n",i,av_st[i]);
        printf("math:%.2f\nC:%.2f \nFoxpro:%.2f\n",
                    av_sc[0], av_sc[1], av_sc[2]);
        printf("Average:%.2f\n", average);
        return 0;
    }
```

运行结果：

```
1  2  3↵（回车）
4  5  6↵（回车）
7  8  9↵（回车）
10 11 12↵（回车）
13 14 15↵（回车）
Student0: 2.00
Student1: 5.00
Student2: 8.00
Student3: 11.00
Student4: 14.00
math:7.00
C:8.00
FoxPro:9.00
Average:8.00
```

　　二维数组 all_sc[5][3]保留 5 名学生的 3 门课成绩，一维数组 av_st[5]与 av_sc[3]分别保留每名学生与每门课程的平均成绩，变量 average 为总平均成绩，变量 s 在每次需要求和时使用。第 1 个双重循环按学生顺序输入每门课程的成绩，同时求和；第 2 个双重循环按学生顺序求每名学生的平均成绩；第 3 个双重循环按课程顺序求每门课程的平均成绩。

### 2．多维数组元素间接访问

　　为了便于理解，引入逻辑数据单元与物理数据单元，物理数据单元也就是数据真实存储的数据单元；变量对应的数据单元为物理数据单元。一维数组元素对应的数据单元也是物理数据单元；逻辑数据单元是用于描述的数据单元，其可以有对应的物理数据单元，也可只是形式数据单元，不一定有对应的物理数据单元。变量数据单元、一维数组数据单元是逻辑数据单元和物理数据单元的统一。

回顾 $n$ 维数组定义形式为

> 《数据类型符》 《数组名》[《常数表达式 1》]⌊[《常数表达式 2》]⌋ⁿ;
>
> 《数据类型符[《常数表达式 1》]⌊[《常数表达式 2》]⌋ⁿ》 《数组名》;

而数组的递归定义为 $n$ 维数组是一维数组，其每个元素均是 $n-1$ 维数组，即

> 《数据类型符⌊[《常数表达式 2》]⌋ⁿ》 《数组名》[《常数表达式 1》];

如二维数组为

```
int a[3][4];
int[4] a[3];              //等价于 int a[3][4];
typedef int int_A[4];
int_A a[3];               //等价于 int a[3][4];
int[3][4] a;
```

可以理解：a 是长度为 3 的一维数组，根据一维数组的知识，可知指针 a、&a[0]、&a[1]、&a[2] 和数组元素 a[0]、a[1]、a[2]（如图 4.31 所示）。每个数组元素 a[i]（行下标 i=0,1,2）对应的数据单元为逻辑数据单元（没有相应数组元素的物理单元）。由于每个数组元素均属于 int[4] 数据类型，因此每个数组元素又均是一维数组，即以 a[i] 为数组名的一维数组，因此有指针 a[i]、&a[i][0]、&a[i][1]、&a[i][2]、&a[i][3] 和数组元素 a[i][0]、a[i][1]、a[i][2]、a[i][3]（如图 4.32 所示）。根据下标运算符 "[]"，每个数组元素(a[i])[j] 等价于 a[i][j]（列下标 j=0,1,2,3），对应一个物理数据单元。由于内存单元是连续编址的，因此二维数组元素的数据单元是按行顺序存储的（如图 4.33 所示）。对于三维以上多维数组的存储可以以此类推，如三维数组是一维数组，它的每个元素均是二维数组，而二维数组是一维数组，它的每个元素又均是一维数组。因此多维数组元素最终还是按线性编址方式存储的。

图 4.31　元素指针、数组元素与数组名　　　　　　图 4.32　行指针与数组元素指针

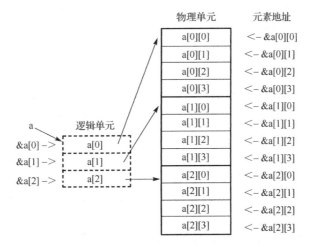

图 4.33　二维数组元素的数据单元

以二维数组 int a[3][4]为例，从图 4.33 可以看到以下两种类型的指针。

（1）数组元素的指针。数组元素是变量，每个元素均有相应的指针，如 a[i][j]的指针为 &a[i][j]。根据一维数组有关指针的定义，a[i]是一维数组（相当于一维数组名），因此 a[i]也是指针，而且是指向数组元素的指针，即 a[i]+j 等价于&a[i][j]。根据数组的递归定义，a[i]看成一维数组 a 的元素，因此 a[i]可用指向运算符"*"进行表达，即*(a+i)。a[i]+j、&a[i][j]、*(a+i)+j 三者是等价的，都是表示数组元素 a[i][j]的指针。数组元素的指针也是变量的指针，因此数组元素的指针可定义指向变量的指针变量进行保留，即

```
int *p;
p=&a[i][j]; //等价于 p=*(a+i)+j; 或 p=a[i]+j;
```

（2）指向行的指针。根据数组的递归定义，a 可以看成一维数组，数组名 a 是数组的首地址，a+i 是第 i 个数组元素 a[i]逻辑数据单元的地址&a[i]，而每个逻辑数据单元包括一行数组元素，即 a+i 是指向一行的行指针，行指针每变化 1 则跳过 1 行。可以定义指向行的指针，如

```
int (*pr)[4];
```

即定义指针变量 pr，pr 指向 4 个整型元素（变量）。这样用 pr 可以保留指向行的指针，如

```
pr=a;
```

针对二维数组，有指向元素的指针和指向行的指针都可以定义相应的指针变量，即对指向元素（变量）的指针和指向行的指针变量进行保留，通过指向运算符"*"可以进行间接访问。各种指针与指针变量的关系如下。

```
int a[3][4];                                    //二维数组
a+i, &a[i]                                       //指向行的指针
int *(pr)[4]=a+i; 或 int *(pr)[4]=&a[i];          //指向行的指针变量
*(a+i)+j, a[i]+j, *pr+j                           //指向元素的指针
int *p=*(a+i)+j;或*p=a[i]+j;                      //指向元素指针的变量
a[i][j], *(*(a+i)+j), *(a[i]+j), *(*pr+j)         //第 i 行第 j 列的元素
```

根据多维数组的递归定义，有关 n 维数组的指针和指针变量可以推广为以下 7 种形式。

① «数据类型符»«数组名»[«常数表达式 1»][«常数表达式 2»]$^{n}$，表示定义数组。

② «数组名»+i，表示指向[«常数表达式 2»]$^{n}$的 n−1 维的指针。

③ «数据类型符» (*pn1)[«常数表达式 2»]$^{n}$=«数组名»+i，表示指向[«常数表达式 2»]$^{n}$ 的 n−1 维的指针变量。

④ *(«数组名»+i)+j，«数组名» [i]+j,*pn1+j,表示指向[«常数表达式 3»]$^{n}$的 n−2 维的指针。

⑤ «数据类型符»(*pn2) [«常数表达式 3>]$^{n}$ =*(«数组名»+i)+j，表示指向[«常数表达式 3»]$^{n}$的 n−2 维的指针变量。

⑥ *(*(«数组名»+i)+j)+k,*(«数组名» [i]+j)+k,«数组名» [i][j]+k,*(*pn1+j)+k,表示指向[«常数表达式 4»]$^{n}$的 n−3 维的指针。

⑦ «数据类型符» (*pn3)[«常数表达式 4»]n =*(*(«数组名»+i)+j)+k，表示指向[«常数表达式 4»]n 的 n−3 维的指针变量。

例 4.21　在二维数组中，查找数值最大元素及其所在的位置。

默认一个最大值，然后必须遍历数组所有元素，并进行逐一比较。若当前元素比默认值

大，则修改默认最大值及其所在的位置。通过数组的行下标和列下标可以定位到二维数组的每个元素。

```
#include<stdio.h>
int main()
{
    int arr[4][5]={1,2,3,13,4,5,6,14,7,80,9,21,10,11,12,6};
                                        //定义数组、初始化
    int *pc,(*pr)[5],*pc_max,(*pr_max)[5];  //最大值、最大值的行和列
    pr_max=arr;                          //默认最大值及其位置
    pc_max=*arr;
    for(pr=arr;pr<arr+4;pr++)            //遍历行
        for(pc=*pr;pc<*pr+5;pc++)        //遍历列
            if(*pc>*pc_max)              //当前值最大
            {
                pr_max=pr;               //修正行、列
                pc_max=pc;
            }
    for(pr=arr;pr<arr+4;pr++)            //遍历行
    {
        printf("\n");                    //换行
        for(pc=*pr;pc<*pr+5;pc++)        //遍历列
            printf("%7d",*pc);
    }
    printf("\nMax=%d locates  (%d, %d).\n",
        *pc_max,pr_max-arr,pc_max-*pr_max);
    return 0;
}
```

运行结果：

```
1   2   3   13    4
5   6  14    7   80
9  21  10   11   12
6   0   0    0    0
Max=80 locates (1,4).
```

默认 arr[0][0] 为最大值，并保留位置在指向行指针变量 pr_max 和指向元素指针变量 pc_max 中。指向行指针变量 pr 逐行遍历，对于每行指向元素指针变量 pc 逐个元素遍历。若 pc 指向的元素值大于 pc_max 指向的元素值，则修正默认的位置 pr_max 和 pc_max。当输出时，pr_max-arr 为行下标，pc_max-*pr_max 为列下标。这个程序还可按一维数组方式处理改写成以下程序。

```
#include<stdio.h>
int main()
{
    int arr[4][5]={1,2,3,13,4,5,6,14,7,80,9,21,10,11,12,6}; //定义数组、初始化
    int *pc,*pc_max;                    //指向元素指针变量
    pc_max=*arr;                        //默认最大值的位置
```

```
for(pc=*arr;pc<*arr+4*5;pc++)              //遍历每个元素
if(*pc>*pc_max)  pc_max=pc;                //当前值最大,修正位置
for(pc=*arr;pc<*arr+4*5;pc++)              //遍历每个元素
{
    if((pc-*arr)%5==0)printf("\n");        //换行
    printf("%7d",*pc);
}
printf("\nMax=%d  locates  (%d, %d).\n",
        *pc_max,(pc_max-*arr)/5, (pc_max-*arr)%5);
return 0;
}
```

利用二维数组按行顺序连续存储,共有 4×5 个元素数据单元。数据元素单元首地址为\*arr,通过指向变量的指针变量 pc,按一维数组方式遍历每个数据单元,比较间接访问当前值\*pc 与间接访问默认最大值\*pc_max,并根据比较结果修正最大值位置。当输出二维数组时,pc-\*arr 为数组元素个数,若满足(pc-\*arr)%5==0(表示元素个数为 5 的倍数),则需要换行。(pc_max-\*arr)/5,(pc_max-\*arr)%5 分别表示行下标和列下标。

**例 4.22** 已知 5 名学生的 3 门课程的成绩,求每名学生的平均成绩、每门课程的平均成绩、以及总平均成绩。

```
#include<stdio.h>
int main()
{
    int i;          //定义变量、数组并初始化,5 名学生,3 门课程的成绩
    float all_sc[5][3]={{1,2,3},{4,5,6},{7,8,9},{10,11,12},{13,14,15}};
    float s, average=0,*p,(*pr)[3];               //求和,总平均成绩
    float av_st[5],av_sc[3],*ps=av_st,*pc=av_sc;  //5 名学生,3 门课程的平均成绩
                                                  //平均总成绩
    p=*all_sc;                          //第 0 行第 0 列指针
    while(p<*all_sc+5*3)                 //每名学生,每门课程
        average+=*p++;                   //累加所有课程的成绩,指针下移
    average/=5*3;                        //总平均成绩
                                         //每名学生的平均成绩
    for(pr=all_sc;pr<all_sc+5;pr++)      //每名学生
    {
        for(s=0,p=*pr;p<*pr+3;p++)       //每门课
            s+=*p;                       //累加每名学生的课程成绩
        *ps++=s/3;                       //学生的平均成绩,赋值指针下移
    }
                                         //每门课程的平均成绩
    for(i=0;i<3;i++)                     //每门课程
    {
        for(s=0,pr=all_sc;pr<all_sc+5;pr++) //每名学生
                s+=*(*pr+i);             //累加每门课程的成绩
        *pc++=s/5;                       //课程的平均成绩
    }
    for(i=0;i<5;i++) printf("Student%d:% .2f\n",i,av_st[i]);
```

```
    printf("math:%.2f\nC:%.2f \nFoxpro:%.2f\n",av_sc[0], av_sc[1], av_sc[2]);
    printf("Average:%.2f\n", average);
    return 0;
}
```

在该程序中，定义浮点型二维数组为 all_sc，并进行全部元素的初始化，表示 5 名学生的
3 门课程的成绩。由于在统计所学的所有课程的总平均成绩时，只要得到所有课程的成绩即可，
而二维数组是按行形式线性连续存储的，因此用指向元素指针变量 p 得到所有 5×3 个成绩，
其中*p++等同于"*p,p++"。求每名学生的平均成绩时，由于 all_sc 数组的每行表示一名学生
的成绩，因此用指向行的指针变量 pr 指向行，即 pr++跳过一行的 3 个元素，用指针变量 p 指
向每行的元素，间接访问获得每名学生的成绩。由于把每名学生的平均成绩保留在 av_st 一维
数组中，因此用指向数组元素的指针变量 ps 依次指向每个数组元素，从而间接访问赋值。而
每门课程的平均成绩均保留在 av_sc 一维数组中，用指向元素的指针变量 pc 依次指向每个数
组元素，从而间接访问赋值。

## 4.4　字符数组与字符串

字符数组是数据类型为字符类型的数组，即数组元素同属于字符型的数组。有关数组的基
本概念、定义及访问等均可用到字符数组中。

### 4.4.1　字符数组

字符数组的元素是字符型变量，每个数组元素的数据单元在内存中占 1 字节，并以 ASCII
码形式存储，如

```
char a[10];
a[0]='I'; a[1]=' '; a[2]='a'; a[3]='m'; a[4]=' ';
a[5]='h'; a[6]='a'; a[7]='p'; a[8]='p'; a[9]='y';
```

数组 a 在内存中的存储形式如图 4.34 所示（为了方便阅读，数据单元内直接标明字符，而不
是 ASCII 码或二进制码）。也可定义字符数组，同时对数组进行初始化，如

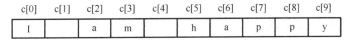

图 4.34　数组 a 在内存中的存储形式

```
char a[10]={'I', ' ', 'a', 'm', ' ', 'h', 'a', 'p', 'p', 'y'};
```

所有元素都赋初值，也可省略方括号中的数组长度 10，如

```
char a[ ]={'I', ' ', 'a', 'm', ' ', 'h', 'a', 'p', 'p', 'y'};
```

还可对数组中一部分元素赋初值，如

```
char a[10]={'C', 'h', 'i', 'n', 'a'};
```

数组 a 在内存中的存储形式如图 4.35 所示。

| c[0] | c[1] | c[2] | c[3] | c[4] | c[5] | c[6] | c[7] | c[8] | c[9] |
|------|------|------|------|------|------|------|------|------|------|
| C | h | i | n | a | \0 | \0 | \0 | \0 | \0 |

图 4.35　数组 a 在内存中的存储形式

未被指定初始值的数组元素自动赋值'\0'。字符数据为 ASCII 码，'\0'本质上也是整数 0。这与整型数组、实型数组等部分元素赋初值是一致的。也可定义指向变量的指针变量指向数组元素，对字符元素进行间接访问，如

```
char a[10];
char *p=a;
```

则 p++指向下一个字符元素，*p 为所指向的字符。

**例 4.23**　字符数组的输出。

```
#include <stdio.h>
int main()
{
    char a[10]={'I',' ','a','m',' ','h','a','p','p','y'};
    int i;
    char *p=a;
    for(i=0;i<10;i++) printf("%c",a[i]);
    printf("\n");
    for(p=a;p<a+10;p++) printf("%c",*p);
    printf("\n");
    return 0;
}
```

运行结果：

```
I am happy
I am happy
```

对字符数组采用直接访问与间接访问（即下标法和指针法）分别输出数组的所有元素。字符数组是数组，有关数组基本概念、定义形式、存储方式及访问等均可用于字符数组。

### 4.4.2　字符串与字符串结束标记

字符串是用双引号括起来的若干字符，字符串在内存中连续存放，每个字符以 ASCII 码形式占 1 字节，并在最后添加字符'\0'作为字符串结束标记，也就是字符串实际占用的字节数为字符串长度加 1。

在 C 语言中没有字符串数据类型，也就无法定义相应的变量，但可定义一维字符数组存放字符串，因此字符数组的长度至少大于字符串长度加 1 的长度，即一维字符数组存放每个字符及结束标记'\0'。用一维字符数组保留字符串有以下 4 种形式。

（1）定义字符数组并初始化，如

```
char str[12]={'C',' ','p','r','o','g','r','a','m','\0'};
char str[12]={"C program"};
char str[12]="C program";
```

这 3 种定义字符数组并保存字符串的形式是等价的（如图 4.36 所示）。

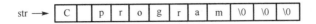

图 4.36　字符串的存储

根据数组定义并全部初始化，上述 3 种定义也可省略字符数组长度 12，即

```
char str[]={'C', ' ','p','r','o','g','r','a','m','\0'};
char str[]={"C program"};
char str[]="C program";
```

字符数组长度为 10（结束标记'\0'也占一个字符单元，如图 4.37 所示）。在后两种字符数组定义中，'\0'是由编译系统自动加上的。字符数组 str 可以理解为字符串。

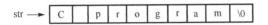

图 4.37　字符串的存储

上述 3 种字符串，str 是字符数组的数组名为指针常量。还可以定义指向字符的指针变量并初始化，如

```
char *str="C program";
```

定义指向字符的指针变量 str，在编译系统分配字符数据单元且保留每个字符与字符串结束标记后，把数据单元的指针赋给指针变量 str，str 也就成为保留字符串的指针（如图 4.38 所示）。str 可理解为字符串"C program"。

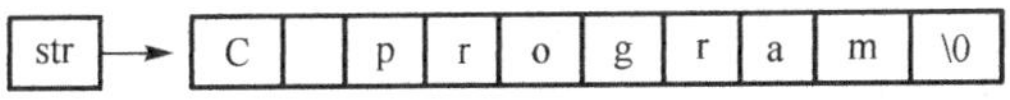

```
str ──► C  p  r  o  g  r  a  m  \0
```

图 4.38　字符串的存储

（2）定义字符数组后赋值加入结束标记'\0'，如

```
char str[12]={'a','b','c'};    //字符数组
str[3]='\0';
```

字符数组 str 可以理解为字符串"abc"。

（3）定义字符数组后，通过输入函数进行赋值，如

```
char str[20];
scanf("%s",str);
```

输入"I am a student"后，只建立字符串"I"，即当 scanf 函数输入字符串时，遇到空格（' '）认为输入结束，自动加入字符串结束标记'\0'。字符串格式控制符%s 对应字符串或字符数组，表示按字符串处理。还能通过 gets 函数实现字符数组保留字符串，即

```
gets(str);
```

输入"I am a student"后，把每个字符（包括空白符）依次保留在字符数组 str 中，并自动加入字符串结束标记'\0'。

注意：当用字符数组保留字符串时，字符数组应足够大，确保保留每个字符和结束标记。

（4）在定义字符数组后，用字符串复制函数使字符数组成为字符串，如

```
char str[20];
strcpy(str, "I am a student");
```

**例 4.24**　用字符串给字符数组赋初值。

```
#include<stdio.h>
int main()
{
    int i;
    char a[][7]={{"Hello!"},{"Daming"}};
    for(i=0;i<=1;i++) printf("%s",a[i]);
    printf("\n");
    return 0;
}
```

运行结果：

```
Hello! Daming
```

a 是二维字符数组，包含两个一维数组 a[0] 和 a[1]，分别存放两个字符串。在每行的最后字符后自动加入字符串结束标记'\0'。在 printf 函数中，使用字符串控制格式符%s，表示输出数据是一个字符串。注意：在输出表列中给出一维数组名 a[i]。

**例 4.25**　从键盘输入一个字符串，然后将字符串输出。

```
#include<stdio.h>
int main()
{
    char string[40];
    printf("input string:\n");
    scanf("%s",string);
    printf("%s\n",string);
    return 0;
}
```

运行结果：

```
input string:
How are you?⏎（回车）
How
```

在 scanf 函数中，当使用%s 输入字符串时，输入地址表列是数组名（数组名已是指针），无须用取地址运算符"&"。定义数组长度为 40，输入字符串长度最长为 39，至少留出 1 字节用于存放字符串结束标记'\0'。当输入字符串时，将逐个字符放入字符数组中，如遇到空格、Tab 或者回车键结束输入，在字符串后面自动加字符串结束标记'\0'。

若空格是字符串中的有效字符，则空格应该也包含在字符串中。可以有两种解决方法：使用%c 格式符逐个字符的输入，或采用 gets 字符串输入函数。

**例 4.26**　改写例题 4.25，用%c 格式符逐个输入字符。

```
#include<stdio.h>
```

```
int main()
{
    int i=0;
    char c,string[40];
    printf("input string:\n");
    while((c=getchar())!='\n')          //逐个读入字符
    {
        string[i]=c;
        i++;
    }
    string[i]= '\0';                    //加入结束标记
    printf("%s\n",string);
    return 0;
}
```

运行结果：

```
input string:
How are you?↵（回车）
How are you?
```

此例以回车换行'\n'为字符串输入结束，其他（如空格和 Tab 等）字符也可输入从而构成字符串。

### 4.4.3  字符串处理函数

C 语言提供了字符串处理函数，大致可分为字符串的输入、输出、合并、修改、比较、转换、复制及搜索等。用于输入/输出的字符串函数，在使用前应包含 stdio.h 头文件，使用其他字符串函数则应包含 string.h 头文件。

下面介绍常用的 6 种字符串函数，其他函数可参考 C 语言的相关手册。

#### 1. 字符串输出函数 puts

puts 函数形式为

```
int puts(«字符串»⊥«字符数组名»⊥«指向字符的指针变量名»)
```

把"字符串"输出到显示器，然后输出'\n'，相当于

```
printf("%s\n",«字符串»);
```

其中，"字符串""字符数组名""指向字符的指针变量名"有相应具体的字符串，也可以是字符串中任意一个字符的指针（相当于子串）。实际上，字符串是指针，输出时从它指向的字符开始输出每个字符，直到字符串结束标记'\0'为止。若成功输出，则返回字符串长度；否则返回 EOF（−1）。

**例 4.27**  字符串输出函数 puts 的使用。

```
#include<stdio.h>
int main()
{
    char s[20]="Programming";
    char *p=s;
```

```
            puts("Programming");          //1
            puts(s);                      //2
            puts(p);                      //3
            puts(p+7);                    //4
            p=p+5;
            puts(p);                      //5
            return 0;
    }
```

运行结果：

```
    Programming
    Programming
    Programming
    ming
    aming
```

第 1 个 puts 输出字符串常量；第 2 个和第 3 个 puts 函数的参数都是数组首地址，输出字符数组中的字符串；第 4 个 puts 参数是字符串中字符 m 的指针，输出从 m 开始后面的子串；最后一个 puts 参数是字符 a 的指针，输出从 a 开始后面的子串。每个 puts 输出字符串后自动输出一个回车换行符'\n'。

**2. 字符串输入函数 gets**

gets 函数形式为

```
    char *gets(«字符数组名»⊥«指向字符的指针变量名»)
```

从键盘上输入字符放置"字符数组名"或"指向字符的指针变量名"指向的字符串数据单元中，直至回车结束（回车是表明输入结束，并没有将回车换行符'\n'保留到字符串中）。返回"字符数组名"或"指向字符的指针变量"的值，即字符串首地址。

**例 4.28** 字符串输入函数 gets 的使用。

```
    #include<stdio.h>
    int main()
    {
        char string[40];
        printf("input string:\n");
      gets(string);
      puts(string);
      return 0;
    }
```

运行结果：

```
    input string:
    I am a student. ↵（回车）
    I am a student.
```

当输入的字符串中含有空格时，输出仍为全部字符。也可使用指针变量作为函数参数，与使用数组名作为函数参数相同。

**例 4.29** 用指针变量作为函数参数。

```
#include<stdio.h>
int main()
{
    char string[40];
    char *p=string;
    printf("input string:\n");
    gets(p);
    puts(p);
    return 0;
}
```

需要注意：string 是指针，指向 40 字节的字符数据单元。p 是指针变量，值为 string，也是指向该数据单元。若没有给 p 赋值，则 p 为悬空指针，就不能输入字符串（没有存放字符串的字符数据单元）。

### 3. 字符串连接函数 strcat

strcat 函数形式为

```
char *strcat («字符数组名 1»⊥«指向字符的指针变量名 1»,
           «字符串 2»⊥«字符数组名 2»⊥«指向字符的指针变量名 2»)
```

把"字符串 2"（或"字符数组名 2"或"指向字符的指针变量名 2"）连接到"字符数组名 1"（或"指向字符的指针变量名 1"）中字符串的后面，并删去"字符数组名 1"（或"指向字符的指针变量名 1"）后的字符串然后结束（'\0'）。返回"字符数组名 1"（或"指向字符的指针变量名 1"），即字符串数据单元首地址。注意："指向字符的指针变量名 1"必须有所指的字符数组数据单元。

例 4.30　连接两个字符串。

```
#include<stdio.h>
#include<string.h>
int main()
{
    char s1[40]="My name is ";
    char s2[25];
    printf("input your name:\n");
    gets(s2);
    strcat(s1,s2);
    puts(s1);
    return 0;
}
```

运行结果：

```
input your name:
Xiao Li↵（回车）
My name is Xiao Li
```

把初始化赋值的字符串与动态赋值的字符串连接起来。注意：s1 是字符数组，应定义足够的长度，否则不能全部装入被连接的字符串 s2。实际上，这种连接是把 s2 以子串形式拷贝到 s1 字符串中的尾部。

### 4. 字符串复制函数 strcpy

strcpy 函数形式为

```
char *strcpy («字符数组名1»⊥«指向字符的指针变量名1»，
        «字符串2»⊥«字符数组名2»⊥«指向字符的指针变量名2»)
```

把"字符串2"（或"字符数组名2"或"指向字符的指针变量名2"）复制到"字符数组名1"（或"指向字符的指针变量名1"）中，包括"字符串2"的字符串结束标记'\0'。返回"字符数组名1"（或"指向字符的指针变量名1"），即字符串数据单元首地址。注意："指向字符的指针变量名1"必须有所指的字符数组数据单元，这相当于字符串赋值作用，如

```
char s1[20],s2[]="Hello, Xiao Li!";
strcpy(s1,s2);  //字符串 s2 复制给字符数组 s1
```

### 5. 字符串比较函数 strcmp

strcmp 函数形式为

```
int strcmp («字符串1»⊥«字符数组名1»⊥«指向字符的指针变量名1»，
        «字符串2»⊥«字符数组名2»⊥«指向字符的指针变量名2»)
```

逐个比较两个字符串中相对应字符 ASCII 码值的大小，直到对应的字符 ASCII 值不相等或都是字符串结束标记'\0'为止。函数返回值为 0、1 或–1。若两个字符串一样（同时遇到结束标记），则返回 0；若对应字符不同，并且"字符串1"的字符大于"字符串2"的字符，则返回 1；否则返回–1。如 strcmp("abc","abc")返回值为 0，strcmp("ab","abc")返回值为–1，strcmp("abcd","abc")返回值为 1。

### 6. 字符串长度函数 strlen

strlen 函数形式为

```
int strlen(«字符串»⊥«字符数组名»⊥«指向字符的指针变量名»)
```

返回字符串的长度（不含字符串结束标记'\0'），如 strlen("abc")返回值为 3。

**例4.31** 从键盘输入 5 人的姓名，按照字典顺序排序后输出。

字典的顺序为 ASCII 码值从小到大的顺序，可采用起泡法排序实现。

```
#include<stdio.h>
#include<string.h>
#define N 5
int main()
{
    int i,j;
    char t[20],a[N][20];                    //二维数组存放姓名
    for(i=0;i<N;i++)  gets(a[i]);           //输入字符串
    for(j=N-2; j>=0; j--)
        for(i=0; i<=j; i++)
        {
            if(strcmp(a[i],a[i+1])>0)        //比较大小
            {
                strcpy(t,a[i]);              //交换字符串
                strcpy(a[i],a[i+1]);
```

```
                    strcpy(a[i+1],t);
                }
            }
        for(i=0; i<N; i++) puts(a[i]);          //输出字符串
        printf("\n");
        return 0;
    }
```

运行结果：

```
    Xiao Zhang↵（回车）
    Xiao Li↵（回车）
    Xiao Yuan↵（回车）
    Xiao Wang↵（回车）
    Xiao Lin↵（回车）
    Xiao Li
    Xiao Lin
    Xiao Wang
    Xiao Yuan
    Xiao Zhang
```

二维数组 a 是一维数组，每一维 a[i]（i=0,1,…,4）又是一维数组，用 a[i]存放字符串，并且对数组 a 的每个元素 a[0]、a[1]、…、a[4]的大小进行排序。由于对字符串数组的操作，只能用 strcmp 比较大小，用 strcpy 进行"赋值"（复制），因此不能用比较运算符和赋值运算符。也可用间接访问方式实现字符串排序，程序如下。

```
    #include<stdio.h>
    #include<string.h>
    #define N 5
    int main()
    {
        int i,j;
        char t[20],a[N][20];                    //二维数组存放姓名
        char  *pname[10];                       //指针数组
        for(i=0;i<N;i++)
        {
            pname[i]=a[i];                      //均指向字符串
            gets(pname[i]);                     //输入字符串
        }
        for(j=N-2; j>=0; j--)
            for(i=0;  i<=j;  i++)
            {
                if(strcmp(pname[i],pname[i+1])>0) //比较大小
                {
                    strcpy(t,pname[i]);         //交换字符串
                    strcpy(pname[i],pname[i+1]);
                    strcpy(pname[i+1],t);
                }
            }
```

```
        for(i=0; i<N; i++)  puts(pname[i]);        //输出字符串
        printf("\n");
        return 0;
    }
```

这个例子中 "pname[i]=a[i];" 很好理解：a[i] 是一维数组，是指向字符的指针。由于 pname 是指针数组，pname 也是指针，而且是指向字符指针的指针，因此程序还可利用指向指针的指针变量进行改写。

```
#include<stdio.h>
#include<string.h>
#define N 5
int main()
{
    int i,j;
    char t[20],a[N][20];                    //二维数组存放姓名
    char *pname[10],**p1,**p2;               //指针数组和指向指针的指针变量
    p1=pname;
    for(i=0;i<N;i++)
    {
        *p1=a[i];                            //均指向字符串
        gets(*p1++);                         //输入字符串
    }
    for(j=N-2; j>=0; j--)
    {
        p1=pname;
        p2=p1+1;
        for(i=0; i<=j; i++)
        {
            if(strcmp(*p1,*p2)>0)            //比较大小
            {
                strcpy(t,*p1);               //交换字符串
                strcpy(*p1,*p2);
                strcpy(*p2,t);
            }
            p1++;p2++;
        }
    }
    for(p1=pname,i=0; i<N; i++) puts(*p1++); //输出字符串
    printf("\n");
    return 0;
}
```

## 4.5  动态内存分配

数组必须 "先定义，后使用"，也就是数组的维数和每维的长度必须是常数，对应数据单元是在程序编译阶段确定的，这就限制了数组的应用。C 语言提供了动态内存分配函数，允许

程序在运行期间进行内存数据单元的分配、使用和释放（回收），并且数组可以应用类似的方式访问这些数据单元，克服数组数据单元在编译阶段分配不足的缺点。动态内存分配是通过库函数实现的，主要有 malloc、calloc、realloc 和 free 4 种函数。

函数原型描述函数的信息包括：函数名、函数返回值所属数据类型、函数参数个数及其类型，其形式如

《数据类型符》《函数名》（└《数据类型符 1》└《参数名 1》┘┘，《数据类型符 2》└《参数名 2》┘┘ⁿ）

如 double sin(double) 或 double sin(double x)表示函数名为 sin，其需要一个双精度参数，调用该函数后可获得一个双精度的值。可以看出，函数原型是函数之间联系的接口。有关函数功能需要另外描述说明。

动态内存分配函数还涉及 void 空数据类型，其具有以下含义。

（1）void《函数名》（…）表示调用函数后没有返回值。这也是 C 语言函数与数学函数的不同之处（数学函数必须有因变量和返回值）。

（2）void《*函数名》（…）表示调用函数后返回一个指针值，但该指针的指向性质待定，也就是该指针在后续应用中可根据应用需要进行强制类型转换。

（3）在函数参数中，《数据类型符》《函数名》（void《*参数名 1》└，《数据类型符 2》└《参数名 2》┘┘ⁿ）表示需要一个指针类型参数（参数名 1），该指针类型待定，可在后续应用中进行强制类型转换。

有了函数原型和 void 空数据类型概念，则可以理解动态内存分配的库函数。

### 1. malloc 函数

malloc 函数的表示形式为

```
void *malloc(unsigned size)
```

在程序运行期间，可在内存中开辟（分配）size 字节的连续空间，并返回该数据空间的首地址（即空类型指针）。

### 2. calloc 函数

calloc 函数的表示形式为

```
void *calloc(unsigned n, unsigned size)
```

在程序运行期间，可在内存中开辟（分配）n 个数据单元，每个数据单元为 size 字节的连续空间，返回值为该空间的首地址（空类型指针）。

### 3. realloc 函数

realloc 函数的表示形式为

```
void *realloc(void *p, unsigned int size)
```

在程序运行期间，由 calloc 函数或 malloc 函数分配的连续数据空间首地址为 p（空类型指针），指向的连续数据空间改为 size 字节。由于数据空间大小的变化，因此常引起该空间中数据的丢失。

### 4. free 函数

free 函数的表示形式为

```
void free(void *p)
```

释放 p（空类型指针）指向的数据空间，而且该内存空间由 calloc 或 malloc 分配。只有 free 以后，动态分配的数据空间才能被回收再利用。另外，free 无返回值。

以上的数据空间首地址均为 void* 类型的指针，即不指向任何类型，因此使用前需要强制类型转换。动态内存分配函数均需要程序包含 malloc.h 头文件。

**例 4.32** 从键盘输入要排序的 *n* 个整数，并按从小到大排序（起泡排序算法）。

```
#include<malloc.h>
#include<stdio.h>
int main()
{
    int *a,i,j,n,t;                         //定义变量
    printf("输入参加排序整数的个数：");
    scanf("%d",&n);                         //排序的个数
    a=(int *)calloc(n,sizeof(int));         //相当于形成一维数组
    printf("输入%d 个整数:\n",n);
    for(i=0;i<n;i++)  scanf("%d",&a[i]);    //输入 n 个整数
    for(j=n-2; j>=0; j--)                   //起泡排序
        for(i=0; i<=j; i++)
        {
            if(a[i]>a[i+1])
            {
                t=a[i];
                a[i]=a[i+1];
                a[i+1]=t;
            }
        }
    puts("Output the sorted integers:");
    for(i=0;i<n;i++)  printf(" %d",a[i]);
    printf("\n");
    free((void *)a);                        //释放开辟的空间
    return 0;
}
```

运行结果：

```
输入参加排序整数的个数：5
输入 5 个整数：
2 4 1 5 3↵（回车）
Output the sorted integers:1 2 3 4 5
```

若不使用 free 函数释放开辟的数据空间，则在程序执行结束后也会自动释放，但使用数据空间后，若不及时释放回收，则会导致内存资源的浪费。可以定义 viod 空类型的指针变量，如

```
void *p;
```

即指针变量 p 存放一个地址，但并未说明是指向何种数据类型的变量。当要使用 p 值时，再做强制类型转换。

例4.33 输入 n 名学生，每名学生选修 3 门课，求每名学生的平均成绩。

```c
#include<malloc.h>
#include<stdio.h>
int main()
{
    int i,j,n,t;
    float *av;                          //定义指向平均成绩的指针变量
    typedef float SC[3];                //定义 float 型的一维数组类型
    SC *ps;                             //定义指向 SC 类型的指针变量
    scanf("%d",&n);                     //学生数
    ps=(SC *)malloc(n*sizeof(SC));          //n 名学生的所有课程的成绩
    av=(float *)malloc(n*sizeof(float));    //n 名学生的课程的平均成绩
    for(i=0;i<n;i++)                    //所有学生
        for(j=0;j<3;j++)               //所有课程的成绩
            scanf("%f",&ps[i][j]);     //第 i 名学生，第 j 门课程
    for(i=0;i<n;i++)                    //所有学生
    {
        av[i]=0;                       //第 i 名学生的平均成绩
        for(j=0;j<3;j++)               //所有课程的成绩
        av[i]+=ps[i][j];               //第 i 名学生，第 j 门课程
        av[i]/=3;
    }
    for(i=0;i<n;i++)                    //所有学生
            printf("%6.2f",av[i]);     //第 i 名学生的平均成绩
    printf("\n");
    free((void *)ps);                  //释放开辟的空间
    free((void *)av);                  //释放开辟的空间
    return 0;
}
```

运行结果：

```
3↵（回车）
60 70 80↵（回车）
80 70 60↵（回车）
60 80 70↵（回车）
 70.00
 70.00
 70.00
```

学生数n是可变的，在程序运行时，根据n的值分配学生课程成绩数据单元，并由指针 ps 指向这个连续数据单元的首地址。由于 ps 指向的一维数组类型 SC 的数据单元，即 ps 相当于二维数组的数组名（所不同的是 ps 为变量）。可以看出，行数 n 可在程序运行中根据实际需要输入，因此行数是可变的。

例4.34 方阵转置。

```c
#include<malloc.h>
#include<stdio.h>
```

```
int main()
{
    int i,j,n,t;
    int * fz;                            //指向方阵的指针变量
    scanf("%d",&n);                      //方阵大小
    fz=(int *)malloc(n*n*sizeof(int));   //n 行 n 列
    for(i=0;i<n*n;i+=n)                  //第 i 行
        for(j=i;j<i+n;j++)               //第 j 列
            scanf("%d",&fz[j]);          //第 i 行第 j 列元素
    for(i=0;i<n*n;i+=n)                  //第 i 行
        for(j=i+i/n;j<i+n;j++)           //第 j 列
        {
            t=fz[j];                     //第 i 行第 j 列元素
            fz[j]=fz[(j-i)*n+i/n];       //第 j 行第 i 列
            fz[(j-i)*n+i/n]=t;
        }
    for(i=0;i<n*n;i+=n)                  //第 i 行
    {
        printf("\n");
        for(j=i;j<i+n;j++)               //第 j 列
        printf("%5d",fz[j]);             //第 i 行第 j 列元素
    }
    printf("\n");
    free((void *)fz);                    //释放开辟的空间
    return 0;
}
```

运行结果：

```
3 ↵（回车）
1  2  3↵（回车）
4  5  6↵（回车）
7  8  9↵（回车）
        1    4    7
        2    5    8
        3    6    9
```

方阵用二维数组存储，共有 n*n 个元素。在程序中定义指针变量 fz 指向一维数组。由于二维数组的存储形式按行顺序存储，因此用一维数组的数据单元表示二维数组。二维数组第 i 行第 j 列元素下标对应一维数组元素下标为 j（其中 i=0,n−1,…,n*n−1，j=i+0,i+2,…,i+n−1），此时第 j 行第 i 列对应一维数组的下标为(j−i)*n+i/n。为了避免两次转置，列下标从 i+1 开始。

## 本章小结

数据类型是数据共有的性质，决定数据单元大小、数据精度及操作运算等。除整型、浮点型和字符型等基本数据类型外，还可以根据需要进行构建，产生新的数据类型，即构造数据类型或称自定义数据类型。所谓构造数据类型就是根据数据类型构造原则和已有的数据类型来自定义数据类型。已有的数据类型可以是基本数据类型或构造数据类型，因此构造数据类型也是

递归定义的。本章中涉及的构造数据类型包括指针数据类型、数组数据类型。

　　指针是与计算机内存紧密相关的概念，计算机内存单元按线性连续编址。在程序中定义变量 a，内存中就有数据单元，也就有相应的地址，该地址在程序中称为变量的指针。在指针使用过程中，只关心指针的存在，不关心指针的值，因此 C 语言提供取地址运算符"&"用于获取变量指针&a。变量的指针&a 是常量，称该指针&a 指向变量 a。指针可用指针变量 p 进行保留和运算，该指针变量 p 称为指向变量的指针变量。变量 a 与指针变量 p 就建立了指向关系，即指针变量指向变量。对变量取值或赋值称为对变量直接访问，如"a=10,p=&a;"都是直接访问，即直接访问 a 和 p，而通过指针（包括指针变量）对变量取值或赋值称为间接访问，而间接访问必须通过指针的指向运算符"*"才能进行，如"*(&a)=10,*p=10"都是间接访问，即通过指针&a 和指针变量 p（对 p 是直接访问）间接访问 a。指针变量 p 也有指针&p，同样可以定义保留该指针的指针变量 pp，称为指向指针变量的指针变量，通过**pp 也可间接访问 a。相对 a 而言，p 为 a 的一级指针，pp 为 a 的二级指针。指针变量可以递推定义多级，可见指针变量是变量，具有变量的访问等基本特性。指针可以进行算术运算，如"+""-""++""--"，其表示以数据单元的个数为单位进行指向的改变。取地址运算符"&"和指向运算符"*"为单目运算符且优先级 2 级，是左结合性的运算符。由于指针指向以数据单元为单位，因此定义指针变量时必须指明数据类型，以限定指针指向单元的大小。

　　数组是具有相同数据类型的变量集合，数组中的变量称为数组元素。在定义数组时，可以全部或部分对数组元素依次进行初始化。对数组的访问有直接访问和间接访问，也称下标法访问和指针法访问。对于一维数组 a，长度为 N，下标 i 取值为 0,1,…,N-1，数组元素 a[i]表达了直接访问。一维数组涉及的指针&a[i]，数组名 a 是数组的首地址，也是指针。a 与&a[i]一样，都是指向数组元素的，因此对数组元素 a[i]的间接访问为*(a+i)或*(&a[i])。通过定义指向变量的指针变量 p，并且"p=a+i"，或"p=&a[i]"，使得指针变量 p 指向一维数组第 i 个元素，也可称 p 指向一维数组 a。由于一维数组数元素对应数据单元在内存中是线性连续存储的，因此下标 i 或指针变量 p 的算术运算标识不同的数据单元，下标 i 或指针变量 p 的连续变化可以直接或间接访问数组元素。

　　n 维数组 a[N1][N2]…[Nn]是一维数组 a[N1]（注：N 表示长度，数字表示第几维），其每个元素 a[i1]均是 n-1 维数组（注：i 表示下标，数字表示第几维），这也是递归定义。只有数组元素 a[i1][i2]…[in]在内存中才有相应的数据单元，对于一维数组元素 a[i1]只是一个逻辑单元，代表 n-1 维数组。通过下标法 a[i1][i2]…[in]可直接访问数组元素，也可通过指针法访问数组元素。对于 n 维数组，有以下指针："a+i1""&a[i1]"为指向 n-1 维数组的指针；"*(a+i1)+i2""&a[i1][i2]"为指向 n-2 维数组的指针；以此类推，"*(…*(*(a+i1)+i2)…)+in""&a[i1][i2]…[in]"为指向数组元素"a[i1][i2]…[in]"的指针。可以定义相应的指针变量保留相应的指针："(*p1)[N2]…[Nn]"为指向 n-1 维数组的指针变量，即"p1=a+i1"或"p1=&a[i1]"；"(*p2)[N3]…[Nn]"为指向 n-2 维数组的指针变量，即"p2=*(a+i1)+i2"或"p1=&a[i1][i2]"；以此类推，*pn 为指向 n 维数组元素的指针变量，即"pn=*(…*(*(a+i1)+i2)…)+in"或"pn=&a[i1][i2]…[in]"。

　　对于二维数组 a[N1][N2]，第一维称为行，第二维称为列。数组名 a 和指针变量(*p1)[N2]是指向行的指针，因此"p1=a+i1"表示第 i1 行的指针，即指针 a 或 p1 的指向是以行为单位的（数组元素个数为 N1 的一维数组）。a[i1]和 p2 指向二维数组元素的指针（a[i1]相当于数组元素个数为 N2 的一维数组数组名），因此"p2=a[i1]+i2""p2=*p1+i2""p2=*(a+i1)+i2""p2=&a[i1][i2]"表示第 i1 行第 i2 列元素的指针，即指针 a[i1]或 p2 的指向是以二维数组元素为单位的。下标法 a[i1][i2]直接访问第 i1 行第 i2 列元素。指针法"*p2""*(*(a+i1)+i2)""*(a[i1]+i2)""*(&a[i1][i2])"间接访问第 i1 行第 i2 列元素。

指针是一种数据类型，根据指针类型也可以定义数组，称为指针数组，即数组元素是指针变量，如*ps[N]为长度为 N 的一维指针数组，即数组元素 ps[i]为指针变量，可保留其他变量的指针。数组名 ps 又是指针，对于其他变量而言，ps 就是二级指针。指针数组具有数组的一般特性，可方便对数据进行批量处理，又可保留指针，因此常作为批量数据的索引。

在 C 语言中有字符串常量，没有字符串数据类型，也就没有字符串变量，但可用一维字符型数组保留字符串常量。由于关心字符串的有效长度，因此保留字符串的字符数组需要足够大，并以'\0'作为字符串结束标记。通过字符型数组的处理方法或针对字符串的处理函数可实现对字符串的比较、复制及连接等处理。

数组必须"先定义，后使用"，也就是数组的数据类型、维数和每维长度必须在程序中指定，以便在程序编译阶段为其分配数据单元，在一定程度上也限制了数组的应用。动态内存分配和撤销函数可以在程序运行阶段分配和撤销连续数据单元，等同于在程序运行期间动态生成和管理一维数组。通过数据类型的强制转换，或直接计算指针或下标的方式，可作为多维数组使用。

void 空类型也是基本数据类型，作为函数返回值类型，表示该函数没有返回值；作为变量类型，表示变量的具体类型待定（void 空类型除外的其他类型），在实际应用中，需要进行强制类型转换，这样变量才有意义且才可以使用。

## 习题 4

1. 基本概念解释。
   批量数据存储方式、数组、下标、指针、指针变量。
2. 在一维数组中找出最大的数，并与第一个数交换，然后输出数组中所有的元素。分别用数组下标法、指针法处理。
3. 对一维数组元素逆序存放，然后输出数组元素。分别用数组下标法、指针法处理。
4. 已知数组中若干整数从小到大排序，现插入一个数后，保持数组的顺序性不变。分别用数组下标法、指针法处理。
5. 已知两个数组元素均从小到大排序，合并两个数组后，仍保持新数组的元素有序性不变。分别用数组下标法、指针法处理。
6. 用选择法对一维数组元素按照从大到小排序。分别用数组下标法、指针法处理。
7. 对同一个 4×4 二维数组进行转置，如

$$\text{转置前：}\begin{pmatrix}1 & 2 & 3 & 4\\5 & 6 & 7 & 8\\9 & 10 & 11 & 12\\13 & 14 & 15 & 16\end{pmatrix} \quad \text{转置后：}\begin{pmatrix}1 & 5 & 9 & 13\\2 & 6 & 10 & 14\\3 & 7 & 11 & 15\\4 & 8 & 12 & 16\end{pmatrix}$$

   分别用数组下标法、指针法处理。
8. 从键盘输入一个字符串，统计其中英文字母、数字及空格的个数。分别用数组下标法、指针法处理。
9. 把一个字符串中的所有元音英文字母都去掉，然后输出字符串。分别用数组下标法、指针法处理。
10. 用选择法实现对 10 个英文单词按字典中的顺序排序。分别用数组下标法、指针法处理。

# 第 5 章

# 构造类型数据（二）

构造数据类型是根据描述问题的需要而构造的，并以此数据类型定义变量、数组等，方便存储和管理问题的相关数据。除数组数据类型与指针数据类型外，构造数据类型还包括结构体数据类型、共用体数据类型和枚举数据类型等。本章重点掌握结构体数据类型、共用体数据类型和枚举数据类型及其数据的定义与访问方式。

## 5.1 结构体类型数据

数组属于构造数据类型，其每个元素都属于同一种数据类型，也就意味着所有元素具有相同大小的数据单元。由于有些数据集合（如学生记录包括姓名、学号、年龄、性别及成绩等数据项）分别属于不同数据类型，因此不能采用一个数组对数据集合存储与管理。C语言提供了结构体数据类型，能够管理具有不同数据类型的数据。

### 5.1.1 结构体数据类型定义

结构体数据类型（简称结构体类型）是由若干成员组成的构造数据类型，而且结构体类型的成员可以属于不同数据类型，其一般定义形式为

«struct» «结构体类型名» { «成员声明列表» };

其中，"struct"是结构体类型的关键字，"结构体类型名"为自定义标识符，"成员声明列表"由若干成员声明组成，如

«成员声明1» ⌊, «成员声明2»⌋;

而每个"成员声明"形式为

«数据类型符» «成员名1» ⌊, «成员名2»⌋;

其中，"数据类型符"可以是基本类型、数组类型或指针类型等。"成员名"为自定义标识符，其形式如同变量定义、数组定义及指针定义，如

```
struct STU              //构造体类型名
{
    int num;            //学号, 变量成员
    char name[20];      //姓名, 数组成员
    char sex;           //性别, 变量成员
    float score[3];     //3门课的成绩, 数组成员
};
```

其中，"STU"为结构体类型名，该结构体类型包含成员 num、name、sex、score，分别属于 int、char[20]、char、float[3]数据类型。结构体类型成员的声明不是对变量与数组的定义，而只具有声明成员的作用。为了便于交流，结构体类型成员分为变量成员和数组成员，num 和 sex 称为变量成员（只是形式如同变量定义），而 name 和 score 称为数组成员（只是形式如同数组定义）。

需要注意：构造数据类型（包括结构体类型）是对数据的抽象表示，即没有数据单元（如同 int、float 没有数据单元），只有定义变量、数组后才有相应的数据单元，才能存储数据（如同由 int、float 定义的变量）。

### 5.1.2 结构体类型变量与数组

#### 1. 结构体类型变量与数组的定义

结构体类型变量与数组（简称结构体变量、数组）有以下 3 种定义形式。

（1）先定义结构体类型，再定义结构体变量、数组，形式为

«struct» «结构体类型名» «变量名列表»⊥«数组名列表»；

其中，"变量名列表"由多个变量名构成：«变量名 1»⌊，«变量名 2»ʃᵖ；而"数组名列表"由多个数组名构成：«数组名 1»⌊，«数组名 2»ʃᵖ。如上述结构体类型 STU 定义为

```
struct STU boy1,boy2,stds[5],*pst;  //变量、数组的定义
```

定义了结构体类型 STU 的变量 boy1、boy2，一维数组 stds 和指向该类型变量的指针变量 pst。注意：当定义结构体类型变量时，struct 不可省略。可用宏定义为结构体类型重命名，如

```
#define STUDENT struct STU          //符号常量的定义
STUDENT                             //结构体类型的定义
{
    int num;                        //学号，变量成员
    char name[20];                  //姓名，数组成员
    char sex;                       //性别，变量成员
    float score[3];                 //3 门课的成绩，数组成员
};
STUDENT boy1,boy2,stds[5],*pst;     //变量、数组的定义
```

也可用语句 typedef 命名结构体类型，如

```
struct STU                          //结构体类型的定义
{
    int num;                        //学号，变量成员
    char name[20];                  //姓名，数组成员
    char sex;                       //性别，变量成员
    float score[3];                 //3 门课的成绩，数组成员
};
typedef struct STU STUDENT;         //重命名
STUDENT boy1,boy2,stds[5],*pst;     //变量、数组的定义
```

（2）在定义结构体类型时，同时定义结构体变量、数组，形式为

«struct» «结构体类型名»
{ «成员声明列表»} «变量名列表»⊥«数组名列表»；

如

```
struct STU                          //结构体类型的定义
{
    int num;                        //学号，变量成员
    char name[20];                  //姓名，数组成员
    char sex;                       //性别，变量成员
    float score[3];                 //3 门课的成绩，数组成员
} boy1,boy2,stds[5],*pst;           //变量、数组的定义
```

（3）在定义结构体数据类型时，同时定义结构体变量、数组，但"结构体类型名"可以省略，其形式为

«struct» { «成员声明列表» } «变量名列表»⊥«数组名列表»;

如

```
struct                              //结构体类型的定义
{
    int num;                        //学号，变量成员
    char name[20];                  //姓名，数组成员
    char sex;                       //性别，变量成员
    float score[3];                 //3 门课的成绩，数组成员
} boy1,boy2,stds[5],*pst;           //变量、数组的定义
```

从结构体类型的定义中可以看出，成员所属的数据类型只要存在就可用于声明其成员，包括在结构体类型定义之前已定义的构造类型，如

```
struct DATE                         //日期，结构体类型
    { int month; int day; int year; };  //月、日、年
typedef char NAME[20];              //姓名，字符数组类型
struct STUDENT
{
    int num;                        //学号，变量成员
    NAME name;                      //姓名，数组成员
    char sex;                       //性别，变量成员
    struct DATE birth;              //日期，变量成员
    float score[3];                 //3 门课的成绩，数组成员
} boy1,boy2,stds[5],*pst;           //变量、数组的定义
```

首先定义结构体类型 DATE，包含 month（月）、day（日）、year（年）3 个成员，通过 typedef 语句定义 NAME 类型。其中，基本类型、DATE 类型、NAME 类型均在定义结构体类型 STUDENT 之前存在，可在定义结构体类型 STUDENT 时用于声明其成员。

有关结构体类型及其变量、数组定义的形式可表达为

«struct»⌊«结构体类型名»⌋
{ «成员声明列表»⌋⌊«变量名列表»⊥«数组名列表»⌋;

即根据应用需要，有些部分可以省略。

**2. 结构体变量的访问**

结构体变量是各变量成员或数组成员的集合，结构体变量中的变量成员或数组成员简称成

员。各成员是有序的（在定义结构体类型时给定的顺序），但各成员所属数据类型往往不相同，意味着各成员对应的数据单元大小也不同。结构体变量名与基本类型变量名具有相同的特性，但不同于数组名（数组名是数组的首地址），因此不能采用下标方式访问结构体变量成员。

（1）结构体变量的直接访问。结构体变量在赋值运算或作为函数参数时，可以不通过成员而以整体方式使用，这个特点与基本类型变量相似。此外结构体变量必须通过结构体成员运算符直接访问各成员，完成对结构体变量的整体访问。结构体变量成员的直接访问形式为

«结构体变量名»«.»«成员名»

该形式为结构体成员的运算表达式，使得结构体变量的成员成为变量（若结构体类型成员为变量成员）或成员数组（若结构体类型成员为数组成员），如

```
boy1.num=10;                    //成员变量
boy1.sex='f';                   //成员变量
strcpy(boy1.name,"Xiao Li");    //成员（字符）数组
boy1.score[0]=86;               //成员数组元素
boy1.score[1]=88;
boy1.score[2]=90;
```

成员运算符（"."）是二元、优先级 1 级、左结合性的运算符。成员变量 boy1.birth 仍为结构体变量，还需要成员运算符进一步直接访问成员，如

```
(boy1.birth).year=1994;   等价于   boy1.birth.year=1994;  //成员变量
(boy1.birth).month=10;    等价于   boy1.birth.month=10;
(boy1.birth).day=12;      等价于   boy1.birth.day=12;
```

在赋值和函数参数的使用上，结构体变量与基本类型变量相同，如

```
boy2=boy1;
```

由于 boy1 与 boy2 属于相同的结构体类型，并且它们各成员及其顺序也相同，因此各成员间一一对应赋值，包括成员数组元素的复制赋值。

例5.1 显示结构体变量的成员变量和成员数组。

```
#include<stdio.h>
int main()
{
    struct DATE                     //日期结构体类型
    { int month, day, year;};       //月、日、年，变量成员
    typedef char NAME[20];          //姓名，字符数组类型
    struct STUDENT                  //学生，结构体类型的定义
    {
        int num;                    //学号，变量成员
        NAME name;                  //姓名，数组成员
        char sex;                   //性别，变量成员
        struct DATE birth;          //日期，变量成员
        float score[3];             //3 门课的成绩，数组成员
    } a;                            //定义结构体变量
    printf("%d=%d+%d+%d+%d+%d\n",   //结构体变量、各成员变量
    sizeof(a), sizeof(a.num),       //成员数组的大小
```

```
    sizeof(a.name), sizeof(a.sex),
    sizeof(a.birth),sizeof(a.score));
    printf("%u,%u,%u,%u,%u,%u,%u \n",        //结构体变量地址
    &a,&a.num,a.name,                         //各成员变量地址
    &a.sex, &a.birth,                         //各成员数组地址
    a.score,a.score+1, a.score+2,);
    return 0;
}
```

运行结果：

```
52=4+20+1+12+12
1245004,1245004,1245008,1245028,1245032,1245044,2145048,2145052
```

　　该程序是在 VC++ 6.0 上运行的。可以看出结构体变量的数据单元的字节数与各成员变量、成员数组的数据单元的字节数之和不相等。这是由于 VC 6.0 对 char 类型变量分配了 4 字节，但只利用第 1 字节为其数据单元。结构体变量名不同于数组名，结构体变量的指针需要通过地址获取（与基本类型变量相同）。结构体变量的各成员变量、成员数组的指针也显示各成员变量、成员数组的有序性，而且地址之差是对应数据单元的字节数。在不同环境下运行该程序，地址的数值（指针）可能不相同，但描述各成员变量、成员数组顺序性和规律性是相同的（如图 5.1 所示）。

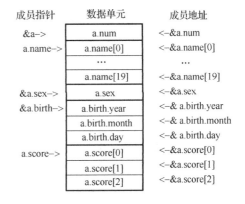

图 5.1　成员指针、数据单元与成员地址

　　**例 5.2**　输入一组学生的学号、姓名、性别、出生日期及 3 门课的成绩，输出这组学生信息和平均成绩。

```
#include<stdio.h>
#include <string.h>
struct DATE                          //日期，结构体类型
    { int month, day, year; };
typedef char NAME[20];               //姓名，字符数组类型
struct STUDENT                       //学生，结构体类型的定义
{
    int num;                         //学号，变量成员
    NAME name;                       //姓名，数组成员
    char sex;                        //性别，变量成员
    struct DATE birth;               //日期，变量成员
    float score[3];                  //3 门课的成绩，数组成员
} ;
int main()
{
    struct STUDENT st,sts[2];        //结构体变量、数组
    float average;
    int i;
    for(i=0;i<2;i++)
        {
```

```
        scanf("%d",&st.num);                  //各结构体成员变量、数组赋值
        gets(st.name);
        scanf("%c",&st.sex);
        scanf("%d%d%d",&st.birth.year,&st.birth.month,&st.birth.day);
        scanf("%f%f%f",&st.score[0],&st.score[1],&st.score[2]);
        sts[i]=st;                            //结构体变量间的赋值
    }
    printf("No.\tName\t Sex\t Birthday\t Score1\t Score2\t Score3\t Average\n");
    for(i=0;i<2;i++)
    {
        average= (sts[i].score[0]+sts[i].score[1]+ sts[i].score[2])/3;
                                              //平均成绩
        printf("%d\t%s\t%c\t\t%d.%d.%d\t%.1f\t%.1f\t%.1f\t%.1f\n",
        sts[i].num,sts[i].name,sts[i].sex,          //各成员变量、数组
        sts[i].birth.year, sts[i].birth.month, sts[i].birth.day,
        sts[i].score[0], sts[i].score[1], sts[i].score[2],average);
    }
    return 0;
}
```

运行结果：

```
1 Xiao Li↵（回车）
M 1990 12 24 89 90 87↵（回车）
2 Xiao Wu↵（回车）
F 2000 12 21 89 87 90↵（回车）
No.   Name    Sex  Birthday    Score1  Score2  Score3  Average
1     Xiao Li  M    1990.12.24  89.0    90.0    87.0    88.6
2     Xiao Wu  F    2000.12.21  89.0    87.0    90.0    88.6
```

结构体类型也可以在 main 函数外定义。在定义结构体类型 struct STUDENT 后，定义结构体变量 st 和数组 sts，系统分配结构体变量的各成员变量及数组、结构体数组元素的各成员变量及数组的数据单元。在第 1 个 for 语句中，对结构体变量 st 的各成员变量、数组赋值。结构体数组元素 sts[i]也是结构体变量，通过赋值语句"sts[i]=st;"给结构体数组元素赋值。实际上，这种结构体变量的赋值是结构体变量的各成员之间一一对应的赋值。这样可以进一步看到结构体变量名与数组名的不同，以及结构体变量与数组的不同。

例 5.3　建立同学通讯录。

```
#include <stdio.h>
#define NUM 3
struct mem                              //结构体类型
    { char name[20], phone[10];};       //姓名与电话成员
int main()
{
    struct mem man[NUM];                //结构体数组
    int i;
    for(i=0;i<NUM;i++)
    {
```

```
        printf("name:");
        gets(man[i].name);                    //直接访问成员
        printf("phone:");
        gets(man[i].phone);                   //直接访问成员
    }
    printf("name\t\t\tphone\n");
    for(i=0;i<NUM;i++)
        printf("%s\t\t\t%s\n",man[i].name,man[i].phone);
    return 0;
}
```

运行结果：

```
name:Xiao Li↵（回车）
phone:1360001111↵（回车）
name:Xiao Zhao↵（回车）
phone:133000222↵（回车）
name:Xiao Zhang↵（回车）
phone:139000333↵（回车）
name                         phone
Xiao Li                      1360001111
Xiao Zhao                    1330002222
Xiao Zhang                   139000333
```

数组 man 的元素是结构体变量，通过成员运算符直接访问各成员，即访问 name 和 phone 两个字符数组中的各成员。

例 5.4　对分数数列 $\{a_i/b_i|i=0,1,2,\cdots,N,\ a_i,b_i$ 是整数 $\}$ 从小到大排序。

采用结构体类型 struct FRACTION"{int a,b;};" 表示分数，其中变量成员 a 和 b 分别表示分子和分母。在比较分数时需要进行除运算，并运用除运算结果比较大小。排序算法有很多种，此例采用选择排序算法，即 $i$ 从 0 开始到 $N$ 逐项进行比较，默认当前项 $a_i/b_i$ 最小，并将当前项依次与其他项 $a_j/b_j$（$j=i+1,i+2,\cdots,N$）进行比较。若 $a_i/b_i>a_j/b_j$，则默认当前项最小是错误的，需要对换两项进行修正，保证第 $i$ 位置上是当前最小的。

```
#include <stdio.h>
#define N 5
typedef struct {int a,b;} FRACTION;          //结构体的类型定义、命名
void main()
{
    int i,j;                                  //下标
    FRACTION fs[N],tem;                       //分数数组、分数变量
    for(i=0;i<N;i++)                          //输入每个分数
        scanf("%d/%d",&fs[i].a,&fs[i].b);     //输入分子、分母和符号"/"
    for(i=0;i<N-1;i++)                        //当前项 i
        for(j=i+1;j<N;j++)                    //i 后的其他项 j
    if((float)fs[i].a/fs[i].b>(float)fs[j].a/fs[j].b)   //比较
        {tem=fs[i];fs[i]=fs[j];fs[j]=tem;}   //互换
    for(i=0;i<N;i++)                          //输出每一项
        printf("%d/%d    ",fs[i].a,fs[i].b); //输出分子/分母
```

```
    printf("\n");
}
```

运行结果：

```
3/4  1/2  5/6  3/2  6/5↵（回车）
1/2  3/4  5/6  6/5  3/2
```

通过语句 typedef 给无结构体类型名的结构体类型命名为 FRACTION，用于表示分数。定义长度为 N 的一维结构体类型数组 fs 表示分数数列，即数组元素 fs[i] 为结构体类型变量，表示 1 个分数。在 scanf 函数中，输入每个结构体类型元素的两个成员变量 fs[i].a 与 fs[i].b，而符号 "/" 为普通字符，需原样输入。在进行比较运算时，采用 float 强制类型转换，以免相除的结果取整，导致失去比较结果的真实性。结构体类型变量是变量，数组元素 fs[i] 与 fs[j] 也是变量，因此通过赋值运算可以完成两个数组元素值（对应成员变量值）的互换（如图 5.2 所示）。上述程序的性能较差，主要存在数组元素大量对换的缺点，可改写为以下程序。

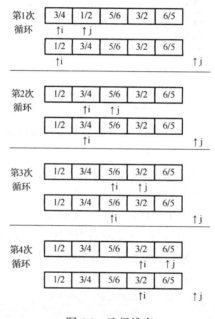

图 5.2　选择排序

```
#include <stdio.h>
#define N 5
//结构体类型定义、命名
typedef struct {int a,b;} FRACTION;
void main()
{
    int i,j,r;                                  //下标
    FRACTION fs[N],tem;                         //分数数组、分数变量
    for(i=0;i<N;i++)                            //输入每个分数
    scanf("%d/%d",&fs[i].a,&fs[i].b);           //输入分子、分母和符号"/"
    for(i=0;i<N-1;i++)
    {
```

```
        r=i;                                              //当前最小值的位置
        for(j=i+1;j<N;j++)
            if((float)fs[r].a/fs[r].b>(float)fs[j].a/fs[j].b)   //比较
                r=j;                                      //修正当前最小值的位置
        if(i!=r)                                          //当前最小值的位置发生变化
            {tem=fs[r];fs[r]=fs[i];fs[i]=tem;}            //互换
    }
    for(i=0;i<N;i++)                                      //输出每一项
        printf("%d/%d  ",fs[i].a,fs[i].b);                //输出分子/分母
    printf("\n");
}
```

该程序中，当前默认最小值的位置 i 从 0 开始。通过变量 r 记住当前最小值的位置（r=i），并与其他位置（j=i+1,…,n-1）的分数进行比较。若当前位置 r 的最小值大于其他位置 j 的值，则修改当前最小值的位置（r=j）。最后判断当前最小值的位置是否改变（i!=r），进而决定是否进行数组元素的互换。

（2）结构体变量的初始化。数组由属于同一种数据类型的元素构成，每维数组对应若干逻辑单元或最后一维数组对应物理单元。在初始化时，每维数组对应一个花括号"{}"。结构体变量由不同数据类型的成员列表构成，每个成员列表对应若干逻辑单元或物理单元。在初始化时，结构体变量的每个成员列表对应一个花括号"{}"。也就是就，结构体变量的初始化与数值的初始化形式相同，只是成员的类型不同而已。设有如下结构体类型。

```
struct DATE{ int month, day, year; };     //日期，结构体类型，变量成员
typedef char NAME[20];                     //姓名，字符数组类型
struct STUDENT
{
    int num;                               //学号，变量成员
    NAME name;                             //姓名，数组成员
    char sex;                              //性别，变量成员
    struct DATE birth;                     //日期，变量成员
    float score[3];                        //3 门课的成绩，数组成员
} ;
```

① 所有成员的初始化，如

```
struct STUDENT a={ 110,"Xiao Li",'m',{ 12,22,1999},{98,90,87}};
struct STUDENT b[2]={{ 110,"Xiao Li",'m',{ 12,22,1999},{98,90,87}},
                     {114,"Xiao zhang",'f',{ 10,21,2000},{87,86,89}}};
```

即 a 的成员 num、name、sex 和 birth.month、 birth.day、birth.year 及 score[0]、score[1]、score[2] 的初值依次为 110,"Xiao Li",'m', 22,12, 1999,98,90,87。b[1]的成员 num、name、sex 和 birth.month、birth.day、 birth.year 及 score[0]、score[1]、score[2]的初值依次为 114,"Xiao zhang",'f',2000, 10,21,87,86,89。

由于结构体变量成员的数据单元具有连续性，因此上述初始化等价于

```
struct STUDENT a={ 110,"Xiao Li",'m', 12,22, 1999,98,90,87};
struct STUDENT b[2]={{110,"Xiao Li",'m', 12,22, 1999,98,90,87},
                     {114,"Xiao zhang",'f', 10,21, 2000,87,86,89}};
```

```
struct STUDENT b[2]={110,"Xiao Li",'m', 12,22, 1999,98,90,87,
                     114,"Xiao zhang",'f',10,21,2000,87,86,89};
```

也就是常数依次存储相应的数据单元。

② 部分成员的初始化，如

```
struct STUDENT a={110,"Xiao Li",'m',{ 12,1999}};
struct STUDENT b[2]={{110,"Xiao Li",'m',{ 12,1999}}};
```

由于结构体变量成员的数据单元具有连续性，上述初始化等价于

```
struct STUDENT a={110,"Xiao Li",'m',12,1999};
struct STUDENT b[2]={110,"Xiao Li",'m',12,1999};
```

即 a 的成员 num、name、sex 和 birth.year、birth.month 的初值依次为 110,"Xiao Li",'m',1999,12，其他成员系统自动初始化为 0。对于数组 b 和 b[0]的成员 num、name、sex 和 birth.year 的初值依次为 110,"Xiao Li",'m',1999,12，其他成员初始化为 0，而系统自动地将 b[1]的数值型（整型或浮点型）成员初始化为 0，将字符串和字符成员初始化为'\0'，将指针成员初始化为 NULL。实际上，3 种初始化的值都是 0，只是数据类型不同。这种部分元素的初始化只能从第一个成员开始依次进行，不可能出现靠前成员没有初始化，而后出现的成员初始化的情况，如

```
struct STUDENT a={,"Xiao Li", ,{1999,12}};
struct STUDENT b[2]={,{114,"Xiao zhang",'f',2000,10,21,87,86,89}};
```

是错误的，不可能通过编译。

**例 5.5** 计算学生的平均成绩并统计不及格的人数。

```
#include<stdio.h>
struct stu                      //结构体类型定义，变量成员：学号、姓名、性别、成绩
    { int num; char *name, sex; float score;};
int main()
{
    struct stu boy[5]={            //结构体数组定义、初始化
                {101,"Li ping",'M',45},        //数组元素初始化
                {102,"Zhang ping",'M',62.5},
                {103,"He fang",'F',92.5},
                {104,"Cheng ling",'F',87},
                {105,"Wang ming",'M',58},
                    };
    int i,c=0;
    float ave,s=0;
    for(i=0;i<5;i++)
    {
        s+=boy[i].score;                //直接访问成员变量，累加成绩
        if(boy[i].score<60) c+=1;       //统计不及格人数
    }
    printf("s=%.2f\n",s);               //输出总成绩
    ave=s/5;                            //平均成绩
    printf("average=%.2f\ncount=%d\n",ave,c);   //输出平均成绩、不及格人数
    return 0;
}
```

运行结果：

```
s=345.00
average=69.00
count=2
```

定义结构体数组 boy，该数组共有 5 个元素并对其进行初始化。初始化是按数组的顺序及每个数组元素的结构体成员的顺序进行的。注意：结构体变量成员 name 是指向字符的指针变量成员，对其初始化为字符串常量，name 也可改为字符数组成员，即 name[20]。

（3）结构体变量的间接访问。有了结构体类型就可以定义结构体变量；有了结构体变量就有了数据单元及其地址（指针）；有了结构体类型也就可以定义指向结构体变量的指针变量（简称结构体指针变量）。结构体指针变量的定义一般有两种形式，分别为

```
struct «结构体类型名» «*结构体指针变量名»
«重命名的结构体类型名» «*结构体指针变量名»
```

其中，"结构体类型名"是用户自定义的结构体类型标识符，"重命名的结构体类型名"是预处理命令#define 或重命名语句 typedef 重命名的结构体类型的标识符，而"结构体指针变量名"是用户自定义的标识符，如

```
#define STUDENT struct STU
STUDENT
{
    int num;          //学号，变量成员
    char name[20];    //姓名，数组成员
    char sex;         //性别，变量成员
    float score[3];   //3 门课的成绩，数组成员
};
STUDENT st,*pstu;     //定义结构体变量和结构体指针变量，如图 5.3 所示。
```

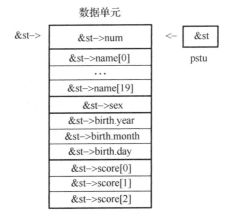

图 5.3　定义结构体变量和结构体指针变量

结构体指针变量是指针变量，与前面讨论的各类指针变量相同。结构体指针变量也必须先赋值，明确指向后才能使用，如

```
pstu=&st;
```

pstu 指向结构体变量 st。注意：把结构体变量的指针赋给指向结构体变量的指针变量，不是把结构体类型名或结构体类型的指针赋给指针变量，如

```
pstu=&STUDENT;
```

是错误的。由于数据类型是变量的抽象，因此它没有数据单元，也就没有指针。

结构体变量间接访问的一般形式为

```
(*«结构体指针»)«.»«成员名»
```

或为

```
«结构体指针» «->» «成员名»
```

其中，"结构体指针"可以是结构体变量的指针，或已赋值的指向结构体的指针变量。"*"是指向运算符，"."是结构体成员运算符，"->"是结构体指针指向成员的指向运算符。"(*&a).num""(*pstu).num""pstu->num"三者均表示对结构体变量的间接访问且都是合法的。

指向成员运算符"->"的优先级为 1 级，具有左结合性。注意："(*pstu)"的圆括号不可省略，因为成员运算符"."的优先级高于指向运算符"*"，因此"*pstu.num"等价于"*(pstu.num)"，但含义与"(*pstu).num"不同。

注意：指向结构体的指针用到两个指向运算符："*"与"->"，"*"指向整体，"->"指向部分。

**例** 5.6  输入一组学生的学号、姓名、性别、出生日期及 3 门课的成绩，输出这组学生信息和平均成绩。

```
#include<stdio.h>
#include <string.h>
#define STUDENT struct STU
struct DATE                       //日期结构体类型
    { int month, day, year; };
typedef char NAME[20];            //姓名，字符数组类型
STUDENT                           //学生，结构体类型的定义
    {
        int num;                  //学号，变量成员
        char name[20];            //姓名，数组成员
        char sex;                 //性别，变量成员
        struct DATE birth;        //出生日期，变量成员
        float score[3];           //3 门课的成绩，数组成员
    };
    int main()
    {
        STUDENT st,sts[2],*p,*ps;   //结构体变量、数组、指针变量
        float average;
        p=&st;                      //指向结构体变量
        for(ps=sts;ps<sts+2;ps++)   //指向一维数组元素
            {
                scanf("%d",&st.num);    //各结构体成员变量、数组赋值
                gets(st.name);
                scanf("%c",&st.sex);
```

```
            scanf("%d%d%d",&st.birth.year,&st.birth.month,&st.birth.day);
            scanf("%f%f%f",&st.score[0],&st.score[1],&st.score[2]);
            *ps=*p;                        //间接访问结构体变量和元素
        }
        printf("No.\tName\t Sex\t Birthday\t Score1\t Score2\t Score3\t
                Average\n");
        for(ps=sts;ps<sts+2;ps++)
        {
            average= (ps->score[0]+ps->score[1]+ ps->score[2])/3;
                                           //平均成绩
            printf("%d\t%s\t%c\t\t%d.%d.%d\t%.1f\t%.1f\t%.1f\t%.1f\n",
            ps->num,ps->name,ps->sex,                //各成员变量、数组
            ps->birth.year, ps->birth.month, ps->birth.day,
            ps->score[0], ps->score[1], ps->score[2],average);
        }
    return 0;
}
```

该程序的运行结果与例 5.2 相同。结构体指针变量 p 指向结构体变量 st，对于 st 成员的访问可用 "p->" 成员表示。而 sts 是一维结构体数组的数组名，sts 是数组的首地址，也是指向结构体数组的元素。结构体指针变量 ps 指向结构体变量，可保留数组元素的指针，ps++ 将使指针 ps 指向下一个数组元素。由于指向成员运算符 "->" 的优先级高于取地址运算符 "&"，因此 "&st->num" 等价于 "&(st->num)"。

**例 5.7** 用结构体指针变量输出结构体数组。

```
#include <stdio.h>
struct stu
{ int num; char *name, sex; float score;};       //结构类型的定义
int main()
{
    struct stu boy[5]={                           //结构体数组的初始化
                {101,"Zhou ping",'M',45},         //结构体数组元素的初始化
                {102,"Zhang ping",'M',62.5},
                {103,"Liou fang",'F',92.5},
                {104,"Cheng ling",'F',87},
                {105,"Wang ming",'M',58},
                    };
    struct stu *ps;                               //指向结构体变量的指针变量
    printf("No\tName\t\t\tSex\tScore\t\n");
    for(ps=boy;ps<boy+5;ps++)
        printf("%d\t%s\t\t%c\t%f\t\n",ps->num,    //指针变量指向成员
            ps->name,ps->sex,ps->score);
    return 0;
}
```

运行结果：

```
No      Name         Sex         Score
101     Zhou ping    M           45.000000
102     Zhang ping   M           62.500000
```

| 103 | Liou fang | F | 92.500000 |
| 104 | Cheng ling | F | 87.000000 |
| 105 | Wang ming | M | 58.000000 |

定义结构体类型 st 的一维数组为 boy，并对其进行初始化。定义结构体指针变量 ps 为指向结构体类型 stu 的变量。在 for 语句中，ps 被赋予一维数组 boy 的首地址，然后循环 5 次。ps 在每次循环中，通过指向成员运算符 "–>" 获取 boy 数组元素的各成员值并输出。

注意：结构体指针变量可用来间接访问结构体变量（包括结构体数组元素）的成员，不允许取成员的地址赋给结构体指针变量，下面的赋值是错误的。

```
ps=&boy[1].sex;         //ps 指向结构体变量，&boy[1].sex 指向字符变量，类型不一致
```

而只能是

```
ps=boy;                 //一维数组名为数组首地址，指向结构体变量（数组元素）
```

或者是

```
ps=&boy[0];             //第 0 个数组元素的地址，指向结构体变量
```

**例 5.8** 对分数数列 $\{a_i/b_i | i=0,1,2,\cdots,N$ 且 $a_i$ 与 $b_i$ 是整数$\}$ 从小到大排序。

采用选择排序算法，即 $i$ 从 0 开始到 $N$ 逐项进行比较，默认当前项 $a_i/b_i$ 最小，并依次与其他项 $a_j/b_j$（$j=i+1,i+2,\cdots,N$）进行比较。若 $a_i/b_i > a_j/b_j$，则默认当前项最小是错误的，需要互换两项进行修正，保证第 $i$ 位置上是当前最小项，位置可以用指针表示。

```c
#include <stdio.h>
#include <malloc.h>
typedef struct {int a,b;} FRACTION;            //结构体类型的定义、命名
void main()
{
    int N;                                      //分数的项数
    FRACTION *pi,*pj,*pr;                        //指针变量，表示位置
    FRACTION *fs,tem;                            //指针变量表示分数数列、分数变量
    scanf("%d",&N);                             //分数项数
    fs=(FRACTION*)calloc(N,sizeof(FRACTION));    //分配数列空间
    for(pi=fs;pi<fs+N;pi++)                     //输入每个分数
        scanf("%d/%d",&pi->a,&pi->b);           //输入分子、分母和符号 "/"
    for(pi=fs;pi<fs+N-1;pi++)
    {
        pr=pi;                                  //默认当前最小值的位置
        for(pj=pi+1;pj<fs+N;pj++)
            if((float)pi->a/pi->b>(float)pj->a/pj->b)    //比较
                pr=pj;                          //修正当前最小值的位置
        if(pi!=pr)
            {tem=*pi;*pi=*pr;*pr=tem;}          //对换
    }
    for(pi=fs;pi<fs+N;pi++)                     //输出每一项
        printf("%d/%d   ",pi->a,pi->b);         //输出分子/分母
    free(fs);
    printf("\n");
}
```

运行结果：

```
5↵（回车）
3/4  1/2  5/6  3/2  6/5↵（回车）
1/2  3/4  5/6  6/5  3/2
```

N 为用户输入的数列项数，通过函数 calloc 分配 N 项数列数据单元，即形成一维数组，并将数组命名为 fs（实际上是指针变量保留的首地址）。输入 N 项分数的分子和分母，保留在一维数组 fs 中。利用选择排序算法实现，默认最小值的位置 pi 从数组 fs 头开始，pr 指向的分数默认为当前最小值（pr=pi），在与其他 pj（pj=pi+1,⋯,fs−1）指向分数的比较中，确定是否修正当前最小值的默认位置。若最小值的默认位置发生变化（pi!=pr），则互换最小值的位置 pr 与默认位置 pi 的内容。

## 5.2　共用体类型数据

编译系统为了保证程序中变量、数组元素的数据安全，对不同的变量、数组元素总是分配不同的数据单元，因此导致数据单元中数据不能共享和可能冗余的数据单元浪费内存资源。C 语言提供一种共享内存数据单元的方法，即根据不同的需要，用同一段内存数据单元存放不同类型的数据，或称同一段数据单元在不同阶段保留不同类型的数据。C 语言提供共用体数据类型（简称共用体类型）表示数据单元，形成共用体类型数据。

### 5.2.1　共用体数据类型定义

共用体类型定义的一般形式为

《union》《共用体类型名》{ 《成员声明列表》};

其中，"union"是定义共用体类型的关键字；"共用体类型名"是自定义标识符；"成员声明列表"由若干成员声明组成，其形式为

《成员声明 1》⌊,《成员声明 2》⌉;

而每个"成员声明"的形式为

《数据类型符》《成员名 1》⌊,《成员名 2》⌉;

其中，"数据类型符"可以是基本类型、数组类型或指针类型等；"成员名"为自定义标识符，其形式如同变量定义、数组定义及指针定义，如

```
union data                //共用体类型定义
{
    int n;                //共用体成员声明
    char grade;
    float x;
};
```

其中，data 为共用体类型名，n、grade 和 x 均为共用体类型的成员名，依次属于整型、字符型和浮点型的变量成员。

数据类型没有数据单元，共用体类型的成员与变量定义、数组定义不同，即数据类型没有

数据单元，只是成员的声明形式。只有在定义共用体类型变量与数组后，才有共用体数据单元，即各成员数据单元。可以看出共用体类型的定义形式与结构体类型的定义形式类似，但关键字不同，成员变量与成员数组的关系也不同。

### 5.2.2 共用体类型变量与数组

#### 1. 共用体变量与数组的定义

共用体变量与数组的定义与结构体变量与数组的定义类似，也有 3 种形式。

（1）先定义共用体类型，再定义结构体变量与数组，形式为

```
«union» «共用体类型名» 《变量名列表»⊥«数组名列表»;
```

其中，"变量名列表"由多个变量名构成：«变量名 1»⌊，«变量名 2»⌋*；而"数组名列表"由多个数组名构成：«数组名 1»⌊，«数组名 2»⌋*。如上述共用体类型 data 定义为

```
Union data a,b,*p,s[5];        //共用体变量、数组的定义
```

定义了共用体类型 data 的变量 a、b 和指向共用体变量的指针变量 p 及共用体数组 s。也可应用宏定义，或在重命名语句改为共用体类型名后，再定义共用体变量、数组，如

```
#define DATA union data
union data {int n; char grade; float x; };
DATA a,b,*p,s[5];
```

或

```
union data {int n; char grade; float x; };
typedef union data DATA;
DATA a,b,*p,s[5];
```

（2）在定义共用体类型的同时定义共用体变量与数组，形式为

```
«union» «共用体类型名» { «成员声明列表» } «变量名列表»⊥«数组名列表»;
```

如

```
union data { int n;  char grade; float x; } a,b,*p,s[5];
```

（3）在定义共用体类型的同时定义共用体变量、数组，但没有共用体类型名，形式为

```
«union» { «成员声明列表» } «变量名列表»⊥«数组名列表»;
```

如

```
union { int n;  char grade;  float x; } a,b,*p,s[5];
```

由于没有共用体类型名，因此该类型在其他地方无法再用于定义变量和数组。有关共用体类型及其变量、数组定义形式可表达为

```
«union» ⌊«共用体类型名»⌋
{ «成员声明列表»}⌊«变量名列表»⊥«数组名列表»⌋;
```

即根据应用需要，有些部分可以省略。

## 2. 共用体变量的访问

（1）共用体变量的直接访问。共用体变量也必须"先定义，后使用"。除赋值、作为函数参数、共用体变量直接使用外，其他只能引用共用体变量的变量成员或数组成员，直接访问的一般形式为

《共用体变量名》《.》《成员名》

其中，"."为成员运算符。直接访问的形式是成员运算表达式。

例 5.9　显示共用体的数据单元信息。

```
#include <stdio.h>
int main()
{
    union { int i; float f; char ch[3]; } x;    //定义共用体类型变量
    printf("%u,%u,%u,%u\n",&x,&x.i,&x.f,x.ch);  //显示各成员的指针
    printf("%d,%d,%d,%d\n",                      //显示成员数据单元大小
    sizeof(x),sizeof(x.i),sizeof(x.f),sizeof(x.ch));
    x.i=10;                                      //成员赋值
    x.f=100;
    x.ch[0]='a';
    x.ch[1]='b';
    x.ch[2]='c';
    x.ch[3]='d';
    printf("i=%x,i=%d\n",x.i,x.i);               //显示成员内容
    printf("f=%x,f=%f\n",x.f,x.f);
    printf("ch0=%x,ch0=%c\n",x.ch[0],x.ch[0]);
    printf("ch1=%x,ch1=%c\n",x.ch[1],x.ch[1]);
    printf("ch2=%x,ch2=%c\n",x.ch[2],x.ch[2]);
    return 0;
}
```

运行结果：

```
1245052, 1245052, 1245052, 1245052
4, 4, 4, 3
i=64636261,i=1684234849
f=20000000,f=0.000000
ch0=61,ch0=a
ch1=62,ch1=b
ch2=63,ch2=c
```

该程序在 VC++ 6.0 下运行。共用体变量 x 与它的成员变量 i、f 和成员数组 ch 的数据单元的首地址均为 1245052，也就是共用体及其成员共享同一个数据空间，而共用体变量及其成员变量和数组的数据单元大小分别为 4、4、4、3 字节，也就是共用体变量的单元大小是成员中数组单元的最大者，其他成员的数据单元占用一部分，即各成员的数据单元有重叠。在程序中要对各个成员变量和成员数组元素依次赋值，由于各成员共享相同的数据空间，因此赋值在前的成员会被覆盖全部或部分成员值，只有最后的赋值才有效（如图 5.4 所示）。

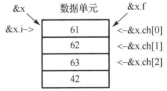

图 5.4　共有体变量及其成员

185

在使用共用体变量时，应注意以下 3 个特点。

① 同一个数据空间可存放几种不同类型的成员，但在每个时刻只能有一个成员有效。

② 共用体变量中最后赋值的成员有效。对共用体成员赋值后，原有数据空间的内容发生改变，变量值也发生改变。

③ 共用体变量的指针（地址）和各成员的指针（地址）都是同一个指针（地址），可引用共用体变量的指针（地址）或变量成员的指针（地址），即指针值相同但指针类型不同，指向的范围也就不同。

（2）共用体变量的初始化。共用体变量也可以初始化，但共用体及其成员具有相同的首地址，也就是共享同一个数据空间，各成员的数据单元出现重叠，只能初始化一个常量，如

```
union { int i; float f; char ch[3]; } x={10},xs[2]={{23},{'a'}};
```

不能对各成员进行初始化，如

```
union { int i; float f; char ch[3]; } x={10,100,'a','b','c'},
xs[2]={{ 10,100,'a','b','c'},{12,300,'v','a','d'}};
```

是错误的。

（3）共用体变量的间接访问。共用体变量有指针类型的变量，也可定义指向共用体变量的指针变量，如

```
nion { int i; float f; char ch[3]; } x,xs[2],*p=&x,*ps=xs;
```

定义共用体变量、数组及指针变量，并对指针变量初始化。共用体变量的间接访问为

```
*(&x).i , &x->i, *p.i, p->i
```

以上 4 种表示形式是等价的，表示对共用体变量 x 的成员 i 的访问。

```
*(&xs[1]).i, &xs[1]->i, *(xs+1).i, *(p+1).i, (p+1)->i
```

以上 5 种表示形式是等价的，表示对共用体数组元素 xs[1]的成员 i 的访问。

**例 5.10** 对共用体成员输入数据，并显示各成员数值。

```
#include <stdio.h>
int main()
{
    union { int i; float f; char c[2]; } x,*p=&x;        //定义共用体类型变量
    scanf("%d",&p->i);                                   //对成员赋值
    printf("%d, %f,%c,%c\n",p->i,p->f,p->c[0],p->c[1]);//对输出成员
    scanf("%f",&p->f);                                   //对成员赋值
    printf("%d, %f,%c,%c\n",p->i,p->f,p->c[0],p->c[1]);//对输出成员
    scanf("%*c%c%c",&p->c[0],&p->c[1]);                  //对成员赋值
    printf("%d, %f,%c,%c\n",p->i,p->f,p->c[0],p->c[1]);//输出成员
    return 0;
}
```

运行结果：

```
20000↵（回车）
20000,0.000000,,N
20000↵（回车）
```

```
1184645120,20000.000000,,0
wg↵（回车）
1184655223,20019.732422,w,g
```

定义了共用体变量 x 和共用体指针变量 p 并初始化，使其指向 x。输入 20000 赋给成员变量 i，输出各成员值，只有成员变量 i 的值为 20000，其他成员值不可预见。输入 20000 赋给成员变量 f，输出各成员值，只有成员变量 f 的值为 20000.000000，其他成员值不可预见。尽管这两次输入都是 20000，但整数和浮点数的编码规则不同，由此输出结果也不同。在输入字符时，scanf 函数格式控制串多了 "%*c"，即跳过上行已输入的回车。输入 w、g 给成员数组 c 的两个元素，输出各成员，只有成员数组元素 c[0]、c[1] 的值为 w、g，其他成员值不可预见。这个例子说明了共用体变量中的成员共享同一个数据空间，也就是各成员的数据单元出现重叠，因此对某一个成员（当前成员）赋值后，只有当前成员有效。由于数据编码规则不同，因此其他成员的值往往难以预测。

## 5.3　枚举类型数据

数据类型是数据共有特性的抽象表示形式，涉及数据精度、取值范围、数据单元大小及运算条件等。根据数据的特性来规定数据的集合，这个集合也就是数据类型，由其定义的变量取值只能是集合中的元素。集合的生成还可以通过有限数据进行构建，从而规定其变量的取值只能限定在有限个数的范围内。C 语言提供了枚举数据类型（简称枚举类型）的定义，其中列举出所有可能的取值，并且这些取值不可再分（如同基本类型的数据），而由枚举类型定义的变量，其取值只能是枚举集合中的值。

### 5.3.1　枚举数据类型定义

枚举类型定义的一般形式为

«enum» «枚举类型名»{ «枚举值1»⌊, «枚举值2»♪};

其中，"enum" 是标志枚举类型的关键字；"枚举类型名" 是自定义标识符；"枚举值" 是所有可用常量，也称枚举元素。如

enum weekday{ sun,mon,tue,wed,thu,fri,sat };

其中，"weekday" 为枚举类型名；"sun,mon,tue,wed,thu,fri,sat" 为枚举值（枚举元素）。

### 5.3.2　枚举类型变量与数组

#### 1. 枚举变量与数组的定义

枚举类型变量与数组简称枚举变量与数组，其定义的形式有以下 3 种。
（1）定义枚举类型后再定义变量、数组，如上述枚举类型 weekday 定义，形式为

enum weekday a,b,*p,s[3];

定义变量 a、b，以及指向枚举类型的指针变量 p 和一维数组 s。也可通过宏定义#define 或重命名语句 typedef 定义枚举变量、数组，如

```
#define WEEKEND enum weekday
WEEKEND a,b,*p,s[3];
```

```
typedef enum weekday WEEKEND;
WEEKEND a,b,*p,s[3];
```

（2）在定义枚举类型的同时定义变量、数组，如

```
enum weekday{ sun,mon,tue,wed,thu,fri,sat }a,b,*p,s[3];
```

（3）直接定义枚举类型变量、数组，如

```
enum { sun,mon,tue,wed,thu,fri,sat }a,b,*p,s[3];
```

### 2. 枚举变量与数组访问

枚举变量与数组也要"先定义，后使用"，访问形式有以下 3 种。

（1）枚举变量与数组的直接访问。

```
enum { sun,mon,tue,wed,thu,fri,sat }a,b,*p,s[3];
a=mou;
b=fri;
p=&a;
s[0]=thu;
```

该访问形式需要注意以下 4 点。

① 枚举值是常量而不是变量，不能用赋值语句对它赋值，如

```
sun=5; mon=2; sun=mon;
```

都是错误的。

② 枚举元素本身由系统定义了从 0 开始的顺序序号，如 sun,mon,…,sat 序号依次为 0,1,…,6。

例 5.11　枚举类型变量的赋值与使用。

```
#include <stdio.h>
int main()
{
    enum weekday
        { sun,mon,tue,wed,thu,fri,sat } a,b,c;      //枚举类型、变量的定义
    a=sun;                                          //对枚举变量赋值
    b=mon;
    c=tue;
    printf("%d,%d,%d,%d\n",sizeof(enum weekday),a,b,c);//枚举常量的序号
    return 0;
}
```

运行结果：

```
4,0,1,2
```

该程序在 VC++ 6.0 环境中运行，枚举类型变量数据的单元大小为 4 字节。

③ 只能把枚举值赋给枚举变量，不能把元素的数值直接赋给枚举变量，如

```
a=sum; b=mon;
```

是正确的，而

```
a=0;    b=1;
```

是错误的，由于 0 和 1 是整型数据，因此需要通过强制类型转换后再赋值，如

```
a=(enum weekday)2;
```

即将序号为 2 的枚举元素赋给枚举变量 a，相当于"a=tue;"。

④ 枚举元素是用户给定的枚举值，不是字符常量也不是字符串常量，使用时不要加单引号和双引号。

**例 5.12**　设一个月有 31 天，安排 4 个人轮流值班，输出值班安排。

```c
#include <stdio.h>
int main()
{
    enum body { a,b,c,d } month[32],j;    //枚举类型、变量、数组的定义
    int i;
    j=a;                                   //对枚举变量赋值
    for(i=1;i<32;i++)
    {
        month[i]=j;                        //对枚举数组元素赋值
        j=(enum body)((int)j+1);           //枚举变量按序号变化
        if (j>d) j=a;                      //枚举变量的比较按序号进行
    }
    for(i=1;i<32;i++)
    {
        switch(month[i])                   //枚举数组元素
        {
            case a:printf("<%2d  %c>  ",i,'a'); break;    //标号为枚举常量
            case b:printf("<%2d  %c>  ",i,'b'); break;
            case c:printf("<%2d  %c>  ",i,'c'); break;
            case d:printf("<%2d  %c>  ",i,'d');
        }
        if(i%4==0) printf("\n");
    }
    printf("\n");
    return 0;
}
```

运行结果：

```
< 1  a>  < 2  b>  < 3  c>  < 4  d>
< 5  a>  < 6  b>  < 7  c>  < 8  d>
< 9  a>  <10  b>  <11  c>  <12  d>
<13  a>  <14  b>  <15  c>  <16  d>
<17  a>  <18  b>  <19  c>  <20  d>
<21  a>  <22  b>  <23  c>  <24  d>
<25  a>  <26  b>  <27  c>  <28  d>
<29  a>  <30  b>  <31  c>
```

定义枚举类型 body，其中 a、b、c、d 为枚举常量，可用作语句 switch 中 case 的标号。j 为枚

举变量，其取值为枚举常量，它不能直接进行算术运算，但可进行整型强制类型转换后再进行计算，并在计算后再次进行枚举类型的强制类型转换，具体体现在"j=(enum body)((int)j+1);"语句中。

（2）枚举变量与数组的初始化。枚举变量与数组均可以初始化，如

```
enum weekday { sun,mon,tue,wed,thu,fri,sat };
enum weekend a=sun,b[]={tue,thu,fri},*c=b;
```

定义枚举变量 a，初始化为 sun，定义一维枚举数组 b，并将 b[0]、b[1]、b[2]依次初始化为 tue、the、fri。枚举指针变量 c 初始化为数组的指针 b。

（3）枚举变量的间接访问。枚举变量有相应的数据单元，也就是有指针，也可定义指向枚举变量的指针变量，如"c=&a;"。通过指向运算符"*"实现间接访问，如"*(&a)"或"*c"都是间接访问枚举变量 a 的。

**例 5.13** 显示枚举数组及其下标。

```
#include <stdio.h>
typedef enum { a,b,c,d } DATA;          //定义枚举类型
int main()
{
    DATA m[]={a,b,d,c,a,d};              //定义枚举数组并初始化
    DATA *p;                            //定义枚举指针
    for(p=m;p<m+6;p++)
        switch(*p)                      //枚举数组元素
        {                               //标号为枚举常量
            case a:printf("<%2d %c> ", p-m,'a'); break;
            case b:printf("<%2d %c> ", p-m,'b'); break;
            case c:printf("<%2d %c> ", p-m,'c'); break;
            case d:printf("<%2d %c> ", p-m,'d');
        }
    printf("\n");
    return 0;
}
```

运行结果：

```
<0 a> <1 b> <2 d> <3 c> <4 a> <5 d>
```

从枚举类型变量、数组、指针的定义与初始化及访问可以看出，枚举类型的性质与整型的性质类似。

## 5.4 数据类型命名语句

除可直接使用 C 语言提供的基本类型（如整型、浮点型、字符型等）和构造类型（如结构体类型、共用体类型、枚举类型）外，还可用语句 typedef 对已有的数据类型名进行重新命名或对构造类型进行直接命名。语句 typedef 在以前章节中已进行简单介绍，现进行总结。

### 1. 重命名数据类型

重命名已有数据类型的基本形式为

«typedef» «旧数据类型符» «新数据类型符»;

其中，"新数据类型符"为用户自定义的标识符，如

```
typedef int INTEGER;        //旧数据类型符 int，新数据类型符 INTEGER
typedef float REAL;         //旧数据类型符 float，新数据类型符 REAL
```

其指定标识符 INTEGER、REAL 分别表示 int、float，也就是 INTEGER 等价于 int，REAL 等价于 float，如

```
int i, j;  float a, b;等价于 INTEGER i, j;   REAL a, b;
```

又如

```
struct date { int month; int day; int year; }; //旧数据类型符 struct date
typedef struct date DATE;                       //新数据类型符 DATE
```

即构造体类型 struct date 等价于 DATE。

### 2. 重命名构造类型

对构造类型（如数组类型、指针类型、结构体类型、共用体类型、枚举类型等）直接命名，其基本形式为

```
«typedef» «旧数据类型符» «数组类型符» [常量1][, [常量2]]ⁿ;   //数据类型定义
«typedef» «旧数据类型符» «*指针类型符»[ ( )]ⁿ;              //指针类型定义
«typedef» «struct»[«构造体类型名»]{«成员声明列表»} «构造体类型符»;
                                                          //构造体类型定义
«typedef» «union»[«共用体类型名»]{«成员声明列表»} «共用体类型符»;
                                                          //共用体类型定义
«typedef» «enum»[«枚举类型名»]{«枚举常量列表»} «枚举类型符»;  //构造体类型定义
```

如

```
typedef int NUM[10][20];          //命名 NUM 为整型数组类型
NUM n;                            //等价于 int n[10][20];
typedef char *STRING;             //命名 STRING 为字符指针类型
STRING p, s[10];                  //等价于 char *p, *s[10];
typedef struct { int month; int day; int year; } DATE;
DATE birthday, workdays[7], *p;
//等价于 struct { int month; int day; int year; } birthday, workdays[7], *p;
typedef int (*POINTER)()
//命名 POINTER 为指向函数的指针类型，该函数返回整型值
POINTER p1;                       //等价于 int (*p1)()
```

归纳起来，用 typedef 命名新数据类型如下。

（1）先按变量、数组定义写出变量名、数组名。

（2）将变量名、数组名转换成新数据类型符。

（3）在最前面加上 typedef。

（4）可用于定义新数据类型符变量、数组。

有关数据类型命名语句 typedef，需要了解以下 4 个特点。

（1）typedef 只是对已经存在的数据类型增加新数据类型名，而没有创造新的类型，如

```
typedef int INTEGER;              //命名 INTEGER 为整型数组类型
typedef int NUM[10][20];          //命名 NUM 为整型数组类型
typedef char *STRING;             //命名 STRING 为字符指针类型
```

INTEGER 与整型 int 等价；NUM 与数组类型 int[10][20]等价；STRING 与指针类型 char*等价。数据类型 int、int[10][20]、char*都是已存在或构造即可得到的数据类型。

（2）typedef 与#define 有相似之处，但两者也存在不同，如

```
typedef int COUNT;
#define COUNT int
```

均为 COUNT 表示 int。#define 是编译预处理命令，只进行简单的字符串替换，而 typedef 是语句，不进行简单的字符串替换，如

```
typedef int NUM[10];
```

并不是用 NUM[10]去代替 int，而是命名新统一数据类型。

（3）当不同源程序文件中用到同一种类型数据（尤其是数组、指针、结构体、共用体等类型数据）时，常用 typedef 统一命名数据类型，并单独放在一个源文件中。通过编译预处理命令#include 包含该源程序文件后，可使用统一命名的数据类型，增强程序的可读性。

（4）使用 typedef 重命名数据类型，方便数据类型的改变，有利于程序的移植，如在一些计算机系统中，int 型数据单元为 2 字节，而在另外一些计算机系统中，int 型数据单元为 4 字节。如果把 C 语言程序从一个以 2 字节存放整数的系统中移植到以 4 字节存放整数的系统中，那么只要在源程序中修改 typedef 数据类型即可，将

```
typedef int INTEGER;
```

改为

```
typedef long INTEGER;
```

# 本章小结

除指针类型、数组类型外，构造类型还包括结构体类型、共用体类型和枚举类型。有关结构体类型及其变量、数组的定义形式可表达为"«struct»⌊«结构体类型名»」{«成员声明列表»}⌊«变量名列表»⊥«数组名列表»」;"，其中，"struct"是结构体类型的关键字；"结构体类型名"为自定义标识符；"成员声明列表"由若干成员声明组成："«成员声明 1»⌊«成员声明 2»」*;"，而每个"成员声明"形式为"«数据类型符»«成员名 1»⌊«成员名 2»」*;"。结构体类型可汇集各种类型的成员，这些成员可以是变量成员、数组成员、字符串成员或指针成员等，因此由结构体类型定义的变量也包含成员变量、成员数组、成员字符串及成员指针等。结构体变量的数据单元就是由各成员数据单元构成的，也就是结构体变量的数据单元大小是各成员的数据单元大小之和，而且各成员的顺序与定义结构体类型成员顺序一致。在定义结构体变量时也可以初始化，在结构体变量初始化时，构造类型各成员对应一对花括号。对于嵌套多层的结构体类型，需要定义变量并初始化，也可省略内部的花括号，其初始化是按花括号内的常量依次保留到对应的成员数据单元中。对部分成员初始化，只能省略后面的常数项，对省略的数据内容，系统自动初始化为 0（整型和浮点型成员）或'\0'（字符型或字符串成员）或 NULL（指针类型成员）。

对结构体类型变量的访问方式有两种：直接访问和间接访问。直接访问通过成员运算符 "."实现，即 "«结构体变量»«.»«成员名»"，而间接访问通过成员指向运算符 "->"实现，即 "«结构体指针»«->»«成员名»"。成员运算符或指向成员运算符都是左结合性、优先级为 1 级的运算符。有了结构体类型，除定义结构体变量外，还可以定义数组、指针变量等。

共用体类型及其变量的定义和访问形式与结构体类型及其变量的定义和访问形式相似，但具有不同的含义。有关共用体类型及其变量、数组定义形式可表达为 "«union»└«共用体类型名»┘{ «成员声明列表»}└«变量名列表»⊥«数组名列表»┘;"，其中，"union" 是共用体类型的关键字；"共用体类型名" 为自定义标识符；"成员声明列表" 由若干成员声明组成，即 "«成员声明 1»└,«成员声明 2»┘;"，而每个 "成员声明" 形式为 "«数据类型符»«成员名 1»└,«成员名 2»┘;"。共用体类型也集合了各种类型的变量成员、数组成员及指针成员等，但是共用体类型变量的数据单元的大小是各成员中的最大者，各成员的指针值相同，共享共用体数据单元，因此对某一个成员的赋值将全部或部分覆盖其他成员以前的值，使得原成员的值不可预见，而只知道当前成员的值。通过成员运算符直接访问共用体的成员变量、成员数组及成员指针等，通过指向成员运算符间接访问成员变量、成员数组及成员指针等。

在定义枚举类型时，使用 "enum" 关键字标识枚举类型的定义，并由用户给定的常量构成，即 "«enum»«枚举类型名»{«枚举常量列表»}"。枚举类型变量的取值只能是枚举常量，枚举常量由系统自动定义从 0 开始的序列号，但序列号不等于枚举常量，因为它们分别属于整型数据和枚举类型数据。整型数据与枚举类型数据可以通过强制类型转换实现两种类型变量之间的赋值。

语句 typedef 可以对没有构造类型名的构造类型命名，也可以对已有数据类型名的数据类型重新命名。通过语句 typedef 命名数据类型后可以增强程序的可读性并提高程序移植的灵活性。

## 习题 5

1. 程序阅读，写出输出结果。

```
(1) #include <stdio.h>
    int main()
    {
        struct abc{ int a; int b; int c;};
        struct abc s[2]={{1,2,3},{4,5,6}};
        int t;
        t=s[0].a+s[1].b;
        printf("%d \n",t);                    //_____
        return 0;
    }
(2) #include <stdio.h>
    int main()
    {
        union myun
        {
```

```
        struct {int x;  int y;  int z;} u;
            int k;
        } a;
        a.u.x=4;  a.u.y=5;  a.u.z=6;  a.k=7;
        printf("%d\n",a.u.x);                    //_____
        return 0;
    }
```

(3) `#include<stdio.h>`

```
    int main()
    {
        enum team{my, your=4, his, her=his+10 };
        printf("%d,%d,%d,%d\n",my,your,his,her);    //_____
        return 0;
    }
```

(4) `#include<stdio.h>`

```
    int main()
    {
        typedef union { float  a;float  b;}Dog;
        Dog dog, *p=&dog;
        p->a=14.28;  p->b=17;
        printf("%5.2f\n",p->a);                    //_____
        return 0;
    }
```

2. 输入 10 个分数（按照分子/分母的顺序输入），对分数值从小到大排序。分别用指针法、数组下标法实现。

3. 已知共有 8 名学生，输入每名学生的姓名和两门课程的成绩，按总成绩从高到低排序。分别用指针法、数组下标法实现。

# 第6章

# 模块化程序设计

　　模块是明确接口和功能的程序单元，具有独立性、互换性和通用性等特点，它确保模块设计和开发能够分工协作完成且代码高效重复使用。而模块化是把复杂系统按一定组织方式（如自顶向下）分解成若干子模块的过程，从而降低程序复杂度，使程序设计、调试和维护等操作简单化。对于模块接口和功能相同的不同模块，即使这些模块内部的实现各不相同，但是在程序集成中也可以相互替代。有些通用性强的模块可以集成在相同或不同的程序中，从而提高模块的复用性和开发效率。C 语言是模块化程序语言，模块化体现在函数定义与函数调用上。本章需要通过对 C 语言函数的学习，掌握模块化程序设计的概念和方法。

## 6.1　函数分类

　　C 语言不仅是结构化程序设计语言，而且是模块化程序设计语言。"结构"存在于"模块"内部，而"模块"是组成程序功能的基本单位。源程序由若干具有一定独立性的模块组成，模块之间通过模块的接口进行联系，而与模块在源程序中的位置无关。C 语言以函数形式构成具有一定功能的程序模块，通过函数调用来确定程序模块之间的联系。C 语言程序设计也就是利用结构化的程序设计方法编制模块（函数定义）的过程，同时建立函数的接口（函数声明）和函数之间的联系（函数调用）。函数之间的联系与函数在源程序中的位置无关。

　　C 语言程序由若干源程序组成，而每个源程序又由若干编译预处理命令与若干函数组成（如图 1.7 所示），但看不出函数的联系（调用关系）。通过以下实例更好地理解 C 源程序的构成。

　　例 6.1　函数定义与函数调用（设以下程序文件名为 example.c）。

```
#include  "math.h"                    /*预处理命令*/
#include  "stdio.h"
void main()                           /*主函数*/
{
    float x,y,z;                      /*变量定义*/
    float add(float x,float y);       /*函数声明*/
    void empty();
    void print_stars();
    void print_message();
    void print_value(float w);
    printf("input x,y:");             /*输入数据*/
```

```
        scanf("%f,%f",&x,&y);
        z=add(x,y);                    /*函数调用*/
        print_stars();
        print_message();
        print_value(z);
        print_stars();
        empty();
    }
    float add(float x, float y)        /*正余弦函数之和*/
    {
        float c;
        c=sin(x)+cos(y);
        return(c);
    }
    void print_stars()                 /*显示星号*/
    {
        int i;
        for(i=0;i<22;i++) putchar('*');
        putchar('\n');
    }
    void print_message()               /*显示信息*/
    {
        printf("The value is ");
    }
    void print_value(float w)          /*显示数据*/
    {
        printf("%5.3f\n",w);
    }
    void empty()                       /*空函数*/
        { }
```

运行结果：

```
input x,y:2,4
* * * * * * * *
The value is 0.256
* * * * * * * *
```

该程序功能很简单，为了说明将该程序分解为多个函数，从中可看出源程序的构成。

（1）在 example.c 文件中，包括 main、add、empty、print_stars、print_massage、print_value、sin、cos、print 和 scanf 相互独立的函数，还有包含头文件#include "math.h"与#inlude "stdio.h"的编译预处理命令。

（2）example.c 文件经过编译、链接后形成可执行文件。程序从唯一的 main 函数开始执行，因此 main 函数又称主控函数（主函数）。

（3）函数是具有一定功能的模块，通过函数调用确定函数之间的联系，而与函数在源函数中的位置无关，即将 example.c 中各函数的位置无论做任何调整，其运行结果都一样。各函数之间的调用关系如图 6.1 所示。

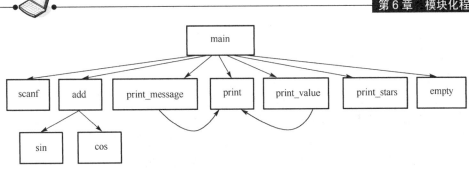

图 6.1　各函数之间的调用关系

（4）主函数 main 是启动程序的入口，由系统直接调用，其可调用其他函数，但不可被其他函数调用。

函数是 C 源程序的基本单位，有以下两种划分方法。

（1）根据编译时函数的来源，可把函数划分为系统函数和用户自定义函数。所谓系统函数就是 C 编译系统所提供的函数，如 printf、scanf、sin、cos 函数，对这种函数用户只要了解函数功能和函数调用形式就可以正确使用；用户自定义函数就是根据问题求解的需要，用户自己编写的函数，如 add、print_value 函数。

（2）根据函数调用形式，可把函数分为有参函数（如 add 函数）、无参函数（如 print_stars 函数）和空函数（如 empty 函数）。

可见 C 语言编程的重点是用户自定义有参函数或无参函数，以及确定它们之间的调用关系。

## 6.2　函数定义与调用

函数定义是用户针对自己的功能需求来编写具有一定功能的程序模块，即用户自定义函数。

### 6.2.1　函数定义

用户自定义函数有如下 3 种形式。

#### 1．有参函数的定义

有参函数的表示形式为

> 《数据类型符》《函数名》（《形式参数名列表》）
> 　　　　　《形式参数名声明列表》
> 　{《函数体》}

等价于

> 《数据类型符》《函数名》（《形式参数名声明列表》）
> 　　{《函数体》}

其中，"形式参数名列表"为"《形式参数名 1》⌐，《形式参数名 2》⌐"；"形式参数名声明列表"为"《数据类型符 1》《形式参数名 1》⌐，《数据类型符 2》《形式参数名 2》⌐"；"函数体"为"⌐《构造类型定义》⌐⌐《变量定义》⊥《数组定义》⌐《函数声明》⌐⌐《语句》⌐"；"数据类型符"表明在调用该函数后，可得到该数据类型的一个值（void 空类型除外），简称函数类型；"函数名"在为自定义标识符，用于标识函数；"形式参数名"为传递给函数的若干形式参数，指明调用该函数所需参数的名称，是主调函数传递数据给函数的入口通道；"形式参数"（简称形参）如同数学中函数的自变量，其属于某一种数据类型的变量（包括基本类型变量、构造类型变量、指针变量、文件类型变量等）、数组（包括构造类型数组、指针数组等），通过"形式参数声明"表明形参名称及其所属数据类型。形参声明有两种形式：① 在形参列表后声明形参；② 直接声明形参。"构造类型定义"是用户自定义的构造类型，可以是结构体类型、共用体类型、枚举类型、数组类型、指针类型或文件类型等；"变量（包括构造类型变量、指针变量等）或数组（包括构造类型数组、指针数组等）定义"定义函数内部将要应用到的变量或数组。若函数体内不需要操作变量或数组，则可以不定义有关构造类型数组、变量。当定义函数时，需要调用其他函数，在本函数体内对被调用的函数加以说明，即"函数声明"。若本函数不需要调用其他函数，或被调用的函数定义在前，或在文件的开头处对被调用的函数进行了统一声明，则本函数体内就可以不进行函数声明，有关函数声明参见 6.5 节的相关内容。

有参函数定义的实例如下。

```
float add(float x, float y)       //函数返回值所属数据类型，函数名，形参声明列表
{
    float c;                      //变量定义
    c=x+y;                        //求解语句
    return c;                     //返回语句
}
```

该函数表明定义一个带两个 float 型形参的 add 函数，调用该函数后可得到一个 float 型的值。函数体由变量定义、赋值语句和返回语句构成。由于该函数没有调用其他函数，因此没有函数声明。该函数也没有构造数据类型定义及其数据。

若调用函数且不需要得到函数值，则定义函数的数据类型为 void 类型（空类型），如

```
void print_value(w)               //函数不返回值，函数名，参数列表
    float w;                      //形参声明
{
    printf("%5.3f\n",w);          //语句
    return;                       //语句，没有返回值
}
```

表示当其他函数调用 print_value 函数时，不可能从 print_value 函数得到任何数值。函数体中 return 语句也可以省略，如

```
void print_value(float w)         //函数不返回值，函数名，参数声明列表
{
    printf("%5.3f\n",w);
}
```

## 2. 无参函数的定义

无参函数的表示形式为

```
«数据类型符» «函数名» ()
                      {
```

```
            ⌊«构造类型定义»⌋ⁿ
            ⌊«变量定义»⊥«数组定义»⌋ⁿ
            ⌊«函数声明»⌋ⁿ
            ⌊«语句»⌋ⁿ
          }
```

其中，各组成部分的含义与有参函数定义相同。与有参函数相比，无参函数少了"形参列表"和"形参声明"，如

```
void print_stars()
{
    int i;
    for(i=0;i<22;i++)  putchar('*');
    putchar('\n');
}
```

表示定义了一个无参函数 print_stars，在调用该函数时，不返回任何值。函数体内有变量定义、循环语句和输出字符函数调用语句。

### 3．空函数的定义

空函数的表示形式为

```
«数据类型符» «函数名»（）
    {  }
```

其中，各组成部分的含义与无参函数的定义相同，如

```
void empty()
    {}
```

表示定义了一个空函数 empty。在调用该函数时，它什么也不执行，即空函数没有任何功能，它在主调函数中，表明此处以后需要扩充具有一定功能的函数。这样做有利于增强程序的可读性。

必须注意：函数是独立的功能模块，在函数定义时，函数体内绝对不能有其他函数的定义，但可以有其他函数的调用。函数定义形式可表示为

```
«数据类型符» «函数名»（⌊«形式参数名声明列表»⌋） ⌊{«函数体»}⌋
```

## 6.2.2　函数调用与函数声明

### 1．函数指针和指向函数的指针变量

在源程序经过编译、链接后，形成二进制代码的可执行文件。当执行程序时，可执行文件首先被调入内存中。源程序由函数构成，在内存中也必然有与函数对应的存储区，因此它也就有相应的地址。与函数对应的存储区的首地址（或称入口地址）就是函数的指针。C 语言约定：函数名代表函数的指针，这类似于数组名是数组的首地址。函数指针为常量，根据"指针的基本概念"也可定义指向函数的指针变量，以便保存函数的指针，其定义形式为

《数据类型符》（«*函数指针变量名»）()

其中，"数据类型符"为数据类型标识符，可以是任何数据类型，表示调用函数后得到返回值所属的数据类型，但 void 类型没有返回值；"函数指针变量名"为自定义标识符，表示指向函数的指针变量，如

```
float (*fun)();
```

定义了一个指向函数的指针变量 fun，且该指针变量所指向的函数的返回值为 float 类型。求两个浮点数的最大值和最小值的函数，定义如下。

```
float max(float x, float y)
{
    return (x>y?x:y);
}
float min(float x, float y)
{
    return (x>y?y:x);
}
```

在其他主调函数内部或外部可定义函数指针变量为

```
float (*p_max_min)();       //函数指针变量的定义
```

保留函数的指针，即

```
p_max_min=max;              //将函数指针赋给指向函数的指针变量
```

或

```
p_max_min=min;              //将函数指针赋给指向函数的指针变量
```

需要强调的是，函数指针变量是变量，只保留函数的指针。当定义函数指针变量时，其括号不可省略，即 float (*fun)()不同于 float *fun()。float *fun()表示定义或声明函数，调用该函数返回指针。函数指针不可进行算术运算，如 p_max_min++是没有意义的，即不是指向下一条语句或下一个函数。这是函数指针与数组有关指针的不同之处。

### 2. 函数调用

在源程序中，函数是相互独立的功能模块，只有通过函数调用才能建立函数之间的联系，有效地组织整个软件功能，使各个函数成为整个程序的有机组成部分。函数也是通过调用进而启动和执行的，其调用形式有以下两种。

（1）有参函数的调用。有参函数调用的表示形式为

```
《函数名》（《实际参数列表》）          //有参函数的直接调用
```

其中，"函数名"为函数标识符；"实际参数列表"为"《实际参数 1》，《实际参数 2》"；"实际参数"必须是有值的运算数（简称实参），包括常量、变量及表达式，如 add(3, 4)，add(2+2,4/2)。有关实参的使用参见 6.3 节。

（2）无参函数的调用。无参函数调用的表示形式为

```
《函数名》()                          //无参函数的直接调用
```

其中，"函数名"是函数的标识符，如 print_stars()。空函数的调用形式与无参函数的调用形式相似，只是空函数没有任何功能。

上述函数调用也称直接函数调用，即通过函数名直接调用函数。函数名为函数入口的首地址，即函数指针，因此通过指向运算符"*"和函数指针也可以间接调用函数，其调用形式为

　　　（«*函数指针»)(«实际参数列表»)　　　　　//有参函数的间接调用

或

　　　（«*函数指针»)()　　　　　　　　　　　//无参函数的间接调用

其中，"函数指针"可以是函数名，如(*add)(3,4)，或已赋值的指向函数指针变量，对 max 函数的调用有以下程序中的 3 种形式。

```
void print_max_value(float x, float y)
{
    float (*p_max_min)();                    //定义指向函数的指针变量
    float ma;
    ma=max(x,y);                             //函数的直接调用
    printf("Called by function name: max=%5.2f\n",ma);
    ma=(*max)(x,y);                          //函数的间接调用
    printf("Called by function point: max=%5.2f\n",ma);
    p_max_min=max;                           //对函数指针变量赋值
    ma=(*p_max_min)(x,y);                    //函数的间接调用
    printf("Called by function point: max=%5.2f\n",ma);
}
```

函数指针和函数指针变量都是数据，其主要意义是作为函数参数，实现间接调用函数（以数据形式过程启动），灵活规范函数接口等。

启动函数调用可构成语句或表达式的两种方式。

（1）函数调用作为运算数进而构成表达式，如

```
c=a*add(a,b);
c=add(add(a,b),b);
```

这类函数调用涉及的函数是具有返回值的函数。函数返回值的数据类型一般属于基本数据类型，但绝不可能是 void 类型。

（2）函数调用构成函数语句，即函数后直接跟着分号，如

```
print_stars();
printf("This is on example !\n");
```

这类函数调用涉及的函数是无返回值的函数（void 类型函数），也可以是有返回值的函数，如 printf()函数的返回值就属于整型，即不利用函数返回值，只利用函数的功能。

函数调用关系还可以分为主调函数和被调函数。所谓主调函数是在函数定义中出现对自身或其他函数的调用，而被调函数就是出现在其他函数定义中的函数。如相对函数 max 而言，函数 print_max_value 就是函数 max 的主调函数，即 print_max_min 调用 max，而相对函数 print_max_value 而言，函数 max 就是函数 print_max_value 的被调函数，即 max 被 print_max_min

调用。在程序中，main 函数只能是主调函数，不能是被调函数。显然，函数调用是需要认识和掌握的重点。

### 3. 函数声明

主调函数要正确地调用被调函数，并且被调函数必须已经存在。C 语言编译系统提供的库函数（或称系统函数）存在于其他源程序文件中的自定义函数中。这类函数可通过#include 的编译预处理命令来引入，如

```
#include "头文件名"
```

或

```
#include "源程序文件名"
```

若在源程序开头处有

```
#include  "math.h"
#include  <stdio.h>
```

则在程序中任何函数都可以直接调用系统提供的任何函数（如 sin、cos、sqrt、printf、scanf 函数等）。

自定义函数在程序文件中具有被调用的有效范围。C 语言编译系统对源程序的编译从源程序的文件头开始，自上而下进行。若被调函数出现在主调函数之前，则编译系统首先遇到被调函数。当编译主调函数时，若被调函数已编译成功，则可以直接调用被调用函数。

**例 6.2** 函数定义与函数调用的关系（程序如图 6.2、图 6.3 所示）。

运行结果：

```
Input data=8 4
The max value is 8.
The min value is 4.
```

由于 print_messege 函数是被调函数且在函数 output_max 和 output_min（为主调函数）之前，因此可以直接调用。函数 output_max 和 output_min 是被调函数且在函数 output_max _min（为主调函数）之前，可以直接调用。函数 output_max _min 是被调函数且在函数 main（为主调函数）之前，可以直接调用（如图 6.2 所示）。

但如果被调函数出现在主调函数之后，那么要在主调函数的函数体内或主调函数定义之前进行被调函数声明。前者为函数内声明，其有效范围仅限于该主调函数；后者为函数外声明，其有效范围为其后所有调用该函数的主调函数。如图 6.2 所示的程序可以改写为如图 6.3 所示的程序。

有关函数声明总结如下。

（1）函数声明不同于函数定义，更主要的是两者含义不同。函数声明只是在编译时告知系统被调函数在运行中将要调用声明中的函数，确保对被调函数返回值的处理。函数声明没有函数体，其形式为

```
«数据类型名» «函数名> (⌊«形式参数声明列表»⊥«数据类型符列表»⌋) ;
```

以下 3 种函数声明形式是等价的，即

```
void print_messege(char *str, int value);   //形参声明列表
void print_messege(char *, int);            //类型符列表
```

```
void print_messege();                              //无声明列表
```

（2）一般情况下，当一个函数被多个主调函数调用时，各主调函数都要对同一个被调函数进行多次函数声明。函数定义是明确函数功能，在同一个程序中，不能有同名函数的多个函数定义，即在源程序文件中，函数定义必须唯一，但函数声明可以不唯一。

```
#include<stdio.h>
void print_messege(char*str, int value)          //函数定义
{
    printf("%s", str);
    printf("%d", value);
}
void output_max(int x, int y)                     //函数定义
{
    int value;
    value = x>y?x:y;
    print_messege("The max value is", value);     //函数调用
}
void output_min(int x, int y)                     //函数定义
{
    int value;
    value = x>y?x:y;
    print_messege("The max value is", value);     //函数调用
}
void output_max_min(int x, int y)                 //函数定义
{
    output_max(x, y);                             //函数调用
    output_min(x, y);                             //函数调用
}
void main()                                       //函数定义
{
    int x, y;
    printf("Input data = ");
    printf("Input data = ");
    scanf("%d%d, &x, &y );
    output_max_min(x, y);                         //函数调用
}
```

图 6.2　函数调用

（3）调用函数声明可以在主调函数内，也可以在主调函数外，这两种形式的声明其被调函数的有效范围不同。主调函数内声明（在函数体的开始位置）的被调函数只限于该主调函数内有效，而主调函数外声明的被调函数从声明的位置开始，其后所有主调函数均有效，而且这些主调函数内无须再对该被调函数进行声明。为了保证程序的可读性，将所有的被调函数在函数外声明，并放在文件开头处，其有效范围就是整个文件的所有主调函数。

（4）C 语言还有一种函数声明约定，当定义被调函数时，被调函数的返回值为整型或字符型，主调函数可以不对其进行函数声明。但为了增强程序的可读性，最好还是进行函数声明。

```
#include<stdio.h>
void output_max_min(int x, int y);          //函数声明(函数外声明)
void main()                                  //函数定义
{
    int x, y;
    printf("Input data = ");
    scanf("%d%d", &x, &y);
    output_max_min(x, y);                    //函数调用
}
voed output_max_min(int x, int y)            //函数定义
{
    voed output_max(int x, int y);           //函数声明(函数内声明)
    voed output_max_min(int x, int y);       //函数声明(函数内声明)
    output_max(x, y);                        //函数调用
    output_min(x, y);                        //函数调用
}
void print_messege(char*str, int value);     //函数声明(函数外声明)
voed output_max(int x, int y)                //函数定义
{
    int value;
    value = x>y?x:y;
    print_messege("The max value is", value); //函数调用
}
void output_min(int x, int y)                //函数定义
{
    int value;
    value = x>y?x:y;
    print_messege("The min value is", value); //函数调用
}
void print_messege(char*str, int value)      //函数定义
{
    printf("%s", str);
    printf("%d.\n", value);
}
```

图 6.3　函数调用

## 6.3　函数参数与函数返回

函数是独立的功能模块，主要完成对数据的加工处理。若在函数定义时指明了函数参数和函数返回值，则函数参数和函数返回值实现主调函数和被调函数之间的数据传递交互，即在函数调用时，主调函数把数据传递给被调函数，被调函数处理完数据后，把处理结果（数据）返回给主调函数。函数参数与函数返回值在模块化程序设计中非常重要。

### 6.3.1　函数参数

函数参数包括形式参数和实际参数，分别在函数定义和函数调用中。

#### 1．实际参数

实际参数（实参）就是在函数调用中，紧跟函数名后的括号内所带的参数。实参可以是常量、变量或表达式，其特点是具有特定数据类型的值，如

```
    float x,y,z;
        x=2;                            //对变量赋值
        y=3;                            //对变量赋值
    z=add(x,y);
```

其中，函数调用 add(x, y)中的 x、y 就是已有值的变量也为实参。实参也可以是表达式（包括函数表达式、赋值表达式、逗号表达式等），但要求该表达式有确定的值，如

```
    z=add(x+y,x*y);                     //等价于 z=add(5,6);
    z=add(add(x,y), add(x,y));          //等价于 z=add(5,5);
    z=add((x>y?1:2), (x,y));            //等价于 z=add(2,3);
```

对含有多个参数的函数进行调用,系统先对实参进行求值,实参求值的顺序有的从左到右,有的从右到左,如

```
    int x=1,y;
    y=add(x,++x);
```

若从左到右求实参，则 y 的值为 3；若从右到左求实参，则 y 的值为 4。读者可以上机试一下自己的系统对实参的求值顺序。

### 2. 形式参数

所谓形式参数（形参）就是指在定义函数时，紧跟函数名后的括号内的参数，它可以表明在函数调用时，所需特定数据类型的形参和形参的个数。形参的特点是形参为动态变量，即在函数调用前，形参不占据任何数据单元。在函数调用后，根据形参的数据类型，在内存数据区中为形参开辟相应的数据单元（单元大小由形参数据类型决定），并接收从实参传来（复制）的数据。在函数调用结束后，形参的数据单元由系统撤销、回收。

**例 6.3**　在调用过程中，函数形参与实参相结合的方式。

```
    #include "stdio.h"
    void  main()                              /*主函数定义*/
    {
        int x,y;
        void multi();                         /*函数声明*/
        x=5;
        y=10;
        printf("x=%d, y=%d\n",x,y);           /*函数调用*/
        multi(x, y);
        printf("x=%d, y=%d\n", x, y);
    }
    void multi(a, b)                          /*函数定义*/
    int a, b;                                 /*形参说明*/
    {
        int c;
        a=a+1;
        b=b+1;
        printf("a=%d,b=%d\n",a,b);            /*系统函数 printf 调用*/
        c=a*b;
        printf("%d*%d=%d\n",a,b,c);           /*系统函数 printf 调用*/
    }
```

运行结果：

```
x=5,y=10          //函数 main 输出
a=6,b=11          //函数 multi 输出
6*11=66           //函数 multi 输出
x=5,y=10          //函数 main 输出
```

在程序运行结果中，第一行和最后一行为 main 函数输出，中间两行为 multi 函数输出。下面详细分析程序的运行过程，以示意图形式表示形参与实参的关系。

（1）从主函数开始执行，由系统调用启动，并为变量 x、y 开辟两个整型的数据单元（如图 6.4(a)所示）。

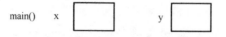

图 6.4(a)　形参变量与实参变量的结合

（2）对 x、y 赋值（如图 6.4(b)所示），输出 x 和 y 的值：x=5，y=10。

main()　　x ⬚ 5 ⬚　　　y ⬚ 10 ⬚

图 6.4(b)　形参变量与实参变量的结合

（3）在调用函数 multi 时，系统为形参变量 a、b 和变量 c 开辟 3 个整型数据单元（如图 6.4(c)所示）。

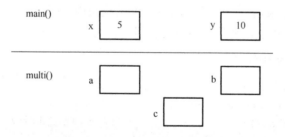

图 6.4(c)　形参变量与实参变量的结合

实参变量 x 和 y 单元的值分别传到（复制到）形参变量 a 和 b 单元中（如图 6.4(d)所示）。

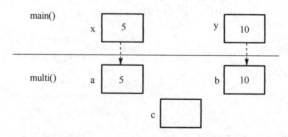

图 6.4(d)　形参变量与实参变量的结合

通过赋值语句，形参变量 a、b 均增加 1（如图 6.4(e)所示）。

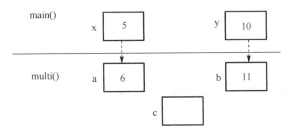

图 6.4(e)　形参变量与实参变量的结合

输出形参变量 a、b 的值：a=6，b=11，a*b 的值赋给 c（如图 6.4(f)所示）。输出 c 的值：6*11=66。

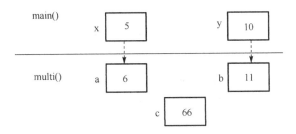

图 6.4(f)　形参变量与实参变量的结合

（4）在函数 multi 执行结束后，a、b 和 c 的数据单元撤销（如图 6.4(g)所示）。输出 x 和 y 的值：x=5，y=10。

图 6.4(g)　形参变量与实参变量的结合

（5）若主函数 main 执行结束后，系统撤销了 x 和 y 的数据单元。

若调用函数 printf，则参数结合方式也是如此，在此不再过多分析。

对函数的实参变量与形参变量必须明确以下 5 点。

（1）形参变量为动态变量。在调用函数时，形成形参变量数据单元，接收实参数据单元传来的值（复制）；在被调函数执行结束后，释放形参的变量单元。由于形参变量与实参变量占据不同的数据单元，因此形参和实参可以同名。

（2）在定义函数时，必须明确形参变量的数据类型，以便函数在被调用时系统为其开辟一定大小的数据单元（强类型语言特点）。

（3）实参必须有值。实参与形参变量的结合方式是数值的传递（复制），因此实参可以是常量、变量或表达式，如"x=5;y=10;multi(x,y);"等价于"multi(5,10);"，也可以是"multi(2+3,12−2);"。

（4）实参与形参变量必须一一对应，包括参数个数和对应参数的数据类型。

（5）实参可以把值传给（复制）相对应的形参，但形参不能影响实参。如例 6.3 中，形参 a 和 b 的值发生了变化，x 和 y 的值在调用函数 multi 前后的值并没有发生变化，其根本原因在于形参和实参不共享同一个数据单元，即形参、实参的数据单元各自独立。

例 6.3 中是以基本类型变量作函数参数，指针类型变量（包括指向变量的指针变量、数组名、指向数组的指针变量、指向函数的函数指针变量等）和构造类型变量作为函数的参数，具有与基本类型变量作为函数参数相同的特点。但对指针类型变量作为函数参数，需要重点掌握间接访问的特点。

### 3. 结构体变量、共用体变量、枚举变量作函数参数

结构体变量、共用体变量、枚举变量与基本类型变量一样，可作为函数参数，并具有与形参和实参相同的结合方式。

**例 6.4** 结构体变量作为函数的形参和实参。

```c
#include <stdio.h>
struct Data {int a,b; char s[20];};            //结构体类型的定义
void nochange(struct Data c)                   //结构体变量为形参
{
    printf("In nochange function:%d, %d, %s\n",c.a, c.b, c.s);
    c.a=10;                                    //对结构体变量成员赋值
    c.b=20;
    strcpy(c.s ,"Zhang san");
    printf("In nochange function:%d, %d, %s\n",c.a, c.b, c.s);
}
void main()
{
    struct Data d={1,2,"Li si"};
    printf("In main function: %d, %d, %s\n",d.a, d.b, d.s);
    nochange(d);                               //结构体变量为实参
    printf("In main function: %d, %d, %s\n",d.a, d.b, d.s);
}
```

运行结果：

```
In main function: 1, 2, Li si
In nochange function: 1, 2, Li si
In nochange function:10, 20, Zhang san
In main function: 1, 2, Li si
```

调用函数 nochange 前，主调函数中变量 d 的值没有发生变化，而调用函数 nochange 后，结构体形参 c 接收结构体实参 d 的结构体变量值，修改 nochange 函数内的结构体变量 c 但没有影响到结构体实参 d。

从例 6.4 的程序中可以看出，结构体变量可以作为函数的形参和实参，其所有性质与基本类型变量作为函数参数一样（即形参动态性，形参和实参占据不同数据单元，形参变化不影响实参），所不同的是结构体类型变量有多个成员，对应着多个成员数据单元结构体变量。结构体变量作为函数参数时，形参和实参对应的成员进行参数值的传递（复制）。实际上，可以把结构体变量作为整体来看待。

当共用体变量、枚举变量作函数参数时，均具有与结构体变量作为函数参数相同的性质。

### 4. 指向变量的指针变量作为函数参数

当基本类型变量、结构体变量、共用体变量或枚举变量作为函数参数时，这些变量的访问形式都是直接访问。指针变量作为函数参数也是直接访问（获得指针），但通过指针变量实现间接访问（指针指向的变量），如同直接访问获得门牌号，通过门牌号间接访问获得房间内的东西。

**例 6.5** 实现两个整数从小到大的排序。

```c
#include "stdio.h"
void min_max(int x, int y)              //整数作为形参
{
    int temp;                           //定义变量
    if (x>y)                            //直接访问，排序
    {
        temp=x;
        x=y;
        y=temp;
    }
}
void main()
{
    int x,y;
    scanf("%d,%d", &x, &y);             //输入两个数据
    printf("x=%d,y=%d\n", x, y);        //输出两个数据
    min_max(x,y);                       //函数调用，整型变量作实参
    printf("min=%d,max=%d\n", x,y);     //输出两个数据
}
```

运行结果：

```
5,4↵ （回车）
x=5,y=4
min=5,max=4
```

从运行结果看，并没有实现两个数从小到大的排序。其原因是：尽管形参和实参同名，但形参和实参对应不同的数据单元，形参只动态接收实参传来的数据（复制），形参的变化不影响实参。

指针是一种数据，指针变量同样可以作为函数的形参和实参。例 6.5 改写成如下程序。

```c
#include "stdio.h"
void min_max(int *px, int *py)          //指向整型变量的指针变量作为形参
{
    int temp;                           //定义变量
    if (*px>*py)                         //间接访问，排序
    {
        temp=*px;
        *px=*py;
        *py=temp;
    }
}
void main()
{
    int x,y;
    int *p_x,*p_y;                      //定义指针变量
    p_x=&x;                             //对指针变量赋值
```

```
        p_y=&y;
        scanf("%d,%d", p_x, p_y);              //输入两个数据，参数为指针
        printf("x=%d,y=%d\n", x, y);           //输出两个数据
        min_max(p_x, p_y);                     //调用函数，指向整型变量的指针变量作为实参
        printf("x=min=%d, y=max=%d\n", x, y);  //输出两个数据
    }
```

运行结果：

```
    5, 4↵（回车）
    x=5, y=4
    x=min=4, y=max=5
```

上述程序函数调用的过程如下。

（1）当主函数运行时，系统为变量 x、y、p_x、p_y 开辟 4 个变量单元（如图 6.5(a)所示）。

图 6.5(a)　指针变量的形参和实参

（2）给指向整型变量的指针变量赋值："*p_x=&x;*p_y=&y;"，建立指向关系（如图 6.5(b)所示）。

图 6.5(b)　指针变量的形参和实参

（3）在 scanf 函数中，通过指针变量 p_x、p_y 给变量 x、y 赋值 5、4（如图 6.5(c)所示）。p_x、p_y 是直接访问，x、y 是通过 p_x、p_y 的间接访问。

图 6.5(c)　指针变量的形参和实参

（4）在 printf 函数中，对 x、y 直接访问，输出 x、y，结果为 5、4。

（5）调用函数 min_max，开辟形参变量 px、py 和变量 temp 数据单元，并接收实参传递（复制）的两个指针值&x、&y（如图 6.5(d)所示）。这个过程也是直接访问，类似赋值过程。

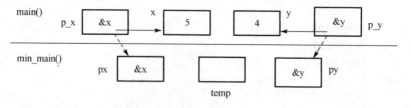

图 6.5(d)　指针变量的形参和实参

（6）此时，形参变量 px、py 分别指向 x、y 数据单元（如图 6.5(e)所示）。可见，px 和 p_x 指向 x，py 和 p_y 指向 y。

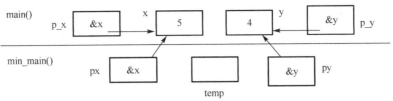

图 6.5(e)　指针变量的形参和实参

（7）对 px、py 直接访问获得指针值（&x 和&y），通过指向运算间接访问 x、y，改变了 x、y 的值（如图 6.5(f)）。

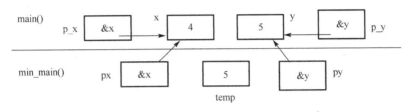

图 6.5(f)　指针变量的形参和实参

（8）结束被调函数 min_max()的执行，系统回收形参变量 px、py 和变量 temp 的数据单元（如图 6.5(g)所示）。

图 6.5(g)　指针变量的形参和实参

可以看出，指针变量作为函数参数与基本类型变量作为函数参数具有相同的特性。但指针强调的是间接访问，即访问指针变量 px、py 不是最终目的，而是通过指针变量间接访问变量 x、y，进而改变 x、y 的值。同样，实参可以是常量，如 min_max(p_x, p_y)可以改写为 min_max(&x, &y)。利用指针作为函数参数实现间接访问的特点，可以解决一次调用获取多个值的问题，同时克服函数只能返回一个值的缺点。

**例 6.6**　输入一批正整数，得到最大值和最小值及所有数据的平均值。

```
#include <stdio.h>
float get_max_min_avg(int *pmax, int *pmin)        //指针变量作形参
{
    float avg=0;                                    //平均值
    int temp, num=0;
    while(1)                                        //无限循环
    {
        scanf("%d",&temp);                          //输入整数
        if(temp>0)                                  //正整数
        {
            if (num==0)                             //第一个正整数
            { *pmax=temp; *pmin=temp;}              //既是最大值又是最小值
            num++;                                  //统计个数
            avg+=temp;                              //累加正整数
```

```
                    if(temp>*pmax) *pmax=temp;          //间接修改最大值
                    else if (temp<*pmin) *pmin=temp;    //间接修改最小值
                }
            else break;                                 //结束循环
        }
        if (num==0) avg=0;                              //没有输入数据
        else avg/=num;                                 //返回平均值
        return (avg);
    }
    void main()
    {
        int max_num,min_num,*p_max,*p_min;             //定义变量
        float average;
        p_max=&max_num;                                //对指针变量赋值
        p_min=&min_num;
        average =get_max_min_avg(p_max, p_min);
        printf("min=%d, max=%d,",min_num, max_num);    //输出最小值与最大值
        printf("average=%.2f\n",average);              //输出平均值
    }
```

运行结果：

```
2 1 3 6 5 4 -2↵（回车）
min=1, max=6, average=3.50
```

在主函数 main 调用 get_max_min_avg 函数后，形参 pmax、pmin 获得实参 p_max、p_min 的值，分别指向主函数的变量 max_num、min_num，通过指向运算符实现间接访问，使得 max_num、min_num 获得数据。当形参和实参为指针时，参数也是直接访问（与基本类型作函数参数一样），只是参数为指针，通过指向运算符实现了间接访问。同时函数 get_max_min_avg 执行结束后，通过 return 语句也得到一个值。有关 return 语句在后续章节中介绍。

**5．数组作为函数参数**

数组也可以作为函数参数，数组作为函数参数有两种形式：数组元素作为函数参数和数组名作为函数参数。由于数组是变量的集合，因此数组元素作为函数参数也就是变量作为函数参数。

**例 6.7** 判断数组的每个元素是否为素数。素数是指只能被 1 和本身整除，而不能被其他数整除的数，如 1、2、3、5、7 等。

```
#include <stdio.h>
#include <math.h>
void prime(int a)                                      //变量作为形参
{
    int i;
    for(i=2;i<=(int)sqrt(a);i++)
        if(a%i==0) break;                              //循环异常结束
    if(i==(int)(sqrt(a)))                              //循环是否正常结束
        printf("%d is not prime.\n", a);              //不是素数
    else
        printf("%d is prime.\n", a);                  //是素数
```

```
}
void main()
{
    int b[5]={2,4,7,8,9}, i;
    for(i=0; i<5; i++) prime(b[i]);              //数组元素作为实参
}
```

运行结果：

```
2 is prime.
4 is not prime.
7 is prime.
8 is not prime.
9 is not prime.
```

函数 prime 的形参为变量，而实参为数组元素。注意：由于数组元素是引用数组（采用下标表示）的形式，因此数组元素不能为形参，只能作为实参。

数组是变量的集合，而数组名标识整个数组，也可作为函数参数。

**例 6.8**　输出数组元素中的最大值和最小值。

需要遍历数组的每个元素，首先默认第 0 个元素是最大值也是最小值，然后其他元素与默认值比较，判断是否修改默认值。

```
#include <stdio.h>
void print_max_min(int a[10])                    //数组为形参
{
    int i,max=a[0],min=a[0];                     //定义变量，并初始化
    for (i=1; i<10; i++)
        if(a[i]>max) max=a[i];                   //修正最大值
        else if(a[i]<min) min=a[i];              //修正最小值
    printf("min=%d  max=%d\n",min, max);         //输出最小值和最大值
}
void main()
{
    int b[10]={5,1,7,8,2,9,4,10,3,6};            //定义数组，并初始化
    print_max_min(b);                            //数组为实参
}
```

运行结果：

```
min=1  max=10
```

数组名作函数参数不同于变量作函数参数，即在函数调用时，没有形参数组的生成，也没有接收（复制）实参数组的每个数组元素。由于数组名是数组的首地址，因此当数组名作函数参数时，实参传递数组首地址给形参，这样形参数组和实参数组就共享同一个数组单元，因此形参数组名也是实参数组，形参数组的变化也是实参数组的变化。

**例 6.9**　数组名作为函数参数。

```
void change(int a[10])                           //数组为形参
{
```

```
        int I;
        for (i=0; i<10; i++) a[i]+=1;              //形参数组变化
    }
    void main()
    {
        int I, b[10]={5,1,7,8,2,9,4,10,3,6};       //定义数组，并初始化
        change(b);                                 //数组为实参，改变数组元素
        for (i=0; i<10; i++)                       //输出实参数组
            printf("%5d",b[i]);
        printf("\n");
    }
```

运行结果：

```
    6 2 8 9 3 10 5 11 4 7
```

在函数调用后，形参数组 a 和实参数组 b 的关系如图 6.6 所示，形参数组和实参数组实际上是同一个数组。从程序运行结果可以看出，形参数组元素的改变，导致实参数组元素也发生改变。由于数组名作为函数参数，实参传递的是首地址，而不是每个数组元素，因此当数组名作为函数形参时，不需要必须指定数组的大小，如 void change(int a[10])可改为 void change(int a[])。

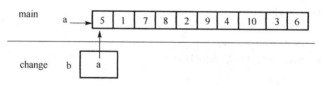

图 6.6  形参数组 a 和实参数组 b 的关系

由于数组是变量的集合，并且每个数组元素对应一个变量数据单元，因此每个数据单元也有相应的地址，即每个数组元素也有相应的指针，但数组名对应数组的首地址。对于一维数组，数组名作为指针，其指针的性质与数组元素指针的性质一样，因此 void change(int a[10])可改为 void change(int *a)，也就是一维数组名作为函数形参本质上是指针变量作为函数形参（如图 6.6 所示）。对于二维数组，数组名指向的是一维数组元素。下面是数组名作函数参数的例子。

**例 6.10**  采用选择算法实现一维数组从小到大的排序。

```
    #include <stdio.h>
    void sort(int arr[], int n)                    //数组名为形参，没有数组大小
    {
        int temp, i, j, r;
        for (i=0; i<n-1; i++)
        {
            for (r=i, j=i+1; j<n; j++)
            1   if (arr[j]>arr[r]) r=j;             //数值大的元素位置
            if (i!=r)                               //元素值互换
                {temp=arr[i]; arr[i]=arr[r]; arr[r]=temp; }
        }
    }
    void main()
```

```
{
    int a[10], i;                            //定义数组、变量
    for(i=0; i<10; i++) scanf("%d", a+i);    //输入数组元素
    sort(a, 10);                             //数组名为实参，排序
    for(i=0; i<10; i++)                      //输出数组元素
        printf("%5d", *(a+i));
    printf("\n");
}
```

运行结果：

```
2 1 3 6 5 4 9 10 8 7↵（回车）
1 2 3 4 5 6 7 8 9 10
```

在该程序中，数组名为形参，实质上是指针变量为形参，即 sort(int arr[], int n)可改为 sort(int *arr, int n)，而数组名为实参，实质上是指针常量为实参。对于一维数组的上述排序程序可改用指针参数形式，改写为以下程序。

```
void sort(int *arr, int n)                    //指针变量为形参
{
    int temp, *pi, *pj, *pr;
    for (pi=arr; pi<arr+n-1; pi++)            //指针变换每次跳过一个元素单元
    {
        for (pr=pi, pj=pi+1; pj<arr+n; pj++)  //指针变换每次跳过一个元素单元
            if (*pj<*pr) pr=pj;               //数值大的元素位置
        if (pi!=pr)                           //数值元素值互换
            {temp=*pi; *pi=*pr; *pr=temp; }
    }
}
```

**例 6.11**　输入若干字符串，并把字符串中的小写英文字母转换成大写英文字母后输出。

```
#include <stdio.h>
#include <string.h>
void str_print(char (*s)[20], int n)         //指向行（一维）的指针变量为形参
{
    char (*ps)[20];                          //定义指针变量，指向一维数组
    for (ps=s; ps<s+n; ps++)                 //每次循环，跳过一行
        printf("%s\n",strupr(*ps));          //字符串转换成大写英文字母输出
}
void main()
{
    char strs[5][20];                        //定义二维数组
    int i;
    for(i=0; i<5; i++) gets(strs+i);         //字符串，二维数组中的一行
    str_print(strs, 5);                      //二维数组名为实参
}
```

运行结果：

```
Fortran↵（回车）
Basic↵（回车）
```

```
Pascal↙（回车）
C Language↙（回车）
Prolog↙（回车）
FORTRAN
BASIC
PASCAL
C LANGUAGE
PROLOG
```

在函数调用后，指针变量 s 和数组 strs 的关系如图 6.7 所示。s 是指向一维字符数组（20个元素）的指针变量，其性质与二维数组一样，因此函数定义可改为 void str_print(char s[][20], int n)。ps 与 s 的指针性质一样，ps 为指向元素的指针，即字符数组的指针。

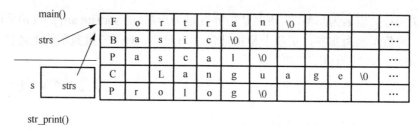

图 6.7　指针变量 s 和数组 strs 的关系

### 6. 指向函数的指针作为函数参数

指向函数的指针和指针变量是一种数据，可作为函数的参数。

**例 6.12**　输入若干数，输出最大值和最小值（注意：指向函数的指针作为函数参数）。

```
#include <stdio.h>
void max(int x, int y)
{
    printf("The max value=%d\n", x>y?x:y);    //输出最大值
}
void min(int x, int y)
{
    printf("The min value=%d\n", x<y?x:y);    //输出最小值
}
void print_max_or_min(int (*fun)(), int x ,int y)  //指向函数的指针变量作为形参
{
    (*fun)(x,y);                               //指向函数的指针调用函数
}
void main()
{
    int a,b;
    void (*pmax)()=max,(*pmin)()=min;          //定义指向函数的指针变量并初始化
    scanf("%d%d",&a,&b);
    print_max_or_min(pmax, a ,b);              //指向函数的指针变量作为实参
    print_max_or_min(pmin, a, b);              //指向函数的指针变量作为实参
}
```

运行结果：

```
2   5↵（回车）
The max value=5
The min value=2
```

函数名是指向函数的指针，在 print_max_or_min 函数调用中，也可以将函数名直接作为参数，即 print_max_or_min(max, a ,b)与 print_max_or_min(min, a, b)。

函数的形参和实参及其结合方式是主调函数向被调函数传递数据的主要通道，具有以下 4 个特点：① 形参与实参的数据类型、个数和位置都一一对应；② 形参是动态变量，而且形参、实参具有不同的数据单元，形参接收实参的拷贝，而且形参变化与实参无关；③ 指针作为函数参数通过指向运算间接访问主调函数中的数据单元，建立数据交流的通道；④ 数组名作为函数参数的本质是指针作为函数参数，形参数组与实参数组共享同一个数据单元，形参数组的变化也是实参数组的变化。

## 6.3.2　函数返回

C 语言程序按顺序（串行）执行，并且每个函数都有一定功能，主调函数和被调函数具有严格控制与被控制的关系。当主调函数调用被调函数后，主调函数处于等待状态，转向执行被调函数。当被调函数执行结束后，必须返回到主调函数，主调函数才能从等待处继续执行（如图 6.8 所示：fun1、fun2、fun3 为函数，fun1 调用 fun2，fun2 调用 fun3，标号从小到大表示执行的先后顺序）。被调函数通过 return 语句返回主调函数，其形式为

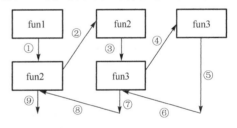

图 6.8　函数执行顺序

«return» ⌊«运算数»⌋ («运算数»)」;

其中，"运算数"可以是常量、变量或表达式，且必须有值；"运算数"所属数据类型可以是基本类型、构造类型（包括指针类型、数组类型、结构体类型、共用体类型、枚举类型、文件类型）。在被调函数结束语句 return 的执行后，返回到主调函数，主调函数继续执行。若 return 语句还带有数据，则返回主调函数的同时还返回一个数值。总之，return 语句的功能包括：① 结束被调函数的执行，返回主调函数；② 在结束被调函数时，可以将返回值给主调函数。

### 1. 函数返回的基本数据类型

例 6.13　求两个数的乘积。

```
#include <stdio.h>
void main()
{
    int x,y,z;                      //变量定义
    int multi(int x, int y);        //函数声明
    x=5;    y=10;
    z=multi(x,y);                   //函数调用
    printf("%d*%d=%d\n",x,y,z);
}
int multi (int x, int y)            //函数定义
```

```
    {
        int z;
        z=x*y;
        return(z);                          //函数返回值,也可以用 return z;
    }
```

运行结果:

```
    5*10=50
```

在函数定义时,需要指明函数返回值的数据类型,该数据类型在定义函数的函数名前,被调函数通过语句 return 返回到主调函数中。若在定义函数时,指明除 void 类型外的其他类型,则 return 应该返回一个该数据类型的值给主调函数。在例 6.13 中,当定义函数 multi 时,其函数返回值的数据类型为 int,当主函数 main 调用函数 multi 后,函数 multi 可以返回一个 int 类型值给主函数。

有关函数返回值,需要注意以下 5 点。

(1) 需要从被调函数中得到一个值,该函数至少有一个 return 语句。先遇到哪个 return 语句就返回该 return 语句后的值,并结束调用函数执行,如

```
    int max(int x, int y)
    {
        if(x>y) return x;
        else return y;
    }
```

函数 max 根据实参值的大小执行其中一个 return 语句,而另一个 return 语句不执行。

(2) 当定义函数指明的返回值数据类型与 return 语句中运算数的数据类型不一致时,函数调用后只能得到定义函数时指明的数据类型值,如

```
    int max(float x, float y)         //返回整型值
    {
        float z;
        z=x>y ? x : y;
        return(z);                    //浮点型值
    }
```

z 是 float 型变量,但调用函数 max 时,只能得到 int 型值。

(3) 若函数中没有 return 语句,则当调用该函数后,得到一个已指明返回值类型的随机值,并不是不返回值,如

```
    int max(float x, float y)         //返回整型值
    {
        float z;
        z=x>y ? x : y;
    }
```

在调用该函数后,返回值由系统强制返回到主调函数,并可得到一个随机的整型值。

(4) 在定义函数时,指明函数返回值的数据类型为空类型(viod 类型),调用该函数就不能得到任何值,如

```
void print_value(float w)
{
    printf("%5.3f\n",w);
    return;                    //返回主调函数,但不返回值
}
```

不返回值的函数也可以省略 return 语句,由系统强制返回主调函数。

(5) C 语言约定:在定义函数时,若没有指明返回值的数据类型,则该函数隐含返回值为整型。为了增强程序的可读性,最好指明返回值的数据类型。如

```
max(float x, float y)
{
  return(x>y ? x : y);        //返回浮点型值
}
```

尽管 x>y?x:y 的值为浮点型,但是在定义 max 函数时,若没有指明返回值类型,则调用该函数可得到整型值(默认类型值为整型)。

**2. 函数返回构造类型数据**

被调函数除可以返回基本类型的数据外,还可以返回构造类型(如结构体类型、共用体类型、枚举类型)。

**例 6.14** 建立学生的数学、英语、语文成绩及其平均成绩档案,查找平均成绩最高的学生及其成绩信息。

学生的成绩信息包括姓名、数学、英语、语文和平均成绩,由结构体类型表示。学生成绩信息可存储在二维数组中,每个元素均对应一名学生信息,如每行有 4 名学生信息,可以有若干行。输入数据并查找平均成绩最高的学生信息需要遍历整个数据集。

```
#define N 2
#include "stdio.h"
#include "string.h"
struct Stud
{
    char name[20];                    //姓名
    float math_sco;                   //数学成绩
    float eng_sco;                    //英语成绩
    float chi_sco;                    //语文成绩
    float ave;                        //平均成绩
};
//平均成绩最高的学生
struct Stud get_stud(struct Stud (*stds)[4], int n)//返回结构体类型值
{
    struct Stud s=stds[0][0];                  //定义结构体类型变量,并初始化
    int i, j;
    for(i=0; i<n; i++)
        for(j=0; j<4; j++)
            if(s.ave<stds[i][j].ave) s=stds[i][j]; //平均成绩最高的学生信息
    return (s);                                //返回结构体类型值
}
```

```
//输入学生成绩，并计算平均成绩
void input(struct Stud *ps)                    //结构体类型指针变量作为形参
{
    gets (ps->name);                           //输入学生信息
    scanf("%f", &ps->math_sco);
    canf("%f", &ps->eng_sco);
    scanf("%f", &ps->chi_sco);
    ps->ave=( ps->math_sco+ps->eng_sco+ps->chi_sco)/3;
    scanf("%*c");                              //跳过上一个输入时的回车符
}
//输出学生成绩和平均成绩
void output(struct Stud *ps)                   //结构体类型指针变量作为形参
{
    printf("Name:%s ", ps->name);              //输出学生信息
    printf("Math:%.1f ", ps->math_sco);
    printf("Eng:%.1f ", ps->eng_sco);
    printf("Chi:%.1f ", ps->chi_sco);
    printf("Ave:%.1f ", ps->ave);
}
void main()
{
    struct Stud s, ss[N][4], (*p_row)[4], *p_col; //结构体类型变量、数组、指针
    for(p_row=ss; p_row<ss+N; p_row++)
        for(p_col=*p_row; p_col<*p_row+4; p_col++)
            input(p_col);                      //结构体类型指针变量作为实参
    s= get_stud(ss, N);                        //结构体类型数组作为实参，返回结构体数据
    output(&s);                                //结构体类型指针作为实参
    printf("\n");
}
```

运行结果：

```
Zhang↙（回车）
90  90  90↙（回车）
Li↙（回车）
100  90  90↙（回车）
Wang↙（回车）
90  80  70↙（回车）
Wu↙（回车）
80  90  70↙（回车）
Lu↙（回车）
60  70  800↙（回车）
Liu↙（回车）
90  80  80↙（回车）
Wang↙（回车）
```

```
80  90  90↵（回车）
Yuan↵（回车）
70  70  60↵（回车）
Name: Li Math: 100.0 Eng: 90.0 Chi: 90.0 Ave: 93.3
```

该例题是函数参数混合的应用，如函数 get_stud 的形参 stds 为指向行的指针变量，在函数内，stds 用作数组名，而实参为数组名 ss。其实，这从指针和数组名的实质上也不难理解（如图 6.9 所示，其中每个数组元素为一个结构体变量，包括成绩信息）。get_stud 函数的返回值为结构体数据，包括成员数组和 4 个成员变量。s 为结构体变量，保留平均成绩最高的学生信息。

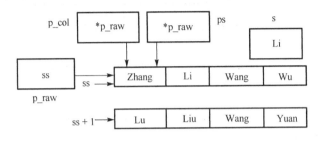

图 6.9 返回结构体数据

### 3. 函数返回指针数据类型

指针数据类型是构造数据类型之一，它不仅可以作为函数参数，而且可以作为函数返回值，如例 6.14 中的函数 main 和函数 get_stud 可改写为以下程序。

```
struct Stud *get_stud(struct Stud (*stds)[4], int n)  //返回结构体类型指针
{
    struct Stud *s=&stds[0][0];           //定义结构体类型值变量，并初始化
    int i, j;
    for(i=0; i<n; i++)
        for(j=0; j<4; j++)
            if(s->ave<stds[i][j].ave) s=&stds[i][j];
                                          //平均成绩最高的学生信息
    return (s);                           //返回结构体类型指针
}
void main()
{
    struct Stud *s, ss[10][4], (*p_row)[4], *p_col;
                                          //结构体类型变量、数组、指针
    for(p_row=ss; p_row<ss+10; p_row++)
        for(p_col=*p_row; p_col<*p_row+4; p_col++)
            input(p_col);                 //结构体类型指针变量作为实参
    s= get_stud(ss, 10);                  //结构体类型数组作为实参,返回结构体指针
    output(s);                            //结构体类型指针作为实参
}
```

如图 6.10 所示，其中每个数组元素均为一个结构体变量，包括成绩信息。get_stud 函数返

回指向结构体变量（元素）的指针，s 是指向结构体变量的指针变量。在执行 get_stud 函数后，得到一个指向平均成绩最高的结构体元素（包含学生信息）。

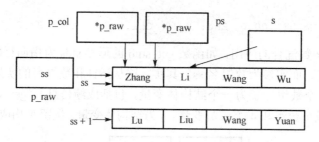

图 6.10　返回指向结构体变量的指针

**例 6.15**　已知分数数列 $\frac{1}{2}$, $\frac{2}{3}$, $\frac{3}{5}$, $\frac{5}{8}$, …，分析分数数列的每项变化规律，求第 $n$ 项的分数以及将分数数列转换为浮点数数列（前 5 项）。

可以看出规律：第 1 项的分子为 1，分母为 2，以后每项的分子是前一项的分母，分母是前一项的分子与分母之和。

```
#include "stdio.h"
struct Fraction                              //定义分数结构体类型
{
    int numerator;                           //分子
    int denominator;                         //分母
};
struct Fraction frac_fun(int n)              //返回结构体类型数据
{
    struct Fraction prev_item,next_item;     //相邻两项
    int i;
    prev_item.numerator=1;                   //第 1 项分子
    prev_item.denominator=2;                 //第 1 项分母
    for(i=2;i<=n;i++)
    {
        next_item.numerator= prev_item.denominator;      //下一项分数
        next_item.denominator= prev_item.numerator+ prev_item.denominator;
        prev_item=next_item;                 //下一项分数成为前一项分数
    }
    return (prev_item);                      //返回结构体类型数据
}
float frac_to_float(struct Fraction fra)     //结构体类型变量作函数形参
{
    float f;
    f=(float)fra.numerator/fra.denominator;  //分数转换为浮点数
    return f;
}
void main()
{
    struct Fraction fra;
```

```
        float f;
        int n, i;
        scanf("%d",&n);                          //第 n 项
        fra= frac_fun(n);                        //第 n 项分数，返回结构体类型变量
        printf("The Fraction is %d/%d\n", fra.numerator, fra.denominator);
        for(i=1;i<=n;i++)
        {
            fra= frac_fun(i);                    //第 i 项分数，返回结构体类型变量
            f= frac_to_float(fra);               //第 i 项浮点数，结构体类型变量作函数实参
            printf("%10.2f",f);
        }
        printf("\n");
    }
```

运行结果：

```
5↵（回车）
The Fraction is 8/13
0.50    0.67    0.60    0.63    0.62
```

结构体 Fraction 表示分数，包含分子和分母。函数 frac_fun 实现求解第 n 项分数。结构体变量 prev_item 默认第 1 项分数为 1/2。若 n 大于 1，则求解下一项，其结构体变量 next_item 为 2/3，并使其成为前一项，即 "prev_item= next_item;"（如图 6.11 所示），以此类推，可得第 n 项的分数。此例题还有其他算法，如第三项的分子是前两项分子之和，第三项的分母是前两项分母之和，这样就需要默认前两项分数。

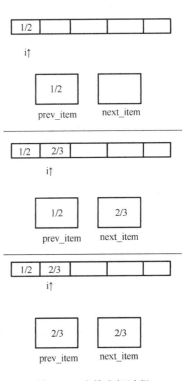

图 6.11 分数求解过程

### 4. 函数返回 void 类型指针

void 类型（空类型）是一种数据类型，需要特别理解，在函数定义中，容易引起误解。函数定义为

> void fun(⌐«形参声明列表»⌐) ⌐«函数体»⌐

表示函数 fun 不返回值，在"函数体"内可省略 return 语句，或不带返回值的 return 语句（即"return;"）。另一个函数定义为

> void *fun(⌐«形参声明列表»⌐) ⌐«函数体»⌐

表示函数 fun 返回值是指针，不是没有返回值，只是返回指针指向的具体类型单元不确定（不指向任何数据类型的指针），后续根据需要进行强制类型转换。在"函数体"内肯定有带返回指针值的 return 语句（return «指针»）。常用的动态内存分配函数 malloc、calloc、realloc 就是返回 void*型值，其原型有以下 3 种类型。

（1）void *malloc(unsigned int size)。在程序运行时，在内存中分配 size 字节的连续数据单元，并返回这个连续数据单元的首地址，但这个指针指向的类型可通过强制类型转换进行变换。

```
char *pc; int *pi; float *pf; int (*parr)[4];
struct person {char name[15], address[25];} *ps;
pc=(char *)malloc(40*sizeof(char));        //pc 成为一维字符数组，40 个元素
pi=(int *)malloc(20*sizeof(int));          //pi 成为一维整型数组，20 个元素
pf=(float *)malloc(10*sizeof(float));      //pf 成为一维浮点型数组，10 个元素
parr=(int[4] *)malloc(5*4*sizeof(int));    //parr 成为 5 行 4 列二维整型数组，
                                                    20 个元素
ps= (struct person *)malloc(1*sizeof(struct person)); //ps 指向一个结构体变量
                                                    单元
```

（2）void *calloc(unsigned int n, unsigned int size)。函数 calloc 与函数 malloc 基本相同，但参数不同，表示开辟连续 n 个数据单元，每个单元大小为 size，即分配连续 n*size 字节的数据单元。calloc 函数常用于分配一维数组。

```
char *pc; int *pi; float *pf; int (*parr)[4];
struct person {char name[15], address[25];} *ps;
pc=(char *)calloc(40,sizeof(char));        //pc 成为一维字符数组，40 个元素
pi=(int *)calloc(20, sizeof(int));         //pi 成为一维整型数组，20 个元素
pf=(float *)calloc(10, sizeof(float));     //pf 成为一维浮点型数组，10 个元素
parr=(int[4] *)calloc(20, sizeof(int));    //parr 成为 5 行 4 列二维整型数组，
                                                    20 个元素
ps= (struct person *)calloc(1, sizeof(struct person)); //ps 指向一个结构体变量
                                                    单元
```

（3）void *realloc(void *p, unsigned int size)。函数 realloc 中的参数 p 是由函数 calloc 或函数 malloc 分配的连续数据单元的首地址。函数 realloc 可以把由函数 calloc 或函数 malloc 分配的连续数据单元改为 size 字节。由于数据单元大小发生变化，因此常引起数据的丢失。

在程序运行时，动态分配的数据单元只能通过 free 函数进行撤销，否则系统将长期占用该数据单元（参见 4.5 节）。

例 6.16  输入数据个数和每个数据，并逆序输出。

```
#include <stdio.h>
#include <malloc.h>
void main()
{
    int *a, n, i;
    printf("数组元素个数=");
    scanf(%d", &n);                    //确定数组元素个数
    a=(int *)malloc(n*sizeof(int)); //a=(int *)calloc(n, sizeof(int));
                                       分配数组单元

    for(i=0; i<n; i++)
    {
        printf("a[%d]=", i);          //显示数组元素名称
        scanf("%d",&a[i]);            //scanf("%d",a+i);输入数组元素
    }
    printf("Reverse:");
    for (i=n-1; i>=0; i--) printf("%5d", a[i]);       //数组倒序输出
    free(a);                          //回收数据单元
}
```

运行结果：

```
数组元素个数=5↵（回车）
a[0]=5↵（回车）
a[1]=4↵（回车）
a[2]=3↵（回车）
a[3]=2↵（回车）
a[4]=1↵（回车）
Reverse:1  2  3  4  5
```

## 6.4　函数嵌套调用与递归调用

迄今为止讨论了 C 语言模块化程序设计的基本概念，即源程序构成、函数定义和函数调用。在编程实践中，函数还可能有多层调用，体现软件工程"自上而下，逐步细化"的问题求解的设计理念。这部分内容属于函数调用，包括函数嵌套调用与递归调用。

### 6.4.1　函数嵌套调用

主调函数与被调函数之间具有严格控制与被控制的关系。所谓函数嵌套调用就是一个函数 fun1 调用另一个函数 fun2，另一个函数 fun2 又调用其他函数 fun3，这样函数调用逐层深入直到底层。当底层函数调用结束后，返回到上层函数继续执行，以此类推。当前函数只能等到被调函数结束返回后才可继续执行（如图 6.8 所示）。

例 6.17　求函数 $y=10x+\sin x$ 的值。

```c
#include "math.h"
#include <stdio.h>
main()
{
    double fun();                    //函数声明
    double x,y;
    printf("x=");
    scanf("%lf",&x);
    y=fun(x);                        //函数调用
    printf("x=%f  y=%f\n",x,y);
}
double fun(double x)                 //函数定义
{
    double y;
    y=10*x+sin(x);                   //调用系统函数
    return(y);
}
```

运行结果：

```
x=5↵（回车）
x=5.000000   y=49.041076
```

在该程序中，包括 5 个函数：main、fun、sin、printf 及 scanf。这些函数都是相互独立的，通过函数调用才能建立它们之间的联系。以 main、fun、sin 函数为例说明函数嵌套调用的过程（如图 6.12 所示，标号从小到大表示程序执行的先后次序）。

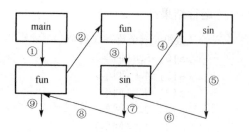

（1）从主函数 main 开始执行，在执行主函数 main 过程①中调用了函数 fun，转向执行②函数 fun，主函数 main 等待。

（2）在执行函数 fun 过程③中，调用了函数 sin，转向执行④函数 sin，函数 fun 等待。

图 6.12　函数嵌套调用的过程

（3）执行⑤函数 sin，返回 sin 的函数值，转向⑥，结束函数 sin 执行，结束函数 fun 等待。

（4）继续执行⑦函数 fun，转向⑧，结束函数 fun，结束主函数 main 等待。

（5）继续主函数 main 执行⑨，直到执行结束。

从该过程中可以看出，当主调函数 A 调用被调函数 B 时，转向执行被调函数 B，主调函数 A 只能等待，直到被调函数 B 结束返回，主调函数 A 才能继续执行。无论多少层函数嵌套调用，主调函数与被调函数之间的关系都是严格控制与被控制的"串行"关系。在函数递归调用过程中，函数间的关系也是严格的串行关系。

### 6.4.2　函数递归调用

在函数 fun 定义中，函数体内又调用 fun 自身函数，这样的函数调用称为函数直接递归调用，其形式为

```
《数据类型符》 fun (⌊《形参声明列表》) ⌋)          //函数定义
              {
                ⌊《语句列表 1》⌋
                《fun (⌊《实参列表》) ⌋)  》          //直接调用自身
                ⌊《语句列表 1》⌋
              }
```

在函数 fun1 定义中调用函数 fun2，而在函数 fun2 定义中又调用函数 fun1。函数 fun1 和 fun2 都间接调用了自身，这样的函数调用称为函数间接递归调用。表示形式为

```
《数据类型符》 fun1 (⌊《形参声明列表》) ⌋)          //函数定义
              {
                ⌊《语句列表 1》⌋
                《fun2 (⌊《实参列表》) ⌋)  》          //间接调用自身
                ⌊《语句列表 1》⌋
              }
《数据类型符》 fun2 (⌊《形参声明列表》) ⌋)          //函数定义
              {
                ⌊《语句列表 1》⌋
                《fun1 (⌊《实参列表》) ⌋)  》          //间接调用自身
                ⌊《语句列表 1》⌋
              }
```

总之，函数递归调用是特殊的嵌套调用。为了更好地理解函数递归调用的过程，以数学函数为例说明。

**例 6.18** 求 $m$ 的 $n$ 次幂（$n$ 为包括 0 在内的正整数）。

分析

$$m^n = \begin{cases} 1, & n = 0 \\ m \times m \times ...m, & n > 0 \end{cases}$$

因此可用连续乘以 $m$ 且循环 $n$ 次的循环程序实现。

```c
#include <stdio.h>
main()
{
    int m,n,power();                          /*变量定义，函数声明*/
    printf("input m,n:");
    scanf("%d,%d",&m,&n);
    printf("P(%d,%d)=%d\n",m,n,power(m,n));    /*函数调用*/
}
int power(int m, int n)                        /*定义求 mⁿ 函数*/
{
    int p=1,i;
    for(i=1;i<=n;i++) p*=m;                    //连乘 n 次
    return p;                                  //返回求解结果
}
```

运行结果：

```
2 3↵（回车）
P(3,2)=8
```

$m^n$ 又可以表示为

$$m^n = \begin{cases} 1, & n = 0 \\ m \times m^{n-1}, & n > 0 \end{cases}$$

若利用数学函数，则上式又可以表示为

$$p(m,n) = \begin{cases} 1, & n = 0 \\ m \times p(m,n-1), & n > 0 \end{cases}$$

此式为递归表达式，即 $p(m,0)=1$，或 $p(m,n)=m \times p(m,n-1)$，即如果要求解 $m^n$，那么首先要求解 $m^{n-1}$；如果要求解 $m^{n-1}$，那么首先要求解 $m^{n-2}$，以此类推，直到求解 $m^0=1$。再逐步返回，可得 $m^1=m \times m^0$，$m^2=m \times m^1$，…，$m^n=m \times m^{n-1}$。该过程为"逐层深入和逐层返回"。以 $2^3$ 为例，如图 6.13 所示为递归过程，其中 ☐ 表示函数调用。从递归过程看，$2^3$ 的结果为 8。C 语言的递归程序由系统借助"堆栈"自动实现。

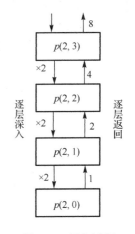

图 6.13 递归过程

根据上式，可定义 power 函数如下。

```c
int power(int m, int n)                 //定义接递归函数
{
    int p;
    if(n==0) p=1;
```

```
        else p=m*power(m,n-1);              //直接递归调用
        return(p);
    }
```

上述两个 power 函数功能相同。利用递归调用还可进一步简化 power 函数为

```
    int power(int m, int n)                 //定义直接递归函数
    {
        int p=1;
        if(n>0) p=m*power(m,n-1);           //直接递归调用
        return(p);
    }
```

或

```
    int power(int m, int n)                 //定义直接递归函数
    {
        return(n==0?1:m*power(m,n-1));      //直接递归调用
    }
```

利用递归方法定义函数是非常简捷的，许多利用循环方法处理的问题都可用递归方法实现。写循环程序时，为了避免死循环，要在循环体内不断改变循环控制条件。在写递归函数时，也要避免无限"深入"调用，陷入死递归，编写递归程序要注意以下两点。

（1）必须有直接或间接调用自身函数（直接递归或间接递归调用），而且当递归调用时，参数会发生变化，如函数 power 定义处参数为 n，而递归调用处参数为 n−1。

（2）必须有递归调用的结束出口，即当满足条件时，递归调用结束，如在 power 函数定义中，函数体内"if(n==0) p=1;"就是递归的结束出口。

递归的本质是把大问题分解为小问题，而这些小问题与大问题具有相同的求解方法。递归程序比较抽象，可把要求解的问题转换成数学上具有递归性的表达式，再写出相应的递归调用函数，如分析 $m^n$ 的求解过程，直至写出递归函数 power 的定义。

**例 6.19** 求数列 1,1,2,3,5,8,…,n 的第 n 项的值（n 为从 1 开始的整数）。

分析：第 1 项为 1，第 2 项为 1，第 3 项为第 1 项与第 2 项的和，以此类推，第 n 项为第 n−1 项与第 n−2 项之和，即

$$\text{Fib}(n)=\begin{cases} 1, & n=1 \\ 1, & n=2 \\ \text{Fib}(n-1)+\text{Fib}(n-2), & n>2 \end{cases}$$

利用循环程序实现。

```
    #include <stdio.h>
    int fib(int n);                         //函数声明
    main()
    {
        int n;
        scanf("%d",&n);
        printf("Fib(%d)=%d\n",n,fib(n));
```

```
    }
int fib(int n)
{
    int f=1,f1=1,f2=1,i;
    if(n!=1&&n!=2)                        //不是第 1,2 项
        for(i=3;i<=n;i++)                 //第 i 项
            {f=f1+f2; f1=f2; f2=f;}       //前两项之和，新的前两项
    return(f);
}
```

运行结果：

```
6↵（回车）
fib(6)=8
```

改用递归程序实现，程序为

```
int fib(int n)
{
    int f;
    if(n==1) f=1;                         //第 1 项
    else if(n==2) f=1;                    //第 2 项
    else f=fib(n-1)+fib(n-2);             //当前项为前两项之和
    return (f);
}
```

也可用更简捷的递归程序实现，程序为

```
int fib(int n)
{
    int f=1;                              //默认第 1,2 项
    if(n!=1&&n!=2)                        //非第 1,2 项
        f=fib(n-1)+fib(n-2);             //当前项为前两项之和
    return(f);
}
```

或

```
int fib(int n)
    {return(n==1?1:n==2?1:fib(n-1)+fib(n-2));}
```

**例 6.20** 求数列 $\frac{1}{2},\frac{2}{3},\frac{3}{5},\frac{5}{8},\cdots,n$ 的第 $n$ 项的值（$n>1$ 的整数）。

第 1 项分子为 1，分母为 2，其他项的分子为前一项的分母，分母是前一项的分子与分母之和。这样分析是一种间接递归调用，求分子时，需要调用求分母函数；求分母时，需要调用求分子函数。

```
#include <stdio.h>
void main()
{
    int n, numerator(),denominator();     //变量定义，函数声明
```

```
        scanf("%d", &n);
        printf("fraction(%d)=%d/%d.\n",
            n, numerator(n), denominator(n));    //求分子、分母
    }
    int numerator(int n)                         //求分子
    {
        int z, denominator(int n);               //变量定义, 函数声明
        if(n==1) z=1;
        else z= denominator(n-1);                //间接递归调用 denominator()
        return (z);
    }
    int denominator(int n)                       //求分母
    {
        int m;
        if(n==1) m=2;
        else m= numerator(n-1)+ denominator(n-1); //间接递归调用 numerator()
        return (m);
    }
```

运行结果:

```
3↵（回车）
fraction(3)=3/5.
```

数学上有些数列比较复杂，但满足递归规律。若采用循环方法，则难于实现，因此这类问题利用递归方法实现。

**例 6.21** 计算 Ackermanm 函数 Ack($m,n$)（其中 $m \geqslant 0$, $n \geqslant 0$），Ack($m,n$)的公式为

$$\text{Ack}(m,n) = \begin{cases} n+1, & m=0 \\ \text{Ack}(m-1,1), & n=0 \\ \text{Ack}(m-1,\text{Ack}(m,n-1)), & m>0, n>0 \end{cases}$$

这样的数学函数很难用循环程序实现，故采用递归程序，实现程序如下。

```
    #include <stdio.h>
    main()
    {
        int Ack(int,int);
        int m,n;
        scanf("%d%d",&m, &n);
        printf("Ack(%d,%d)=%d\n",m,n,Ack(m,n));
    }
    int Ack(m,n)
        int m,n;
    {
        int result;
        if(m==0) result=n+1;
        else if(n==0) result=Ack(m-1,1);
        else result=Ack(m-1,Ack(m,n-1));
        return result;
    }
```

运行结果：

```
2  3↵（回车）
Ack(2,3)=9
```

## 6.5 函数有效范围

随着软件规模的扩大，软件开发需要全体团队成员共同完成。每个团队成员都独立完成自己的程序文件，而每个文件又包含多个函数。采用函数的有效范围机制，实现不同文件之间函数的相互调用，同时确保函数的安全性，为函数提供保护。

### 6.5.1 内部函数与外部函数

相对程序文件而言，函数可分为内部函数与外部函数。

#### 1. 内部函数

函数只能被本文件中的其他函数调用，而不能被其他文件的函数调用，该函数为内部函数，即内部函数的最大有效范围也不能超过本文件中的函数调用。内部函数的定义形式为

«static » «数据类型符» «函数名» (⌊«形式参数名声明列表»⌋) {⌊«函数体»⌋}

内部函数的定义形式与一般函数的定义形式相同，只是加了前缀 static 关键字，使用内部函数可以提高函数的安全性。不同文件中同名的内部函数互不干扰，这样由多人编写的程序就不用担心目标文件在链接时发生函数调用的混乱。如图 6.14 所示，文件 file1.c 与 file2.c 各自编译后进行链接形成统一可执行文件。由于文件 file2.c 定义了函数 fun 为内部函数，文件 file1.c 中任何

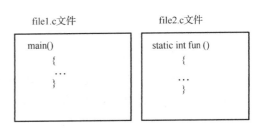

图 6.14　内部函数

函数都不能调用函数 fun，但可以被文件 file2.c 内的函数调用，保证了函数 fun 的安全。若文件 file1.c 内有函数 fun 的定义，则这两个函数 fun 互不相同，即内部函数不能跨文件调用。

#### 2. 外部函数

若函数不仅可以被本文件的其他函数调用，而且也可以被其他文件中的函数调用，则该函数为外部函数，即外部函数的有效范围可以是所有文件的函数调用。外部函数的定义形式为

⌊«extern »⌋«数据类型符» «函数名» (⌊«形式参数名声明列表»⌋) {⌊«函数体»⌋}

其中，外部函数的定义形式与一般函数的定义形式相同，只是多了关键字 extern，或省略 extern 的函数也是外部函数。可见，以前定义的函数都是外部函数。

若函数调用了其他文件中的外部函数，则在函数中要对外部函数做函数声明，声明形式为

«extern » «数据类型符» «函数名» (⌊«形式参数名声明列表»⌋) {⌊«函数体»⌋}

也可以把所有的函数声明放在本文件的开头处，此时主调函数对被调函数可以不做声明。如图 6.15 所示，文件 file1.c 和 file2.c 各自编译后进行链接形成统一可执行的文件。由于文件 file2.c 定义了函数 fun 为外部函数，并且在文件 file1.c 中对文件 file2.c 的函数 fun 进行外部函

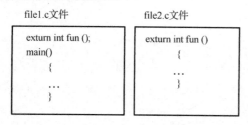

图 6.15　外部函数

数声明，因此文件 file1.c 中的任何函数都可以调用函数 fun，也可以被文件 file2.c 内的函数调用，从而保证函数 fun 的安全。如果文件 file1.c 内有函数 fun 的定义，那么文件 file1.c 内的函数只能调用本文件内的函数 fun，即局部范围内的函数有效性的优先权大于外部范围的函数。

　　在软件系统开发时，使用外部函数可以更好地分工协作。每人完成一定量的函数定义，然后各自编译，最后链接成统一的可执行文件。

## 6.5.2　文件包含

　　C 语言编译系统在对 C 源程序进行编译之前，根据编译预处理命令，自动对源程序进行一些处理，即编译预处理，有利于提高 C 源程序的模块化，完善程序的可读性与可移植性。编译预处理命令以"#"开头，包括文件包含（#include）、宏定义（#define）和条件编译（#if）。编译预处理命令不是语句，一般出现在源程序的开头处。

　　文件包含就是在编译预处理时，把其他源程序文件包含到自己的文件中，并成为一个整体的源程序文件进行编译。文件包含预处理命令形式为

```
#include "源程序文件名"
```

或

```
#include <源程序文件名>
```

其中，"源程序文件名"还可以包括盘符和路径。

　　例如，有文件 file1.c 和 file2.c（如图 6.16 所示），当对文件 file1.c 进行编译前，编译系统把文件 file2.c 自动插入到文件 file1.c 中（如图 6.17 所示），再进行编译，最终形成目标文件 file1.obj，进一步链接成可执行文件 file1.exe。

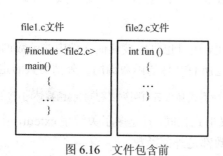

图 6.16　文件包含前

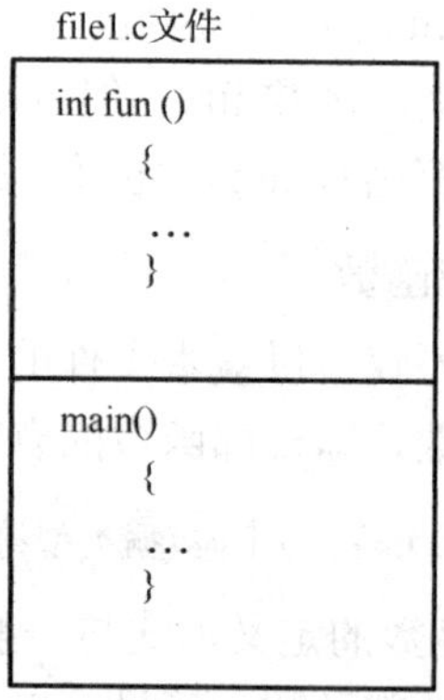

图 6.17　文件包含后

**例 6.22**　求 $m$ 的 $n$ 次幂。

建立文件 ex6_22.c 如下。

```
#include "ex6_22_1.c"
#include <stdio.h>
void main()
```

```
{
    int m, n, p;
    scanf("%d%d", &m, &n);
    p=power(m, n);
    printf("P(%d,%d)=%d\n",m,n,p);
}
```

其中文件 ex6_22_1.c 如下。

```
int power(int m, int n)
{return (n==0?1:m*power(m,n-1));}
```

对文件 ex6_22.c 进行编译，形成目标文件 ex6_22.obj，进一步链接成可执行文件 ex6_22.exe。

运行结果：

```
2  3↵（回车）
P(2, 3)=8
```

关于#include 命令需要做如下说明。

（1）文件包含虽然可以链接不同文件，但是只能对源程序文件进行链接，不同于在操作系统中，通过 link 链接命令来链接目标文件。

（2）文件包含后只生成一个目标文件，并没有生成被包含文件的目标文件。

（3）文件包含预处理后只有一个源程序文件，因此所有文件中的函数都是内部函数，没有外部函数，即内部函数与外部函数只是对后续各文件独立编译后链接而言的。所有文件中只能有唯一的主函数 main。

（4）多个文件通过文件包含进行文件拼接，最多只能有一个主函数 main。

（5）C 语言提供库函数与头文件（扩展名.h），可通过文件包含访问这些库函数，如输入/输出函数、数学函数、字符串函数等，对应头文件为 stdio.h、math.h、string.h 等。

（6）C 语言系统平台可以设置文件目录。文件包含格式可用"<>"或""""，其区别在于：前者在系统设置隐含的目录中寻找被包含的文件；后者先在源程序文件所在目录中寻找被包含的文件，当未寻找到被包含的文件后，再按"<>"方式寻找被包含的文件。

## 6.6　主函数参数

可执行程序（扩展名.exe）是操作系统的命令。在 DOS 操作系统环境中，或在"Windows\开始\运行…"下输入 command 命令切换到 DOS 状态中，按命令行格式

```
《命令名》《参数列表》↵（回车）
```

启动"命令"。其中，"参数列表"是空格分隔的若干参数。

可执行程序的文件名（可执行程序名）就是命令名，如可执行程序 add.exe，add 即为实现两个正整数之和的命令，即

```
add 10 20↵（回车）
30
```

C 语言源程序经过编译、链接后成为可执行程序，该程序就是命令。主函数是用户自定义

的函数，函数名 main 是关键字，其具有特定含义：① 主函数是程序的唯一入口，是 C 语言程序（软件系统）的启动函数，可以理解为该函数只能由操作系统调用；② 主函数只能是主调函数，不能成为其他函数的被调函数；③ 主函数可以是无参函数，也可以是有参函数；④ 有参主函数的参数只能有两个，而且具有特定类型和内涵，其形式为

```
⌊《数据类型符》⌋ 《main》（《int argc》,《char *argv[]》） {⌊《函数体》⌋}
```

其中，"数据类型符"为数据类型的标识符，如 int、float、char、void 等，若省略"数据类型符"，则函数返回值为 int 类型。主函数 main 的返回值只能返回给操作系统。函数形参依次只能是 int 型变量（如 argc）和指向 char 型的指针数组（如 argv）。主函数 main 不能成为其他函数的被调函数，即主函数形参的值不可能来自其他函数，只能来自操作系统的命令行，如"add 10 20"命令行，argc 获得的值为 3，即命令行参数个数为 2 个和命令数 1 个。以 argc 为数组大小，分配指向字符的指针数组 argv，并为"命令名"与每个"参数"分配字符串空间，其中 argv[0]指向命令名字符串，argv[i]指向第 i 个命令行参数字符串（i=1,2,...）（如图 6.18 所示）。

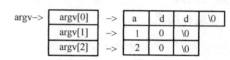

图 6.18 主函数参数

**例 6.23** 显示命令行的命令名和参数。假设源程序名为 ex6_23.c，编译、链接形成可执行程序 ex6_23.exe。

```c
#include "stdio.h"
void main(int argc, char *argv[])
{
    int i;
    for(i=0;i<argc;i++)
        printf("%s\n",argv[i]);          //输出字符串
}
```

有两种情况：① 在 DOS 环境或 Windows 环境下切换到 DOS 状态下运行，在 ex6_23.exe 所在文件目录下，其运行结果：

```
ex6_23 My salary 20000↙（回车）
My
salary
20000
```

② 在 VC++ 6.0 环境中编译、链接后，在"工程—设置—调试—程序变量"中输入"My salary 20000"，可得到上述结果。可以看出，可执行函数自动统计命令行参数个数、分配指针数组，以及命令名、每个参数的字符串空间。注意：命令行中是数值也是数字字符串（如图 6.19 所示）。

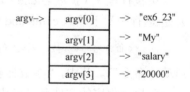

图 6.19 主函数参数

**例 6.24** 实现 ex6_24 命令，求多个正整数的和。源程序名为 ex6_24.c，编译、链接形成可执行程序 ex6_24.exe。

```c
#include "stdio.h"
int str_to_num(char *str)          //把字符串转换为数值
{
```

```
        int r=0,i=0;
        while(str[i])                         //当前字符不是结束标记（\0）
        {
            r*=10;                            //进一位
            r+=str[i++]-'0';                  //加个位数字
        }
        return r;                             //返回数值
    }
    void main(int argc, char *argv[])         //没有返回值，表示个数和字符串数组
    {
        int i,r=0;
        for(i=1;i<argc;i++)                   //主函数参数个数
        {
            printf("%s+",argv[i]);            //输出当前参数和加号
                                //等价于 printf("%d+", str_to_num(argv[i]));
            r+=str_to_num(argv[i]);           //当前参数（字符串）转换为数值累加
        }
        printf("\b=%d\n",r);                  //删除加号，输出累加结果
    }
```

运行结果：

```
ex6_24 10 20 30 40 50↵（回车）
10+20+30+40+50=100
```

由于命令行的参数都是字符串，因此需要函数 str_to_num 把数字字符串转换为数值。

## 6.7 函数程序设计举例

### 6.7.1 链表

数组和动态内存分配数据单元在逻辑上是连续的，在物理上也是连续的，即数组和动态内存分配数据单元分别为编译阶段和运行阶段分配连续的数据单元。如有序数据集合 {10,20,30,40,50}，可用数组或动态分配数据单元进行存储和管理。

```
int a[]={10,20,30,40,50};
int *b;
b=(int *)calloc(5,sizeof(int));
b[0]=10; b[1]=20; b[2]=30; b[3]=40; b[4]=50;
```

a、b 的数据单元只有数据域。由于数组元素的数据单元在物理上连续，因此 a 和 b 通过下标 i（i=0,1,2,3,4）或指针的算术运算 a+i、b+i（或 b++,b− −）等可以访问数组元素。逻辑上连续的数据集对集合元素的增加或删除只有伴随大量数据元素的移动，才能使其物理上保持连续。

**例 6.25** 对有序数列插入或删除一个数后使得数列仍然有序。

设数据集合 arr 是按从小到大顺序排序的，有 N 个元素。给定一个数 n，下标 i 从 0 开始（i=0,1,2,…,N−1），每个元素 arr[i]逐一与 n 比较，如果 arr[i]大于 n，那么 n 应插在 arr[i]的位

置上，arr[i+1],…,arr[N-1]元素后移；否则 n 插在 arr[N]的位置上，最后比较到 N+1 为止。可用数组或动态内存分配数据单元进行表示、存储和管理。

```
int insert(int arr[], int N, int n)        //当前元素个数，待插入数
{
    int i,j;                               //下标
    for(i=0;i<N;i++)                       //逐个元素
    if(arr[i]>n ) break;                   //当前元素大于待插入数
    for(j=N-1;j>=i;j--) arr[j+1]=arr[j];   //元素后移
    arr[i]=n;                              //插入在 i 的位置上
    N=N+1;                                 //个数加 1
    return N;                              //返回个数
}
```

给定数据 n，下标 i 从 0 开始（i=0,1,2,…,N-1），每个元素 arr[i]逐一与 n 比较，若 arr[i]等于 n，则应删除 arr[i]，arr[i+1],…,arr[N-1]元素前移。若 n 不在数据集合中，则不删除任何元素。

```
int del (int arr[], int N, int n)          //当前元素个数，待删除的元素
{
    int i,j,flag=0;                        //下标，删除标识
    for(i=0;i<N;i++)                       //逐个元素查找
        if(arr[i]==n )
            {flag=1;break;}                //找到要删除的元素
    for(j=i;j<N;j++) arr[j]=arr[j+1];      //元素前移
    return flag;                           //确认删除
}
#include "stdio.h"
void main()
{
    int a[10]={10,20,30,40,50};            //数组足够大
    int n,N=5,i,flag;                      //变量定义，当前有 5 个元素
    scanf("%d",&n);                        //输入元素
    N=insert(a,N,n);                       //插入元素，返回个数
    for(i=0;i<N;i++) printf("%4d",a[i]);   //输出所有元素
    printf("\n");
    scanf("%d",&n);                        //输入元素
    flag=del(a,N,n);                       //删除元素，返回是否删除
    if(flag) N--;                          //确认删除元素，修改元素个数
    for(i=0;i<N;i++) printf("%4d",a[i]);   //输出所有元素
    printf("\n");
}
```

运行结果：

```
25↵（回车）
    10 20 25 30 40 50
30↵（回车）
    10 20 25 40 50
```

对上述程序数组 a, 也可以采用动态内存分配实现。在利用一维数组和动态内存分配存储和管理数据时，需要注意以下 3 点。

（1）数组大小只能在程序中定义。为了确保程序的正常运行，数组或动态内存分配数据单元必须定义足够大，这势必造成内存空间的浪费。

（2）由于每个数对应的数据单元在内存中具有顺序性，因此可以利用下标或指针的算术运算（如++, --）来访问任何元素。

（3）为了确保数据单元的顺序性，元素的增加或删除必然伴随数组元素的大量移动，从而导致时间的浪费。

数组和动态内存分配数据单元要求内存必须有足够大的连续空白数据空间，但是存储空间往往存在不连续的空白碎片，导致使用连续数据空间的要求无法满足。可采用逻辑上连续但物理上不连续的链表进行数据存储和管理。链表中每个数据单元都由两部分构成：数据域和指针域，这样的数据单元也称节点（如图 6.20 所示）。指针域作导引确保数据在逻辑上的连续性，但在物理上可以不连续（如图 6.21 所示）。每个数据单元的数据域都可以存放数值，而指针域存放下一个数据单元的指针。从 head 开始（称 head 为头指针）访问数据单元的数据域获取数值，访问数据单元的指针域获取下一个数据单元指针。可以看出，数据单元物理上不连续，而逻辑上连续（图 6.22 所示）。为了表示链表的结束，因此该表最后节点的指针域为 NULL（空指针），表示不指向任何节点，这样的链表也称单向线性存储链表。

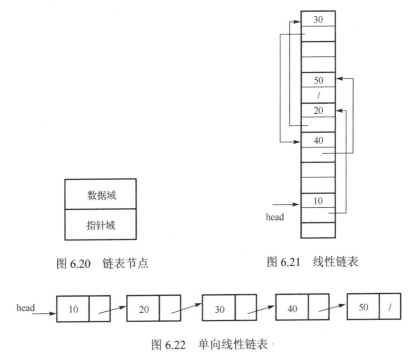

图 6.20　链表节点　　　　图 6.21　线性链表

图 6.22　单向线性链表

在管理数据上，单向线性链表具有以下特点。

（1）链表节点不要求在内存中连续，可在程序运行中形成节点，通过指针域建立节点间的顺序性。

（2）没有下标概念，只有通过节点的指针域访问到相邻节点。

（3）在链表中增加或删除节点，只需要修改有关节点的指针域，而没有节点的移动。

下面通过单向线性链表的创建、查询、排序、删除的实例，体会链表数据管理的特点。

**例 6.26** 链表应用实例，实现链表创建、查询、排序、删除的功能。

```c
#include <stdio.h>
#include <malloc.h>
struct node{int n; struct node *next;};  //链表节点类型,包括数据成员和指针成员
typedef struct node NODE;               //对链表类型重命名
NODE *head=NULL;                        //全局变量,链表头指针
void add_node(int n)                    //加入数据,创建链表
{
    NODE *p;
    p=(NODE *)malloc(sizeof(NODE));     //分配数据单元
    p->n=n;                             //数据单元保留数据
    p->next=head;                       //数据单元在链表头
    head=p;                             //数据单元成为链表头结点
}
void print_link()                       //输出整个链表
{
    NODE *p;
    for(p=head; p!=NULL; p=p->next)     //逐一输出链表节点
        printf("%5d", p->n);
    printf("\n");
}
NODE *quiry(int n)                      //链表中查询数据,返回指针
{
    NODE *p;
    for(p=head; p!=NULL; p=p->next)     //链表中逐一查找数据
        if(p->n==n) break;              //链表中找到数据
    return (p);                         //返回数据所在位置指针,未找到时为NULL
}
void sort()                             //链表从小到大排序
{
    NODE *p1, *p2, *p;
    int temp;
    for(p1=head; p1->next!=NULL; p1=p1->next)         //选择排序算法
    {
        p=p1;                           //当前最小位置的指针
        for(p2=p1->next; p2!=NULL; p2=p2->next)
            if(p->n>p2->n) p=p2;        //修改最小位置的指针
        if(p!=p1)                       //当前最小位置的指针发生变化
            {temp=p->n; p->n=p1->n; p1->n=temp;}      //互换数据
    }
}
int del (int n)                         //删除链表中指定数据节点
{
    int yesno=0;                        //没有要删除的节点
    NODE *p1, *p2;
    for(p1=head; p1!=NULL; p1=p1->next) //逐一查找节点
```

```
        {
            if(p1->n==n) break;                    //查找节点
            p2=p1;                                 //当前节点的前节点指针
        }
        if(p1!=NULL)                               //查找节点
        {
            yesno=1;                               //存在要删除节点
            if(p1==head) head=p1->next;            //要删除的节点为头结点
            else p2->next=p1->next;                //要删除的节点为链表中结点
            free(p1);                              //删除节点，撤销数据单元
        }
        return yesno;
    }
    void delete_all()                              //删除所有节点
    {
        NODE *p;
        while(head!=NULL)
        {
            p=head;                                //要删除的节点
            head=head->next;                       //下一个节点
            free(p);                               //回收数据单元
        }
    }
    void main()
    {
        int i, n, num;
        printf("输入链表节点数 num=");
        scanf("%d", &num);
        printf("输入数据:");
        for(i=0; i<num; i++)                       //创建链表
        {
            scanf("%d", &n);
            add_node(n);                           //加入一个节点
        }
        print_link();                              //输出链表
        printf("输入待查数据: ");
        scanf("%d", &n);
        if (quiry(n)!=NULL)                        //查询数据
            printf("数据在链表中\n");
        else
            printf("数据不在链表中\n");
        sort();                                    //对链表排序
        print_link();                              //输出链表
        printf("输入删除数据: ");
        scanf("%d", &n);
        if (del(n))                                //删除节点
            printf("数据已删除\n");
        else
            printf("数据不在链表中\n");
```

```
        print_link();                           //输出链表
        delete_all();                           //删除所有节点
    }
```

运行结果：

```
    输入链表节点数 num=5↵（回车）
    输入数据：3 2 1 5 4
        4   5   1   2   3
    输入待查数据：2↵（回车）
    数据在链表中
        1   2   3   4   5
    输入删除数据：4↵（回车）
    数据已删除
        1   2   3   5
```

结构体类型 NODE 表示节点类型，其中包含指向自身类型的指针成员 next。head 为 NODE 类型的指针变量，指向链表的头结点，并定义为全局变量，这样各函数都可以共享这个变量（有关全局变量的概念在第 7 章介绍）。输入建立链表节点个数 num 后，循环调用函数 add_node 来建立链表，该链表按逆序建立，即函数 add_node 通过函数 malloc 动态地分配内存数据单元，并转化为节点单元，在链表头插入节点（如图 6.23 所示是在插入 4、5、1 后再插入 2 的过程）。函数 print_link 从 head 开始依次输出每个节点数据。函数 quiry 查询数据是否存在，若返回 1 则表示数据存在；若返回 0 则表示数据不存在。函数 sort 根据选择排序法实现从小到大排序的功能，采用指针 p1、p2 表示相邻节点，p2 在当前位置，p1 在后面位置。函数 del 的作用是删除节点，首选判断待删除节点（其数据域的值）是否存在，若存在则删除该节点。删除节点的过程只是修改指针域的指针指向（如图 6.24 所示是删除节点 4 的过程），并回收节点单元。设计删除算法需考虑待删除的节点存在的 3 种可能：在链表头、链表中、链表尾部分别处理。函数 delete_all 循环调用函数 del 依次删除每个节点。

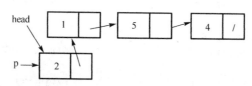

图 6.23　在链表头插入节点

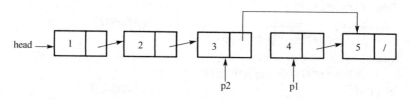

图 6.24　删除节点 4 的过程

### 6.7.2　方程求根

**例 6.27**　用弦截法求方程的根。已知方程 $2x^2-19x+24=0$ 两个根分别在区间[1，2]和区间[7，9]内，求方程的根。

方程 $f(x)=0$ 的根 $x_0$ 是曲线 $y=f(x)$ 与 $x$ 轴相交时的 $x$ 值。在 $x_0$ 的附近区间$[a, b]$中，$f(a)$与 $f(b)$一定是异号（$f(a)\,f(b)<0$）。过两点$(a, f(b))$，$(b, f(b))$作直线：$y=\dfrac{f(b)-f(a)}{b-a}(x-a)+f(a)$，该直线必与 $x$ 轴相交，交点的 $x_1$ 值为 $x_1=\dfrac{af(b)-bf(a)}{f(b)-f(a)}$。判断 $f(x_1)$ 是否足够接近 0（$|f(x_1)|$是否足够小），如果 $f(x_1)$足够接近 0，那么用 $x_1$ 近似 $x_0$；若 $f(x_1)$不足够接近 0，则要缩小 $x_0$ 所在区间。若 $f(a)$与 $f(x_1)$同号，则新区间为$[x_1, b]$；若 $f(b)$与 $f(x_1)$同号，则新区间为$[a, x_1]$。利用新区间再作直线与 $x$ 轴相交，可得 $x_2$，以此类推，可得 $x_1,x_2,\cdots$，直到有一个值 $x_n$ 使得 $f(x_n)$足够接近 0，则用 $x_n$ 近似 $x_0$（如图 6.25 所示）。

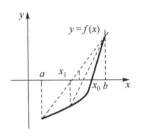

图 6.25　求方程的根

为了说明外部函数和内部函数的使用方法，独立编写成若干文件，每个文件只包含一个函数。

```c
//文件 ex6_27_1.c 只有一个主函数 main。
#include "stdio.h"
extern void root();                    /*外部函数声明*/
extern int samesigne();
extern float fun();
main()
{
    float a,b;
    float ya,yb;
    do
    {
        printf("a=");                  /*输入区间端点*/
        scanf("%f",&a);
        printf("b=");
        scanf("%f",&b);
        ya=fun(a);
        yb=fun(b);
    }while(samesigne(ya,yb));          /*包含根在内的区间有效*/
    root(a,b);                         /*求得方程根*/
}
//文件 ex6_27_2.c 只包含曲线方程函数 fun。
extern float fun(float x)
{
    float y;
    y=2*x*x-19*x+24;                   /*f(x)=*/
    return(y);
}
//文件 ex6_27_3.c 只包含求弦直线与 x 轴交点的函数 xi;
extern float xi(float a,float b)
{
    extern float fun();                /*外部函数声明*/
    float x1;
```

```
        x1=(a*fun(b)-b*fun(a))/(fun(b)-fun(a));        /*交点*/
        return x1;
}
//文件 ex6_27_4.c 只包含判断区间端点的纵坐标是否异号的函数 samesigne。
extern int samesigne(float y1,float y2)
{
        int result;
        if(y1*y2>0) result=1;
        else result=0;
        return(result);
}
//文件 ex6_27_5.c 只包含求区间内的根的函数 root。
#include "math.h"
extern int samesigne();                      /*外部函数声明*/
extern float fun();
extern float xi();
extern void root(float a,float b)
{
        float x1,y1;
        float ya;
        ya=fun(a);
        do
        {
            x1=xi(a,b);
            y1=fun(x1);
            if(samesigne(y1,ya))    a=x1;
            else b=x1;
            ya=y1;
        }while(fabs(y1)>1e-10);
        printf("equation root is %f.\n",x1);
}
```

这些文件是相互独立的，可以单独编译，各自形成目标文件，即 ex6_27_1.obj，ex6_27_2.obj，ex6_27_3.obj，ex6_27_4.obj，ex6_27_5.obj。然后，通过 link 程序链接这些目标文件及所需的库文件等。

在 Turbo C 环境中，可以创建工程文件，如 ex6_27_0.prj（工程文件的文件名），其内容为各源程序文件，即

```
    ex6_27_1.c
    ex6_27_2.c
    ex6_27_3.c
    ex6_27_4.c
    ex6_27_5.c
```

然后对工程文件 ex6_27_0.prj 进行编译、链接可形成 ex6_27_1.obj，ex6_27_2.obj，ex6_27_3.obj，ex6_27_4.obj，ex6_27_5.obj 和 ex6_27_0.exe。在操作系统中（如 DOS），运行得到

```
    ex6_27_0↵（回车）
    a=1↵（回车）
```

```
b=2↵（回车）
equation root is 1.500000.
ex6_27_0↵（回车）
a=5↵（回车）
b=9↵（回车）
equation root is 8.000000.
```

链接各文件的方法可以使用预处理命令#include，在 ex6_27_0.c 的文件开始处，包括其他文件，如

```
#include "ex6_27_2.c"
#include "ex6_27_3.c"
#include "ex6_27_4.c"
#include "ex6_27_5.c"
#include "ex6_27_1.c"
```

然后对 ex6_27_0.c 进行编译、链接形成可执行文件 ex6_27_0.exe，在操作系统中运行 ex6_27_0，运行结果与上述相同。

## 本章小结

C 语言模块化程序设计体现在函数的概念上，根据函数的来源，函数可分为系统函数和自定义函数。根据函数的参数，函数可分有参函数和无参函数及空函数。C 语言模块化程序设计表现在自定义有参函数和无参函数上。函数定义形式为

```
⌊«extern»⌋⌊«static»⌋«数据类型符» «函数名»（⌊«形式参数声明列表»⌋）
{
    ⌊«函数声明»⌋ⁿ
    ⌊«数据类型定义»⌋ⁿ
    ⌊«数据定义»⌋ⁿ
    ⌊«语句»⌋ⁿ
    ⌊return ⌊（«运算数»）⌋⌋⌊«运算数»⌋⌋;
}
```

函数调用体现了函数之间的联系，是模块组织形式的集中体现，涉及函数声明形式和函数参数的结合形式。函数参数可分为函数定义中的形参和函数调用中的实参，而且形参可以是变量（包括基本类型变量、构造类型变量）、数组（实际上是指针变量），也可以是动态数据单元，即在函数调用时，由系统动态分配数据单元，在函数执行结束后，由系统回收数据单元。实参可以是常量、有值的变量和表达式。在函数调用过程中，实参和形参必须一一对应，即参数个数和对应位置及参数数据类型必须一致。实参和形参的结合形式都是实参传递（复制）数值给形参的过程，形参和实参不共享相同的数据单元，形参的变化不影响实参，这些都是直接访问形参和实参。而指针（包括变量指针、数组和函数名）作参数时，传递的数值是指针（地址），但不是变量，访问方式是直接访问，强调在直接访问获得指针后再进行间接访问。C 语言程序是串行运行的，在主调函数调用被调函数后，转向被调函数运行，主调函数处于等待状态，只有被调函数运行结束后返回，主调函数才可以接着运行。任何函数调用都要有返回值，只有 void 函数类型不返回值，或 void *函数类型返回指针值而指向的单元性质待定，而其他函数都可以

返回一个数据（基本类型数据或构造类型数据）。函数调用可以嵌套调用，而且不受调用层次的限制。递归调用是一种特殊的嵌套调用，可以直接或间接调用自身。在递归调用时，参数的变化尤为重要，应避免无限递归而耗尽内存资源，因此递归参数变化一定朝向递归出口，这样递归才可能结束。动态内存管理是在程序运行中进行维护和管理的，这非常有利于不定规模数据单元的数据管理和处理，但也会导致程序效率的降低。为了体现函数模块化的特性，函数可以在一个文件或多个文件中定义，采用内部函数和外部函数的有效范围机制，规定了函数的有效范围，确保函数调用的安全。在函数定义时，修饰符 static 表示所定义的函数为内部函数，只能在本文件内被调用，而修饰符 extern（或省略该修饰符）表示所定义的函数为外部函数，可以跨文件被调用。在文件包含或联合编译时，可以确定函数之间调用的合法性，加强函数模块化的程度和提高函数模块化的安全性。内部函数和外部函数都是针对源程序文件可以自行编译后再进行链接过程来划分的，而文件包含（include）是没有内部函数和外部函数划分的，这是由于在编译预处理后形成统一的源程序文件，所有函数本质上都是在一个文件中，或者说所有函数都只是内部函数。为了确保函数的正确调用，往往需要对函数进行声明，函数声明形式为

⌊«extern»⌋«数据类型符» «函数名» (⌊«形式参数声明列表»⌋«数据类型符列表»⌋)；

为了成功调用函数，被调函数必须存在。当被调函数不在主调函数有效范围内时，通过函数声明扩大函数的有效范围，使其能被主调函数调用。一个文件的内部函数定义必须唯一，但函数声明可以不唯一。

主函数 main 是特殊的用户自定义函数，其定义形式为

⌊«数据类型符»⌋«main» (⌊«int argc,char **argv»⌋) { «函数体» }

其特殊性主要体现在 main 是关键字；函数 main 只能是主调函数，不能成为被调函数；函数 main 是程序运行的入口，由操作系统启动（调用）；函数 main 可以是有参函数也可以是无参函数；对于有参函数，形参只能有两个，并且依次分别为 int 型和指向字符变量的指针数组，在运行命令时，第 1 个实参是命令与参数个数之和（参数个数+1），第 2 个实参是每个元素均指向命令及实参的字符串。

## 习题 6

1. 解释基本概念。

   函数定义与函数声明、函数调用与函数返回、函数嵌套调用与函数递归调用、函数形参与实参、内部函数与外部函数、内部/外部函数的有效范围、include 预处理命令。

2. 有标识符 p、p1、p2、p3、p4、p5、p6、p7，其定义形式如下。

   float p, *p1, *p2[5], (*p3)[5], *pp4[3][4], (*p5)[3][4], **p6, (*p7)();

   解释说明 p、p1、p2、p3、p4、p5、p6、p7 的含义。

3. 函数有哪些划分形式？

4. 文件包含和编译、链接都可以实现两个文件的联合，它们有什么不同？

5. 主调函数和被调函数的关系在程序执行过程中是如何体现控制与被控制关系的？

6. 在函数调用关系中，函数参数可分为几种？各有什么特点？

7. 根据文件中函数的位置，怎产判断函数的有效范围？

8. 根据函数在文件中的位置，函数可分为哪几类？函数声明有什么作用？

9. 主函数 main 有哪些特点？

10. 从程序安全角度解释理解：在函数定义中，关键字 static 和 extern 起什么作用？

11. 用牛顿迭代方法求方程 $ax^3+bx^2+cx+d=0$ 的根，其中 $a$、$b$、$c$、$d$ 和第一个根的近似值由键盘输入。

12. 用梯形法求定积分 $\int_a^b f(x)\mathrm{d}x$，其中 $f(x)=5x^2+6x-3$，积分上下限 $a$、$b$ 从键盘输入。

13. 用递归方法求一个自然数的最大公约数。

14. 用递归方法求 $n!$。

15. 有一个分数数列：$\dfrac{1}{2}$，$\dfrac{2}{3}$，$\dfrac{3}{5}$，$\dfrac{5}{8}$，$\dfrac{8}{13}$，$\cdots$，用结构体描述分数，采用递归方法求第 $n$ 项分数。$n$ 从键盘输入。

16. 分析下面程序，并说明程序运行的结果。

```c
int fib(b)
    int b;
    {
static int f1=1, f2=1;
    int f=1;
    if(n! =0&&n! =1)
    {
        f=f1+f2;
        f1=f2;
        f2=f;
    }
    return (f);
}
void main()
{
    int i;
    for(i=0); i<=5; i++)
        printf("fib(%d)=%d", i, fib(i));
    printf("\n");
    for(i=0;i<=5;i++)
        printf("fib(%d)=%d", i, fib(i));
}
```

17. 输入 3 个数，调用一个函数同时可得 3 个数中的最大值和最小值。

18. 人员信息管理系统。

假设人员信息记录包括编号、姓名、性别、年龄、出生年月日、工资和住址。功能要求：（1）增加人员记录；（2）修改人员记录；（3）删除人员记录；（4）查询人员记录；（5）显示人员记录。

设计思路如下。

（1）采用结构体类型描述人员信息。

（2）设定足够大的结构体类型数组存储人员信息。

（3）考虑管理的 5 个功能都要访问人员数据，把结构体数组设置为全局数组，同时定义全局变量记录当前人员个数。

（4）设计一个菜单，显示 5 个功能项。

5 个功能项的设计要求如下。

（1）增加人员记录。可随机增加人员信息，但要求人员信息由编号从小到大排序。

（2）修改人员记录。可修改人员信息，若修改人员编号，则还要保持人员信息的有序性。

（3）删除人员记录。可删除人员信息，首先根据人员编号定位即将删除的人员，再进行删除。

（4）查询人员记录。根据人员编号可查询人员记录及其在数组中的位置（下标）。建议先排序，再用折半查询。

（5）显示人员记录。以交互方式按页（每页 25 行）方式显示所有人员的记录信息。

除上述 5 个功能项外，还可设计其他辅助函数，以提高程序的模块化程度。

# 第 7 章

# 变量有效范围与存储类别

变量是程序运算（操作）的对象，是程序的核心。从程序角度看，变量作为重要数据需要变量安全性使用规则，确保在程序设计中正确、可靠地使用变量。从内存空间看，变量是数据单元在程序中的抽象表示，通过变量抽象访问内存空间，需要程序高效、有效地利用内存数据单元，也就是有效期、访问权限等属性。在 C 语言中变量具有 3 种属性：数据类型、有效范围和生存周期。数据类型决定变量存储单元的大小和数据精度以及运算特性，变量操作的实质是访问变量相应的数据单元。变量在程序中的位置决定着对其操作的有效性，而变量对应的数据单元在程序运行期间存在时间决定变量的生存周期。C 语言通过变量有效范围和存储类别表达数据的安全性和高效性。通过对变量有效范围与存储类别的学习，可以加深理解模块化程序设计思想，从而提高程序设计水平。

## 7.1 变量有效范围

变量有效范围就是在程序中变量能够被正确访问的权限，取决于变量定义的位置。

### 7.1.1 内部变量与外部变量

根据变量与函数的相对位置，变量可分为内部变量与外部变量。

#### 1. 内部变量

在函数内（包括函数参数）或复合语句内定义的变量称为内部变量，这种变量的有效范围只局限于本函数内或复合语句内。前面各章节涉及的变量均为内部变量。变量有效范围可看成一个区域，不同变量有不同的有效范围，也就有不同的区域，不同区域之间可能出现交叉或覆盖的关系（如图 7.1 所示）。有关内部变量的有效范围，需注意以下 5 点。

（1）任何函数都不能访问不在有效范围内的变量，如 x、y 为主函数的内部变量，fun1、fun2 等函数不能访问。

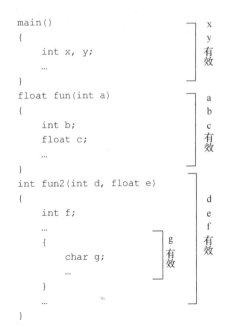

图 7.1　内部变量

（2）形参是内部变量（请参阅 6.4 节），在本函数内有效，即可访问。

（3）在不同有效范围内的内部变量可以同名，但对应不同的存储单元，因此这些变量之间并没有关联。这也就能理解为什么形参和实参可以同名，以及不同函数内变量可以同名。

（4）当同名内部变量有效范围出现完全覆盖时，被覆盖的内部变量访问优先权高于覆盖的内部变量，即函数访问的是被覆盖的内部变量，或者说被覆盖屏蔽了覆盖。

（5）在同一个有效区域内（没有覆盖和交叉关系）的变量只能唯一，不能有同名的变量。

**例 7.1**　当内部变量有效范围出现覆盖时，变量的有效性分析如下。

```
#include<stdio.h>
void main()
{
    int a=10;                          //外层 a
    {
        int a=100;                     //内层 a
        printf("内层范围 a=%d\n",a);    //内层 a
    }
    printf("外层范围 a=%d\n",a);        //外层 a
}
```

运行结果：

```
内层范围 a=100
外层范围 a=10
```

从运行结果看，被覆盖的内层 a 屏蔽了覆盖的外层 a，只有最内层的内部变量有效。

**2．外部变量**

在程序设计时，还可利用外部变量，所谓外部变量就是在函数外定义的变量。这种变量的有效范围从定义点（位置）到文件结束，其覆盖到的函数均可以访问。外部变量定义形式与内部变量定义形式一样（如图 7.2 所示）。有关外部变量的有效范围，需注意以下 3 点。

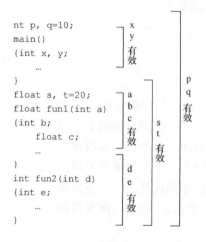

图 7.2　外部变量

（1）任何函数都不能访问不在有效范围内的变量，如图 7.2 中，对于外部变量 s、t，main 主函数不能访问，而 fun1 函数、fun2 函数可以访问；对于外部变量 p、q，3 个函数均可以访问。

（2）当同名外部变量有效范围出现完全覆盖时，被覆盖的外部变量优先权高于覆盖的外部变量，即函数访问到的是被覆盖的外部变量。

**例7.2** 当外部变量有效范围覆盖时，变量的有效性分析如下。

```
#include<stdio.h>
int b=100;
void fun1()
{
    printf("外部变量1: b=%d\n",b);
    b*=10;
}
int a=10;
void main()
{
    printf("外部变量2: a=%d\n",a);
    fun1();
    printf("外部变量2: b=%d\n",b);
}
```

外层 b

内层 a

运行结果：

```
外部变量2: a=10
外部变量1: b=100
外部变量2: b=1000
```

可见，main 主函数和 fun1 函数都访问到外部变量 b，而 a 只能被 main 主函数访问。实际上，变量 b 起到两个函数间传递数据的作用。

（3）当内部变量与外部变量在程序中同时混合应用时，变量的有效范围常出现覆盖与被覆盖的关系。对于同名的内部变量与外部变量，内部变量的有效范围处于被覆盖中，其访问优先权高于同名的外部变量，即内部变量的有效范围屏蔽了外部变量的有效范围，函数只能访问到内部变量。实际上，同名的内部变量与外部变量对应着不同的数据单元。

**例7.3** 当内部变量和外部变量有效范围覆盖时，变量的有效性分析如下。

```
#include<stdio.h>
int b=100;
void fun2()
{
    int b=1;
    printf("内部变量1: b=%d\n",b);
    b*=10;
}
int a=10;
void main()
{
    int a=100;
    printf("内部变量2: a=%d\n",a);
    fun2();
    printf("外部变量2: b=%d\n",b);
}
```

内部 b

外部 b

内部 a

外部 a

运行结果：

```
内部变量 2：a=100
内部变量 1：b=1
外部变量 2：b=100
```

可见被覆盖同名变量将屏蔽覆盖同名变量，也就是覆盖同名变量不可访问。综合内部变量与外部变量的有效范围可知：被覆盖变量的访问优先权高于覆盖变量的访问优先权，因此，访问的变量是访问优先权高的变量。

### 7.1.2　局部变量与全局变量

根据变量的有效范围，变量可分为局部变量与全局变量。

#### 1．局部变量

内部变量的有效范围在函数或复合语句内有效，而在其他范围（如其他函数）内无效，因此内部变量也就是局部变量。若外部变量不能覆盖到所有的函数，则这样的外部变量也是局部变量。所谓局部变量就是在程序中变量的有效范围只能覆盖到部分函数或语句访问的变量。如例 7.3 中，局部变量有内部变量 b（函数内）、内部变量 a（函数内）和外部变量 a（函数外）3 个变量。

#### 2．全局变量

全局变量就是变量的有效范围覆盖到程序中的所有函数的变量，因此全局变量一定是外部变量，如例 7.3 中外部变量 b 为全局变量。

**例 7.4**　输入两个数，同时得到它们的和与积。

```
#include"stdio.h"
int plus=100;                         //全局变量定义，并初始化
plus_time(int a,int b)                //省略返回值类型为 int 型
{
    int time;
    time=a*b;
    plus=a+b;                         //全局变量赋值
    return(time);
}
void main()
{
    int a,b,time;
    scanf("%d,%d",&a,&b);
    printf("plus=%d\n",plus);         //全局变量取值
    time=plus_time(a,b);
    printf("plus=%d time=%d\n",plus,time); //全局变量取值
}
```

运行结果：

```
1020
plus=100
plus=30 time=200
```

在该程序中，plus=100 是 main 主函数的第 1 个 printf 函数输出的。main 主函数在调用 time_plus 函数之前，100 是 plus 初始化的值，在调用 time_plus 后，重新对 plus 赋值，因此 main 主函数的第 2 个 printf 函数输出 plus 的值发生了变化。可见，plus 变量同时被 main 主函数和 plus_time 函数所访问。各变量的关系如图 7.3 所示。可以看到，局部变量同名，但还是有值的传递，而全局变量是被两个函数共享的。

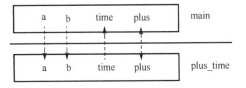

图 7.3　局部变量与全局变量

### 3. 外部变量声明

从 7.1.1 节了解到：函数有内部函数与外部函数，函数声明不是函数定义，而且函数声明不唯一，只是扩大函数可被调用的有效范围。外部变量声明与函数声明类似，也不是变量定义，只是扩大已定义的外部变量的有效范围。外部变量声明形式为

《extern》《数据类型符》《外部变量名 1》⌊,《外部变量名 2》⌋⁺;

其中，"extern"为声明外部变量关键字；"数据类型符"为定义外部变量时的数据类型标识符；"外部变量名"为自定义标识符，其一定是函数外定义的外部变量。

在图 7.2 中，外部变量 s、t 的有效范围并不覆盖到 main 主函数，因此 main 主函数不能访问变量 s、t。通过外部变量声明，可以扩大外部变量的有效范围。

（1）函数内声明：外部变量声明语句可在函数内，如图 7.2 的 main 主函数增加外部变量声明。

```
main()
{
    int x,y;
    extern float s,t;    //外部变量声明语句
...
}
```

这样 main 主函数就可以访问外部变量 s、t 了，即外部变量 s、t 的有效范围扩大到 main 主函数的内部，或者说外部变量 s、t 的有效范围扩大到 main 主函数。

（2）函数外声明：外部变量声明语句也可以在函数外，其有效范围从外部变量声明语句处开始到文件结束。若该外部变量声明语句在程序开头处，则外部变量就成为全局变量，如"extern float s,t;"若在 main 主函数之前声明，则 s、t 就成为全局变量。

注意：外部变量声明不同于外部变量定义，它是对已存在于函数外的变量进行说明，扩大变量的有效范围，被覆盖函数才能正确访问这些外部变量。

例 7.4 的程序与以下程序完全等效。

```
plus_time(int a,int b)
{
    extern int plus;                    //外部变量声明
    int time;
    time=a*b;
    plus=a+b;                           //外部变量访问
    return(time);
}
int plus=100;
```

```
main()
{
    int a,b,time;
    scanf("%d,%d",&a,&b);
    printf("plus=%d\n",plus);                //外部变量访问
    time=plus_time(a,b);
    printf("plus=%dtime=%d\n",plus,time);    //外部变量访问
}
```

从上述介绍中，可以看出外部变量（尤其是全局变量）有以下两方面特点。

（1）外部变量可被程序中的函数访问，增加了函数间数据传输的通道，克服了函数调用最多只能返回一个值的不足。这也是采用外部变量（尤其是全局变量）进行程序设计的优点。

（2）外部变量影响了函数的独立性，破坏了程序的模块化，同时函数要受外部变量当前值的影响，因此必须跟踪外部变量的变化，这样就降低了程序的可读性。这些也是采用外部变量进行程序设计的缺点。

### 4．外部变量跨文件声明

随着软件规模的扩大，团队成员需要分工协作，不仅需要完成各自函数功能，而且要完成各自程序文件。在各自程序文件中，还各自定义了外部变量，不仅确保外部变量的访问，而且要提供安全保护措施，在外部变量定义和声明上，采用 extern 和 static 进行说明。

（1）如果本文件中函数要访问其他文件中的外部变量，那么在本文件中开头处或函数内必须对外部变量进行声明。若允许其他文件在定义时使用外部变量，则需要在数据类型标识符前加 extern（也可省略，隐含着可以被其他文件中的函数访问）（如图 7.4 所示）。

```
//file1.c文件                          //file2.c文件
extern int i = 10; //外部变量定义        extern int i;   //外部变量声明
static int j = 100; //外部变量定义       extern int j;   //外部变量声明
extern int fun(); //函数声明            int fun ()       //函数定义
main()                                  {
{                                          i = i + 10;   //外部变量访问
    j = fun();                             …
    …                                   }
}
```

图 7.4　外部变量跨文件访问

经过编译、链接后，file1.c 中 main 主函数可以调用 file2.c 中的外部函数 fun 函数，而 file2.c 中 fun 函数可访问 file1.c 中外部变量 i。这样，外部变量 i 的有效范围就扩大到 file2.c 的声明点以后的所有函数。

（2）如果在本文件定义外部变量时，在数据类型前加 static，那么该外部变量只局限于本文件中的函数访问，其他文件中的函数无法访问（如图 7.4 所示）。尽管在 file2.c 的文件中对外部变量 j 进行了声明，但还是不能访问 file1.c 中的外部变量 j。这样，即使不同文件使用了同名的外部变量，系统也不会混淆，增加了全局变量的安全性。

（3）系统是在编译时为外部变量分配数据单元，并进行初始化的。如果定义外部变量时没有指明初始化的具体值，那么将字符型外部变量初始化为'\0'，将整型或实型外部变量初始化为 0，将指针类型外部变量初始化为 NULL。

数组是变量集合，有关变量有效范围的概念均适用于数组。

## 7.2 变量存储类别

根据变量的有效范围，变量可分为内部变量和外部变量，局部变量与全局变量。根据变量的生存期，变量可分为静态存储变量与动态存储变量，变量动态存储属性与静态存储属性统称为变量存储类别。

变量静态存储就是系统为变量分配固定内存存储单元。在程序运行期间，程序不仅始终占据着该存储单元，而且对该存储单元进行初始化，如外部变量就是静态存储的变量。静态变量就如同宾馆长期包间，永远不能被其他人占用，且无须为其再分配房间。

变量动态存储就是在程序运行期间，根据程序的需要，动态地为变量分配内存数据单元。当不需要时，又可撤销这些数据单元，由系统回收数据空间再利用，如形参变量和以前函数中定义的内部变量都是动态存储的变量（当函数调用时，分配存储单元，函数调用结束后，撤销存储单元）。动态变量如同来宾馆的人，人来即开房，人走即退房，退房后房间还可再分配利用。

变量存储类别大体可分为上述两种。在程序设计中，变量存储类别又可细分为以下 4 种：自动（auto）、静态（static）、寄存器（register）和外部（extern）的存储方式。这 4 种变量定义形式为

> ⌊«auto»⌋⊥«static»⊥«register»⊥«extern» «数据类型符» «变量名 1»⌊，«变量名 2»⌋ ；

其中，"auto" "static" "register" 和 "extern" 关键字指明定义变量的存储类别；"数据类型符"为数据类型标识符，可以是基本类型或构造类型的数据类型标识符；"变量名"为自定义变量标识符，可以指定初始值。以下详细介绍这 4 种存储的含义。

### 7.2.1 内部变量的存储方式

#### 1. 内部变量的自动存储方式

内部变量的自动存储方式的定义形式为

> ⌊«auto»⌋ «数据类型符» «变量名 1»⌊，«变量名 2»⌋ ；

其中，"auto" 关键字可以省略，如

```
auto int i,j=10;        //定义自动变量 i，j，初始化 j
```

等价于

```
int i,j=10;
```

可见，前面章节中的内部变量都是自动存储方式的内部变量。自动存储方式的内部变量还包括函数定义中的形参（省略 auto），其存储单元是在函数被调用时，由系统自动在内存中分配。当函数执行结束后，又由系统自动回收形参单元。当没有对自动存储的内部变量初始化为具体值时，系统自动对其初始化为随机值。

大量采用自动存储的内部变量可以增强函数的模块性、可读性，节省数据单元，但是由于动态性，系统需要进行动态数据单元的管理和维护，因此也会造成执行时间的浪费。

#### 2. 内部变量的静态存储方式

静态存储方式的内部变量定义形式为

《static》《数据类型符》《变量名1》，《变量名2》；

其中，"static"关键字不可省略，如

```
static int i, j=10;        //定义静态变量 i, j, 并初始化 i 为 0, j 为 10
```

静态存储的内部变量由系统分配固定的数据单元，并进行初始化，而且只初始化一次。如果定义静态存储的内部变量时没有指明初始值，那么系统根据该变量的数据类型进行初始化，即字符型静态变量初始化为'\0'；整型或实型静态变量初始化为 0；指针类型静态变量初始化为 NULL。静态变量在程序运行期间始终占据着该数据单元，直到程序运行结束才释放。

例 7.5 静态变量和动态变量的差异。

```
void fun()
{
    int a=10;                  /*动态变量*/
    static int b=10;           /*静态变量*/
    a++;  b++;                 /*变量增 1*/
    printf("a=%d   b=%d\n",a,b);
}
void main()
{
    int i;
    for(i=1;i<=5;i++)
    {
        printf("No:%d   ",i);
        fun();                 /*函数调用*/
    }
}
```

运行结果：

```
No:1   a=11   b=11
No:2   a=11   b=12
No:3   a=11   b=13
No:4   a=11   b=14
No:5   a=11   b=15
```

在 fun 函数中，a 为自动存储的内部变量，并初始化为 10，b 为静态存储的内部变量，并初始化为 10，两个变量都自增 1，最后输出 a、b 的值。在 main 主函数中调用 5 次 fun 函数，运行结果：a 的值不变，b 的值递增。导致此结果的原因：a 为动态变量，每次调用 fun 函数都对 a 分配数据单元，并初始化；而 b 为静态变量，只在编译时对它初始化一次，每次调用 fun 函数都不重复分配数据单元和进行初始化，从而保留了 b 上次函数调用的值（如图 7.5 所示）。

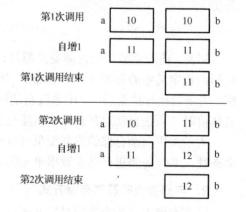

图 7.5 动态变量与静态变量

**例 7.6**　求 $n$ 的阶乘（采用静态变量和动态变量）。$n! = \begin{cases} 1, & n=0 \\ 1 \times 2 \times \cdots \times n, & n>0 \end{cases}$

```
#include "stdio.h"
int factorial(int n)                    //形参为动态变量
{
    static int f=1;                     /*静态变量*/
    if(n!=0)  f*=n;                      /*静态变量访问*/
    return(f);
}
void main()
{
    int i;
    for(i=0;i<=4;i++)                   //第一次调用 5 次
        printf("%d!=%-6d",i,factorial(i));
    printf("\n");
    for(i=0;i<=4;i++)                   //第二次调用 5 次
        printf("%d!=%-6d",i,factorial(i));
}
```

运行结果：

```
0!=1   1!=1   2!=2   3!=6   4!=24
0!=24  1!=24  2!=48  3!=144 4!=576
```

显然不能在任何情况下都调用 factorial 函数求解阶乘。虽然静态存储的内部变量不破坏函数的模块性（不改变变量有效范围），但在程序运行期间不释放存储单元，每次调用函数还要掌握当前值，因此这些都降低了程序的可读性。

**3. 内部变量的寄存存储方式**

寄存器存储方式的内部变量定义形式为

《register》《数据类型符》《变量名 1》L，《变量名 2》┘;

其中，"register"关键字不可省略，如

register int i,j=10;              //定义寄存器变量，初始化

寄存器存储的内部变量是动态变量。与自动存储的内部变量数据单元在内存中不同，寄存器存储的内部变量数据单元在寄存器中。

计算机运算过程：在控制器控制下，从内存中取出数据到寄存器中，然后参加各种运算，最后把运行结果又从寄存器中取出，存到内存中。若把数据直接存储到寄存器中，则数据没有在内存与寄存器之间交互传输，大大提高了计算机的执行效率，因此把频繁使用的变量设置为寄存器存储方式为宜。

**例 7.7**　求 $m^n$（$m \neq 0, n \geq 0$）。

$$m^n = \begin{cases} 1, & n=0 \\ \underbrace{m \times m \times \cdots \times m}_{n}, & n>0 \end{cases}$$

```
int power(m,n)
    int m,n;                            //形参声明
{
    register int i,result=1;        //寄存器变量定义，初始化
    for(i=0;i<n;i++)
        result=result*m;
    return(result);
}
main()
{
    register int k;                     //寄存器变量定义，
    for(k=0;k<5;k++) printf("%6d",power(2,k));
    printf("\n");
}
```

运行结果：

```
1   2   4   8   16
```

可以看到，寄存器存储的内部变量使用方法与自动存储的内部变量使用完全相同。

由于计算机寄存器非常有限，而且都承担特定功能，因此在程序中不能太多地使用寄存器作为数据存储单元。有的 C 编译系统（如 Microsoft C 和 Turbo C）为了保护有限寄存器的存储空间，而不真正使用寄存器存储数据，本质上还是内存作为数据存储空间（即 register 与 auto 相同）。

**4. 内部变量的外部存储方式**

内部变量没有外部（extern）的存储方式。

## 7.2.2 外部变量的存储方式

外部变量在函数外定义，系统为外部变量分配内存数据单元，而且进行一次性初始化（当程序中没有指定初始值时，系统也自动进行初始化，即字符型外部变量初始化为'\0'；整型或浮点型外部变量初始化为 0；指针型外部变量初始化为 NULL），因此外部变量只有静态存储方式。

特别强调：外部变量只有静态存储，也可用 extern 和 static 进行定义，但是 extern 只说明外部变量可以跨文件访问，static 只说明外部变量不可跨文件访问，并不是说明外部变量的动态或静态存储类别的问题（参见 7.1 节）。

关于外部变量的使用方法，已在 7.1 节中详细讨论过。表 7.1 作为变量存储类别的小结。

表 7.1  变量存储类别

| | 存 储 方 式 | 存 储 位 置 | 作 用 域 | | 生 存 期 | |
|---|---|---|---|---|---|---|
| | | | 函 数 内 | 函 数 外 | 函 数 调 用 | 运 行 期 间 |
| 内部变量 | auto | 内存 | √ | × | √ | × |
| | static | 内存 | √ | × | √ | √ |
| | register | 寄存器 | √ | × | √ | × |
| 外部变量 | static | 内存 | √ | √ (本文件内可用) | √ | √ |
| | extern | 内存 | √ | √ (跨文件内可用) | √ | √ |

## 7.3　程序设计举例

**例 7.8**　用二分法求方程 $2x^2 - 19x + 24 = 0$ 的根。方程的两个根分别在[1,2]和[6,10]的区间内。

方程 $f(x) = 0$ 的根 $x_0$ 是函数 $y = f(x)$ 与 $x$ 轴相交的坐标值（如图 7.6 所示）。假设 $x_0$ 已知在区间[a,b]内，曲线与 $x$ 轴相交，$f(a)$ 和 $f(b)$ 必定为异号，即 $f(a) f(b) < 0$。令区间[a,b]的中点为 $x_1 = (a+b)/2$，接近 $x_0$。如果 $f(x_1)$ 还不够接近 0，那么缩小包含 $x_0$ 的区间。

若 $f(x_1)$ 与 $f(a)$ 同号（$f(x_1) f(a) > 0$），则说明 $x_0$ 所在区间肯定为[$x_1$,b]。若 $f(x_1)$ 与 $f(b)$ 同号（$f(x_1) f(b) > 0$），则说明 $x_0$ 所在区间肯定为[a, $x_1$]。

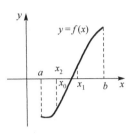

图 7.6　求方程的根

利用缩小的区间，可确定区间中点 $x_2$，如此反复，求得一系列值 $x_1$, $x_2$, …，直到求得值 $x_n$，使得 $f(x_n)$ 足够接近 0（或说 $f(x_n)$ 的绝对值足够小）时，就用 $x_n$ 近似 $x_0$。

```
#include "stdio.h"
#include "math.h"
float fun();                              /*函数声明*/
void root();
int samesigne();
float fun();
main()
{
    float a,b;
    float ya,yb;
    do
    {
        printf("a=");                     /*输入区间端点*/
        scanf("%f",&a);
        printf("b=");
        scanf("%f",&b);
        ya=fun(a);
        yb=fun(b);
    }while(samesigne(ya,yb));             /*确保根所在区间*/
    root(a,b);                            /*求根*/
}
void root(a,b)                            /*求根函数定义*/
float a,b;
{
    float middlex,middley;
    float ya;
    ya=fun(a);
    do{
        middlex=a+(b-a)/2;                /*区间中点*/
        middley=fun(middlex);
        if(samesigne(middley,ya)) a=middlex;  /*缩小区间*/
        elseb=middlex;
```

```
            ya=middley;
        }while(fabs(middley>1e-10));        /*足够接近于 0*/
        printf("equation root is%f.\n",middlex);
    }
    int samesigne(y1,y2)                     /*y1,y2 是否同号*/
        float y1,y2;
    {
    int result;
    if(y1*y2>0)result=1;
    else result=0;
    return(result);
    }
    float fun(x)/*y=f(x)*/float x;
    {
        float y;
        y=2*x*x-19*x+24;
        return(y);
    }
```

运行结果：

```
    a=1↙（回车）
    b=2↙（回车）
    equation root is 1.500000
    a=5↙（回车）
    b=9↙（回车）
    equation root is 8.000000.
```

这也是一个函数嵌套使用的例子，如 main 主函数调用 root 函数，root 函数调用 fun 和 samesigne 函数。

例 7.9　油田要求采油厂当年每月产量与月份关系为

$$product = 100 + 1 \times month$$

以达到"稳产高产"目标。但由于各种生产条件的影响，采油厂每月产量有些波动，具体如表 7.2 所示。

表 7.2　采油厂每月产量

| 月份 | 1 | 2 | 3 | 4 | 5 | 6 | 7 | 8 | 9 | 10 | 11 | 12 |
|---|---|---|---|---|---|---|---|---|---|---|---|---|
| 产量 | 98 | 101 | 103 | 97 | 95 | 110 | 105 | 100 | 107 | 115 | 120 | 108 |

建立回归方程为

$$product = b_0 + b_1 \times month$$

表示真实产量与月份之间的关系。其中，$b_1 = \dfrac{\sum\limits_{i=1}^{12}(i-6.5)(product_i - \overline{product})}{\sum\limits_{i=1}^{12}(i-6.5)^2}$，$b_0 = \overline{product} - 6.5 b_1$，

$$\overline{\text{product}} = \frac{\sum\limits_{i=1}^{12} \text{product}_i}{12}$$。要求：

（1）生成理论方程和回归方程的 12 月份产量数据；

（2）在同一个坐标系下，显示 3 个产量数据的柱状图，柱状图用 $A$、$B$、$C$ 分别显示真实、理论和回归产量。

定义一个二维数组 graph 保留图形。图形为柱状图，用字符 $A$、$B$、$C$ 表示。

```
#include <stdio.h>
char graph[35][80];                          //点阵字符绘图，保留图形
```

显示一维数组 p_data，该一维数组存放一个月的产量，可以是真实产量、理论产量或拟合产量。

```
void print_product(float *p_data)            //输出一年产量
{
    int month;
    for(month=0;month<12;month++)
        printf("%.2f",p_data[month]);
    printf("\n");
}
```

理论产量或拟合产量由线性方程产生，保留在 p_data 一维数组中。

```
void product(float *p_data,float a0,float a1)   //线性函数
                                                //y=a0+a1*x，月份 x，产量 y
{
    int month;
    for(month=0;month<12;month++)               //每个月的产量
        p_data[month]=a0+a1*(month+1);
}
```

根据一维数组 p_data 中一年的产量，求解产量的平均值。

```
float aver_product(float *p_data)            //产量平均值
{
    float aver=0;
    int month;
    for(month=0;month<12;month++)            //产量累加
        aver+=p_data[month];
    return  aver/12;                         //平均值
}
```

根据一维数组中一年的产量，求解拟合系数。

```
float b1(float *p_data)                      //拟合系数
{
    int month;
    float aver_pro,t1=0,t2=0;
    aver_pro=aver_product(p_data);           //平均产量
    for(month=0;month<12;month++)
    {
```

```
        t1+=(month-6.5)*(p_data[month]-aver_pro);
        t2+=(month-6.5)*(month-6.5);
    }
    return t1/t2;
}
float b0(float *p_data)                           //拟合系数
{
    float aver_pro;
    aver_pro=aver_product(p_data);                //平均产量
    return aver_pro-6.5*b1(p_data);
}
```

根据二维数组 data，每行依次为真实产量、理论产量、拟合产量。确定产量的起始绘制值 offset（如 93），从 offset+1 开始绘制柱状图，每个产量对应一个字符，把绘制图形保留在字符型二维数组 graph 中。

```
void draw(float data[][12],int offset,int raw_num,int col_num)
{//绘制图形，offset 绘图的基数，行数 raw_num，列数 col_num
    int i,j,mon,st_j=2;
    int ch;
    for(j=0;j<raw_num;j++)graph[j][0]='*';        //坐标系
    for(j=0;j<col_num;j++)graph[raw_num-1][j]='*';
    for(mon=0;mon<12;mon++)                        //每个月
    {
        ch=0;                                      //真实值、理论值、拟合值
        for(j=st_j;j<st_j+3;j++)
        {
            for(i=raw_num-(data[ch][mon]-offset+0.5);i<raw_num;i++)
            graph[i+ch][j]='A'+ch;                 //真实值A、理论值B、拟合值C
            ch++;
        }
        graph[raw_num-1][j-3]='';                  //横坐标绘制数字
        if(mon<9)
        {
            graph[raw_num-1][j-2]='1'+mon;         //数字字符
            graph[raw_num-1][j-1]='';
        }
        else
        {
            graph[raw_num-1][j-2]='1';             //数字字符
            graph[raw_num-1][j-1]='0'+mon-10+1;
        }
        st_j+=6;//间隔
    }
}
```

把绘制图形的二维数组 grahp 显示在屏幕上。

```
void print_graph(int raw_num,int col_num)         //显示图形
{
```

```
    int i,j;
    for(i=0;i<raw_num;i++)                              //显示所有字符
    {
        for(j=0;j<col_num;j++)printf("%c",graph[i][j]);
        printf("\n");
    }
}
```

主函数主要功能包括产生理论产量、拟合产量、绘制图形和显示图形。

```
void main()
{
    float a0,a1;                                        //线性方程系数
    float data[3][12]={98,101,103,97,95,106,105,100,107,105,112,108};
                                                        //真实数据
    print_product(data[0]);                             //显示真实数据
    a0=100;                                             //线性方程系数（理论方程）
    a1=1;
    product(data[1],a0,a1);                             //产生每个月理论数据
    print_product(data[1]);                             //显示每个月理论数据
    a0=b0(data[0]);                                     //线性方程系数（拟合方程）
    a1=b1(data[0]);
    //printf("aver=%.2f,b0=%.2f,b1=%.2f\n",aver_product(data[0]),a0,a1);
    product(data[2],a0,a1);                             //产生每个月拟合数据
    print_product(data[2]);                             //显示每个月拟合数据
    draw(data,93,35,80);                                //绘制每个月真实、理论、拟合柱状图
    print_graph(35,80);                                 //显示柱状图
}
```

运行结果：

```
    *                                                               A
    *                                                               A       B
    *                                                               AB      B
    *                                                       B       AB      B
    *                                               B       B       AB      AB
    *                                       B       AB      B       AB      AB
    *                       A       B       B       AB      B       AB      ABC
    *                       AB      AB      B       AB      AB      ABC     ABC
    *               B       AB      AB      B       AB      ABC     ABC     ABC
    *       A       B       B       AB      AB      B       ABC     ABC     ABC
    *       AB      B       B       AB      ABC     BC      ABC     ABC     ABC
    *   AB  AB      B       B       ABC     ABC     BC      ABC     ABC     ABC
    * B AB  AB      B       BC      ABC     ABC     ABC     ABC     ABC     ABC
    * B AB  AB      BC      BC      ABC     ABC     ABC     ABC     ABC     ABC
    *AB AB  ABC     BC      BC      ABC     ABC     ABC     ABC     ABC     ABC
    *AB ABC ABC     ABC     BC      ABC     ABC     ABC     ABC     ABC     ABC
    *ABC ABC ABC    ABC     BC      ABC     ABC     ABC     ABC     ABC     ABC
    *ABC ABC ABC    ABC     ABC     ABC     ABC     ABC     ABC     ABC     ABC
    *ABC ABC ABC    ABC     ABC     ABC     ABC     ABC     ABC     ABC     ABC

    ** 1 *** 2 *** 3 *** 4 *** 5 *** 6 *** 7 *** 8 *** 9 *** 10 *** 11 *** 12 *
```

## 本章小结

变量是计算机高级语言的核心，其决定存储单元的大小和数据精度的数据类型，决定变量可访问的有效范围和决定变量生存期的存储类别，即变量的属性包括数据类型、有效范围和存储类别。在一个程序文件中，函数内及其复合语句内定义的变量为内部变量，内部变量的有效范围在函数内或复合语句内可以访问，而函数外定义的变量为外部变量，外部变量的有效范围从定义处开始向文件结束方向所有语句均可以访问。把变量的有效范围理解为一个区域，其覆盖到的函数、语句均可以访问。在文件中可以定义有效范围不同的变量，出现区域之间的交叉或覆盖。一旦在交叉或覆盖含有同名变量时，被覆盖内的变量访问优先权高于覆盖的变量优先权，也就是被覆盖屏蔽了覆盖，语句访问的是被覆盖的变量。在一个文件中，外部变量在函数外定义，其有效范围从定义处开始到文件结束范围内有效，若外部变量定义处不是从文件开头处，则其有效范围只是覆盖到部分文件，即从定义处到文件开头处的函数无法访问，该外部变量为局部变量；若外部变量的定义从文件开头处开始，则其有效范围覆盖了整个文件，该外部变量为全局变量。从覆盖角度看，内部变量也可以理解为局部变量。通过外部变量声明可以改变局部变量（函数外定义）的有效范围，其声明形式为

«extern» «数据类型符» «外部变量名 1»⌐，«外部变量名 2»⌐;

若外部变量（函数外定义）声明在函数内，则其有效范围覆盖到函数；若外部变量（函数外定义）声明在函数外，则其有效范围覆盖到从其声明处开始到文件结束，尤其是外部变量（函数外定义）声明在文件开头处，局部变量（函数外定义）有效范围覆盖到整个文件，该变量称为全局变量。在多个文件中的外部变量也具有是否跨文件的有效范围，这种外部变量定义形式为

⌐«extern»⌐⊥«static» «数据类型符» «外部变量名 1»⌐，«外部变量名 2»⌐ⁿ;

其中，"extern"可以省略，表示所定义的外部变量可以跨文件访问，即这样的外部变量有效范围可以覆盖到另外的文件；而"static"表示所定义的外部变量只限于本文件内访问，即这样的外部变量有效范围最多只覆盖到本文件。对于许可跨文件访问的外部变量定义，另一个文件需要对该变量进行变量声明，变量声明不同于变量定义，其可以多处出现。由于有跨文件的外部变量定义和声明，因此改变了变量有效范围，可能出现同名变量有效范围覆盖重叠，同样遵循被覆盖的变量访问优先权高于覆盖的变量优先权的原则。可以看到，变量有效范围提供了正确访问变量的安全性措施。变量的生存期是指变量数据单元在程序运行中存在的时间，据此，变量可分为动态变量与静态变量。动态变量是函数调用后开辟的数据单元，函数结束后数据单元撤销。静态变量在程序运行期间数据单元始终存在，直至程序结束。动态变量的动态特性，对动态变量的初始化重复进行，而静态变量的静态特性，对静态变量只初始化一次。在程序设计中，变量存储类别又可细分为 4 种：自动（auto）、静态（static）、寄存器（register）和外部（extern）的存储方式。这 4 种变量定义形式为

⌐«auto»⌐⊥«static»⌐⊥«register»⌐⊥«extern» «数据类型符» «变量名 1»⌐，«变量名 2»⌐ⁿ;

对于内部变量，有自动、静态、寄存器存储方式；对于外部变量，有静态与外部存储方式。对于外部变量只有静态存储类别，而采用静态与外部存储方式进行外部变量定义只是决定外部变量是否跨文件的有效范围。总之，根据变量对应数据单元的生存期，变量分为动态变量与静态变量；根据变量对应数据单元的存储位置，变量分为内存变量与寄存器变量。在变量有效范

围方面，根据变量在函数内外的位置关系，变量分为内部变量与外部变量；根据可访问的范围（有效范围），变量可分为局部变量与全局变量；根据变量是否允许跨文件访问，变量可分为局限于文件内部访问与跨文件访问。变量所属数据类型与存储类别是通过关键字进行标识的，而变量的有效范围是通过变量在程序中的位置体现的。在程序中对于任意变量都应正确理解变量的数据类型、有效范围和存储类别这 3 个属性。

## 习题 7

1. 变量定义需要涉及哪 3 个属性？各是什么含义？

2. 从程序、数据安全角度解释，理解什么是变量的有效范围？根据变量与函数定义中位置的关系，变量可分为哪两种变量？各有什么特点？根据变量有效范围（在同一文件内），变量可分为哪两种变量？各有什么特点？根据变量有效范围（在不同文件内），变量可分为哪两种变量？各有什么特点？

3. 变量声明与变量定义有什么不同？为什么需要进行变量声明？根据变量在相同文件和不同文件内，变量是如何声明的？

4. 什么是变量存储类别？变量存储类别可分为哪两类？根据变量与函数定义中位置的关系，变量可细分为哪些存储类型，其各用什么关键字修饰声明？

5. 在变量定义中，关键字 static 和 extern 起什么作用？

6. 将习题 6 中的第 18 题改用链表存储人员信息来实现人员信息管理系统。

# 第 8 章

# 数据位运算

C 语言具有高级语言的编程风格，如变量、结构化程序设计和模块化程序设计。编程人员只需关注问题的描述和处理，无须参与计算机资源的分配和管理，也就是编程人员得到了计算机系统的有效帮助和支持，降低了深入掌握计算机系统的门槛。但是有些问题需要涉及计算机资源的分配，如接口实现、内存管理等，需要低级语言直接访问和处理，C 语言除提供了与硬件开发有关的库函数外，还提供了可以进行低级处理的指针和位运算，以高级语言的编程风格实现低级语言的功能，这使 C 语言广泛应用于应用软件、系统软件和支撑软件的开发中。

数据类型决定数据单元大小，而且数据单元大小是以字节为基本单位的，因此各种运算数的最小单位也是字节，但是在很多系统软件或支撑软件的功能实现上要求以位（bit）为单位，也就是需要对二进制位进行操作。C 语言提供了位运算，具备低级处理的功能。通过对本章的学习，掌握位操作及其简单应用。

## 8.1 位运算

C 语言提供了 6 种位运算，这 6 种位运算是实现按位操作处理数据的二进制位。

### 8.1.1 移位运算

移位运算实现数据单元所有数据位（二进制位）依次向左或向右移动，其由移位运算符"<<"（左移运算符）或">>"（右移运算符）表示（如表 8.1 所示）。移位运算符是双目运算符，运算优先级为 2 级，从左到右运算（左结合性），其运算数可以是任意整型或字符型数据，并得到整型或字符型数据。

表 8.1　移位运算符

| 标 识 符 | 含 义 |
| --- | --- |
| << | 所有二进制位依次左移 |
| >> | 所有二进制位依次右移 |
| =<< | 左移复合赋值运算 |
| =>> | 右移复合赋值运算 |

#### 1. 左移位运算符

左移运算符为"<<"，其表达式形式为

《运算数》《 << 》《移动次数》

其中，"运算数"为等待移位的数据，可以是字符型或整型的常量、变量或表达式；"移动次数"是使运算数所有二进制位依次向左移动的次数，可以是常量、变量或表达式，但必须是正整数值。在移动过程中，左边最高位溢出丢失，右边最低位补 0，如

```
char a=3,b;
b=a<<4;
int c=-10,d;
d=c<<2;
```

把 a 的各二进制位向左移动 4 位，右边补 0 后赋给 b，即 0000 0011（十进制数为 3），左移 4 位后为 0011 0000（十进制数为 48）。运算过程是取出数据后参与运算，即 a 的值无变化还是 3，b 的值为 48。c 的补码为 1111 1111 1111 1111 0110，左移 2 位后的编码为 1111 1111 1101 1000，即 d 的值为–40。另外，二进制位左移一位为该数的 2 倍。

**例** 8.1　原有数据的 4 倍输出。

```
#include "stdio.h"
void main()
{
    int a=-10,b,c,d;               //定义变量，初始化
    b=a<<2;                        //左移 2 位，相当于乘以 4
    c=-100<<2;
    d=(a+5)<<2;
    printf("%d,%d, %d,%d\n",a,b,c,d);
}
```

运行结果：

```
-10, -40, -400, -20
```

移位运算的过程是取出运算数后进行移位运算的，不影响原有数据，如 a 的值还是–10，对常数或表达式实施移位运算的过程是获取和求得数值后再进行移位运算，影响常量和表达式。注意：有符号整型是按补码形式存储的，也可再次加深理解只有赋值运算或自增自减才能改变变量的值。

**2．右移位运算符**

右移运算符为 ">>"，其表达式形式为

《运算数》《>>》《移动次数》

其中，"运算数"为等待移位的数据，可以是字符型或整型的常量、变量或表达式；"移动次数"是使运算数所有二进制位依次向右移动的次数，可以是常量、变量或表达式，必须是正整数值。在移动过程中，"运算数"右边最低位丢失，左边最高位补 0 或补 1。若"运算数"是无符号数或非负值（符号位为 0），则左边最高位补 0。若"运算数"是负值（符号位为 1），则最高位补 0 或补 1 取决于编译系统（Turbo C 和 VC++ 6.0 为补 1 处理）。注意：有符号整型是按补码形式存储的。除无符号数左边直接补 0 外，其他可以简单理解为保持符号位不变，如

```
char a=15,b;c=-10,d;
b=a>>2;
int c=-10,d;
d=c>>2;
```

把 a 的各二进制位向右移 2 位，左边补符号位（补 0）后赋给 b，即 0000 1111（十进制数为 15）右移为 0000 0011（十进制数为 3）。c 的补码为 1111 1111 1111 1111 0110，右移 2 位后的编码为 1111 1111 1111 1101，即 d 的值为–3。

二进制数右移一位后得到的数除以 2，取不大于商的整数，如–5/2 为–3，5/2 为 2。

**例 8.2** 原有数据除以 4 后输出。

```c
#include "stdio.h"
void main()
{
    int a=-100,b,c,d;            //定义变量，初始化
    b=a>>2;                      //右移 2 位，相当于除以 4
    c=-100>>2;
    d=(a+5)>>2;
    printf("%d,%d, %d,%d\n",a,b,c,d);
}
```

运行结果：

```
-100, -25, -25, -24
```

可以看到，运算数为负数（有符号），右移保持符号不变均为负数。为了更好地保留可移植性，最好仅对无符号数进行移位运算。

**3. 移位复合赋值运算符**

移位复合赋值运算符分为左移位复合赋值运算符"<<="和右移位复合赋值运算符">>="，其表达式形式为

《运算数》《<<=》《移动次数》
《运算数》《>>=》《移动次数》

其中，"运算数"只能为等待移位的字符型或整型的变量；"移动次数"是使运算数所有二进制位依次向左或向右移动的次数，可以是常量、变量或表达式，必须是正整数值。其功能是取出"运算数（变量）"的值进行左移或右移后赋给"运算数（变量）"，因此对移位复合赋值运算，"运算数"必须是变量，而且必须预先有值。左移运算和右移运算不能改变"运算数"的值，只有通过赋值运算才能改变变量的数值，如

```c
int a=3,b=-48;
a=a<<4;          //(((3*2)*2)*2)*2 赋给 a
b=b>>2;          //(-48/2)/2 赋给 b
```

用移位复合赋值运算符可简单写成

```c
a<<=4;           //(((3*2)*2)*2)*2 赋给 a
b>>=2;           //(-48/2)/2 赋给 b
```

注意：移位运算符的优先级比算术运算符的优先级低，如 i<<2+1 等价于 i<<(2+1)，而不是(i<<2)+1。

### 8.1.2 按位逻辑运算

数据在数据单元内均按二进制编码存储。在二进制编码中，可以把 1 当成逻辑真，把 0 当成逻辑假，这样就可以对二进制数据进行逻辑运算，即按位逻辑运算。按位进行逻辑运算由按位逻辑运算符表示（如表 8.2 所示）。

## 1. 按位求反运算符

按位求反运算运算符为"～"，表达式形式为

«～»«运算数»

表 8.2 按位逻辑运算符

| 标 识 符 | 含 义 |
| --- | --- |
| ～ | 按位求反 |
| & | 按位与 |
| | | 按位或 |
| ^ | 按位异或 |

其功能是对"运算数"的各二进制位按位求反，即将每个 0 替换成 1，将每个 1 替换成 0。按位求反运算符是单目运算符，具有右结合性，优先级为 2 级。"运算数"为整型或字符型数据，如

```
char a=～9;
```

～a 的值为–10，即～(00001001)为 11110110（注：有符号数是以补码形式表示和存储的）。

## 2. 按位与运算

按位与运算符为"&"，表达式形式为

«运算数 1»«&»«运算数 2»

其功能是将"运算数 1"和"运算数 2"对应的各二进制位进行与运算，并且只有对应的两个二进制位均为 1 时，结果位才为 1；否则为 0。按位与运算符为双目运算符，具有左结合性，优先级为 8 级。"运算数 1"和"运算数 2"为整型或字符型数据，若两个数的数据单元大小不一致，则数据单元小的自动补 0，如

```
char a=9,b=5,c;
c=a&b;
```

c 的结果为 1，即 a 的代码为 00001001（9 的二进制补码），b 的代码为 00000101（5 的二进制补码），c 的代码为 00000001（1 的二进制补码）。

按位与运算通常用于对某些位清 0 或保留某些位，若 d 为 2 字节变量，则把 a 的高 8 位清 0，保留低 8 位，即 a=a&255（255 的二进制数为 0000000011111111）。

## 3. 按位或运算

按位或运算符为"|"，表达式形式为

«运算数 1»«|»«运算数 2»

其功能是将"运算数 1"和"运算数 2"对应的各二进制位进行或运算，并且只有对应的两个二进制位均为 0 时，结果位才为 0；否则为 1。按位或运算符是双目运算符，具有左结合性，优先级为 10 级。"运算数 1"和"运算数 2"为整型或字符型数据，若两个数的数据单元大小不一致，则数据单元小的自动补 0，如

```
char a=9,b=5,c;
c=a|b;
```

c 的结果为 13，即 a 的代码为 00001001（9 的二进制补码），b 的代码为 00000101（5 的二进制补码），c 的代码为 00001101（十进制数为 13）。

按位或运算通常用于对某些二进制位置 1，若 d 为 2 字节变量，则把 a 的低 8 位置 1，保留高 8 位，即 a=a|255（255 的二进制数为 0000000011111111）。

### 4．按位异或运算

按位异或运算符为"^"，表达式形式为

《运算数 1》«^»《运算数 2》

其功能是将"运算数 1"和"运算数 2"对应的各二进制位进行异或运算，并且当只有对应的两个二进制位不等时，结果位才为 1；否则为 0。按位异或运算符是双目运算符，具有左结合性，优先级为 9 级。"运算数 1"和"运算数 2"为整型或字符型数据，若两个数的数据单元大小不一致，则数据单元小的自动补 0，如

```
char a=9,b=5,c;
c=a^b;
```

c 的结果为 12，即 a 的代码为 00001001（9 的二进制补码），b 的代码为 00000101（5 的二进制补码），c 的代码为 00001100（十进制数为 12）。

异或运算的特点：一个数据被另一个数据异或两次运算后数据保持不变。如 c 与 a 按位异或得到 b，即 b 被 a 异或两次；c 与 b 按位异或得到 a，即 a 被 b 异或两次。

注意：不要混淆按位逻辑运算符"&""|"和逻辑运算符"&&""||"。

### 5．按位逻辑复合运算符的优先级

进行"～""&""|"和"^"按位逻辑运算时，各运算符的优先级不同（如图 8.1 所示），可在表达式中组合使用运算符，而不必添加括号，如 i & ~j|k 等价于(i &(~j|k)，i^j&~k 等价于 i ^ (j & (～k))，但使用括号可避免混淆，增强程序的可读性。

注意：运算符"&""^"和"|"的优先级比关系运算符和逻辑运算符的优先级低，如表达式 s & 0x4000 != 0 等价于 s&(0x4000 != 0)。

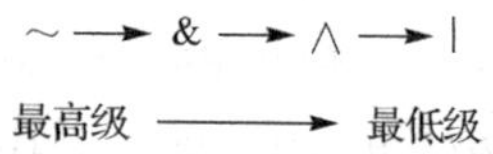

～ ⟶ & ⟶ ∧ ⟶ |

最高级 ⟶ 最低级

图 8.1 位运算符的优先级

### 6．按位逻辑复合赋值运算符

按位逻辑复合赋值运算表达式为

《变量名》 «op=»《运算数》

其中，"op"可以是运算符"&""|""^"之一，"运算数"为字符型或整型的常量、变量或表达式，其等价于

《变量名》 =《变量名》 op 《运算数》

即"变量名"与"运算数"进行"op"运算后，把结果赋给"变量名"，如

```
int i=21;    /*21 的编码 0000 0000 0001 0101*/
int j=56;    /*56 的编码 0000 0000 0011 1000*/
i&=j;        /*16 的编码 0000 0000 0001 0000*/
i^=j;        /*40 的编码 0000 0000 0010 1000*/
i|=j;        /*56 的编码 0000 0000 0011 1000*/
```

**例 8.3** 字符串的加密和解密。

加解密的过程必须确保信息量的不变，只是改变信息的表达方式，也就是对一个信息的载体进行可逆性的互变换。

```
#include <stdio.h>
#include <string.h>
```

```
        void crypto(char *s, char key)                //加解密字符串
        {
            while(*s){*s^=key;s++;}                    //异或加解密法
        }
        int main()
        {
            char s[]="Hello! My name is Xiao Li.";     //字符串
            char key=0xf;                              //密钥：00001111
            crypto(s,key);                             //加密
            puts(s);
            crypto(s,key);                             //解密
            puts(s);
        }
```

运行结果：

```
        Gjcc './Bv/anbj/f|/Wfn'/Cf!/
        Hello! My name is Xiao Li.
```

第 1 行输出加密后的字符串乱码；而第 2 行输出解密后的字符串。crypto 函数采用异或加密和解密的方法，异或运算的特点：一个数据被另一个数据进行两次异或运算后数据不变，因此第 1 次异或为加密，第 2 次异或就是解密。

### 8.1.3　按位运算符访问位

在系统软件、支撑软件开发中，经常需要将信息存储在一位或若干位上。通过按位运算，可提取或修改存储在位中的信息，如"char i;"（1 字节），最高位为第 7 位，最低位为第 0 位。

#### 1．位设置（置 1）

将数据的某一位设置为 1，其他位不变。若要设置 i 的第 4 位为 1，则 i 与常数 0x10 进行按位或运算，即"i|=0x10;"或"i|=1<<4;"，表示 i 与第 4 位为 1，其他位为 0 的数据进行按位或运算。

#### 2．位清零（清 0）

将数据的某一位设置为 0，其他位不变。若要消除 i 的第 4 位为 0，则 i 与常数~0x10 进行按位与运算，即"i&=~0x10;"或"i&=~(1<<4);"，表示 i 与第 4 位为 0，其他位为 1 的数据进行按位与运算。

#### 3．位检测

对数据的某一位测试是否为 1，若要测试 i 的第 4 位是否为 1，则 i 与常数 0x10 进行按位与运算，即"i&=0x10;"或"i&=1<<4;"，表示 i 与第 4 位为 1，其他位为 0 的数据进行按位与运算。若(i&=0x10)!=0，则第 4 位为 1；否则为 0。

### 8.1.4　按位运算符访问位域

数据中连续的若干二进制位为位域。在实际应用中，经常需要对位域进行操作。

### 1. 修改位域

通过依次连续使用按位逻辑与（用于清除位域）和按位逻辑或（用于设置位域）修改位域，如把二进制的值 101 存入变量 i 的第 4 位至第 6 位，即

```
char i=121;
i=i &～0x70 |0x50;            /*存储101 到第4、5、6位*/
```

通过按位逻辑与运算清除 i 的第 4 位至第 6 位为 0，再通过按位逻辑或设置第 6 位和第 4 位为 1。若直接使用 i|=0x50 只设置第 6 位和第 4 位为 1，则第 5 位不受影响。为了位域操作更具通用性，设变量 j 包含需要存储到 i 的第 4 位至第 6 位的值，需要在执行按位逻辑或操作之前将 j 移位至相应的位置，即

```
i=(i & ～0x70)|(j << 4);       /*存储101 到第4、5、6位*/
```

左移位运算符"<<"的优先级比按位逻辑与运算符"&"和按位逻辑或运算符"|"的优先级高，可去掉圆括号，即

```
i=i & ～0x70| j << 4;
```

### 2. 获取位域

若位域处在数据的末尾（低位），则直接通过按位逻辑与运算获取，如获取变量 i 的第 0、1、2 位，即

```
j=i & 0x07;                   /*保留第0、1、2位*/
```

若位域处于 i 的中间，则首先将位域移位至最右端（低位），再使用按位逻辑与运算获取位域，如获取变量 i 的第 4、5、6 位，即

```
(i >> 4) & 0x07;              /*保留第4、5、6位*/
```

## 8.2 位域数据

有些数据的取值范围很小，无须占用 1 字节，而只需若干二进制位，如一个开关量只有两种状态，用一位二进制位即可（0 或 1 表示）。为了节省存储空间，并简便处理，C 语言提供了位域（或称位段）的数据表示与处理方法。所谓位域就是把 1 字节按二进制位划分若干不同的区段，每个区段包含连续的若干二进制位。每个位域由一个域名标识，通过域名可以访问该位域。

### 8.2.1 位域变量定义

#### 1. 位域类型定义

位域是一种数据，可由位域数据类型进行描述，位域数据类型是一种构造数据类型，其定义形式为

```
«struct»«位域类型名» {
         «数据类型符1»«位域名1»«: 位域长度1»;
         ⌊«数据类型符2»«位域名2»«: 位域长度2»;⌋ⁿ
       };
```

而"位域类型名"为用户自定义的标识符;"数据类型符"为整型;"位域名"为自定义标识符;"位域长度"为正整型数值或常数表达式,表示位域所占的二进制位的位数,如

```
struct bs { int a:8;  int b:2;  int c:6; };
```

其中,bs 为位域类型名,包含 3 个位域成员 a、b、c,位域长度依次为 8 位、2 位、6 位的二进制位。除位域长度、定义形式与结构体类型相似外,也可理解为针对位运算的结构体类型。

### 2. 位域变量定义

与结构体变量定义相似,位域变量定义也有 3 种相似形式,包括① 先定义位域类型,后定义变量;② 定义位域类型(有位域类型名)的同时定义变量;③ 定义位域类型(没有位域类型名),直接定义变量,如

```
struct bs { int a:8; int b:2;int c:6; }data;
```

其中,data 为位域变量,共占 2 字节(Turbo C),其位域成员变量 a、b、c 依次占 8 位、2 位、6 位,共 16 位二进制位(如图 8.2 所示)。

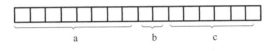

图 8.2　位域变量及其成员

对于位域类型及其变量做以下 5 点说明。

(1)位域成员所属的数据类型必须是 int、unsigned int 或 signed int。当使用 int 声明位域时,有些编译器将位域的最高位作为符号位,有些编译器将其作为数据位。为了程序的可移植性,最好将所有的位域成员都声明为 unsigned int 或 signed int。

(2)一个位域成员必须存储在相同字节中,不能跨 2 字节。若 1 字节所剩位数不足以表示一个位域成员,则应从下一字节声明位域成员,也可使用空位域成员从下一字节开始,如

```
struct bs
{
    unsigned a:6;
    unsigned :0 ;    /*空位域*/
    unsigned b:4 ;   /*从下一字节开始*/
    unsigned c:4;
}
```

在这个位域类型定义中,位域成员 a 占第一字节的 6 位,后 2 位填 0 表示不使用,位域成员 b 从第二字节开始占用 4 位,位域成员 c 占用 4 位。

(3)由于一个位域不允许跨 2 字节,因此位域的长度不可大于 1 字节的长度,也就是说不能超过 8 位二进制位。

(4)位域可以无位域名,只用于填充或调整二进制位的位置,如

```
struct k
{
    int a:1;
    int :2;   /*2 位不能使用*/
```

```
        int b:3;
        int c:2;
    };
```

无名位域没有标识符，无法使用。

（5）位域长度不能大于存储单元长度，位域也不能是数组。可以看出，本质上位域类型是一种结构体类型，不过其成员是按二进制位分配的。

### 8.2.2 位域变量访问

#### 1. 位域变量直接访问

位域变量的访问和结构体变量的访问相同，通过成员运算符实现直接访问，其形式为

«位域变量名»«·»«位域名»

其中，"位域变量名"为位域变量标识符；"位域名"为位域类型的位域成员名。整个表达式构成位域成员变量。

**例 8.4** 位域变量直接访问显示位域信息。

```
#include <stdio.h>
void main()
{
    struct bs                              //定义位域类型
    {
        unsigned a:1; unsigned b:3;unsigned c:4;
    } bit,bits[2];                         //定义位域变量、数组
    int i;
    bit.a=1;                               //位域成员变量赋值
    bit.b=5;
    bit.c=12;
    bits[0]=bit;                           //位域数组元素赋值
    bits[1]=bits[0];
    printf("%d,%d,%d\n",bit.a,bit.b,bit.c); //位域成员变量
    for(i=0;i<2;i++)
    printf("%d,%d,%d\n",bits[i].a,bits[i].b,bits[i].c);
}
```

运行结果：

```
1,5,12
1,5,12
1,5,12
```

该程序中定义了位域类型 bs，3 个位域成员为 a、b、c（如图 8.3 所示），定义位域变量 bit 和数组 bits，给 bit 位域成员变量 a、b、c 赋值 1、5、12，把位域变量 bit 分别赋给位域数组 bits 元素。从访问形式和赋值语句可以看出，位域变量的直接访问与结构体变量的直接访问形式一样。

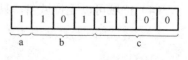

图 8.3 位域变量

由于位域类型的多个位域共享相同字节或多字节,而取地址运算符"&"是相对数据单元而言的,针对的最小数据单元为字节,因此不能对位域类型的位域成员变量取地址运算,如 &bit.a 和&bit.b 是错误的,只能通过赋值语句给位域成员赋值,如"int i=4; bit.a=i;"。

### 2. 位域变量初始化

定义位域变量可以初始化,初始化形式与结构体变量初始化形式一样,如

```
struct bs
{
    unsigned a:1; unsigned b:3;unsigned c:4;
} bit={1,7,15},bits[2]={{1,2,4},{0,5,6}},*pbit=&bit;
```

　　初始化过程是把花括号内的常量依次存入指定的位域成员变量中,而位域指针变量的初始化是把位域变量的指针存入位域指针变量中。

### 3. 位域变量间接访问

　　通过取地址运算符获取位域变量指针,一维位域数组的首地址就是位域类型的指针,可定义指向位域变量的指针变量保留这些指针。利用位域变量的指针,通过指向成员运算符"–>"实现位域成员变量的间接访问。

　　**例 8.5**　位域变量间接访问显示位域信息。

```
#include <stdio.h>
void main()
{
    struct bs                                    //定义位域类型
    {
        unsigned a:1; unsigned b:3;unsigned c:4;
    } bit={1,7,15},*pbit,bits[2]={ 1,2,4,4,5,6};     //定义变量、数组,初始化
    printf("%d,%d,%d\n",(*(&bit)).a,(*(&bit)).b,(*(&bit)).c); //间接访问
    pbit=&bit;  pbit->a=0;  pbit->b&=3;  pbit->c|=1;//间接访问
    printf("%d,%d,%d\n",pbit->a,pbit->b,pbit->c);
    for(pbit=bits;pbit<bits+2;pbit++)
    printf("%d,%d,%d\n",pbit->a, pbit->b, pbit->c);
}
```

运行结果:

```
1, 7, 15
0, 3, 15
1, 2, 4
0, 5, 6
```

　　位域成员变量没有指针,这是由于指针指向的最小数据单元为字节,而位域成员为字节中的若干二进制位。位域类型的指针和指针变量所指向的是整个位域类型变量的数据单元,该数据单元为字节的倍数。通过指针指向成员运算符"–>"可以运算位域变量的位域成员变量,实现间接访问位域成员变量。

## 本章小结

　　位运算是 C 语言作为计算机高级语言来实现低级语言的功能之一，在应用软件、系统软件和支撑软件系统中得到广泛应用。位运算是以二进制位为单位的运算，关注的数据最小单位为二进制位。表示位运算的位运算符包括按位逻辑运算符和移位运算符两类，还有按位运算符与赋值运算符组合的按位复合赋值运算符，其中又包括按位逻辑复合赋值运算符和移位复合赋值运算符。移位运算包括左移位运算"<<"和右移位运算">>"，左移位运算的表达式为"《运算数》《<<》《移位次数》"，把"运算数"所有二进制位向左进行"移位次数"次移位，左边最高位丢失，右边补 0。每左移位 1 次，相当于对"运算数"乘 2。右移位运算的表达式为"《运算数》《>>》《移位次数》"，把"运算数"所有二进制位向右进行"移位次数"次移位，右边最低位丢失，左边补 0（无符号数）或补符号位（有符号数，符号位不变）。每右移位 1 次，相当于对"运算数"除以 2，若"运算数"为奇数，则取不大于商的整数。移位运算的"运算数"为字符和整数（有符号整数按补码形式表示和存储）。移位复合赋值运算符为"<<="和">>="，其"运算数"必须是有值的变量。按位逻辑运算是把运算数的二进制数 1 和 0 分别当成逻辑真和逻辑假。按位逻辑运算包括按位求反（～）、按位逻辑与（&）、按位逻辑或（|）和按位异或（^）4 种。按位求反（～《运算数》）是把"运算数"的每位二进制位 0 与 1 互换，其他按位逻辑运算（《运算数 1》《op》《运算数 2》，其中"op"可以是"&""|""^"其中之一）。对于"&"运算，若两个运算数对应的二进制位都是 1 则为 1；否则为 0。对于"|"运算，若两个运算数对应的二进制位都是 0 则为 0；否则为 1。对于"^"运算，若两个运算数对应的二进制位不同则为 1；相同则为 0。在应用上，位运算可完成低级语言的某些功能，如置位（置 1）、清零（清 0）、移位等，可应用于数据加解密、压缩存储等。在本质上，位域类型是特殊的结构体类型，其成员按二进制位分配，即

```
《struct》《位域类型名》{
                《数据类型符 1》《位域名 1》《:位域长度 1》;
              └《数据类型符 2》《位域名 2》《:位域长度 2》;┘ⁿ
              };
```

　　位域类型及其变量定义和访问都与结构体类型及其变量定义和访问相同，只是多个位域共享同一字节。位域变量直接访问为"《位域变量》《.》《位域名》"，位域变量间接访问为"《位域指针》《->》《位域名》"，这两种形式都是表示位域变量的成员变量。由于指针指向的最小数据单元为字节，因此只有位域变量的指针，没有位域成员变量的指针，也就不能对位域成员变量取地址。位域类型提供了实现数据压缩的方法，同时节省了存储空间，并且提高了程序效率。

## 习题 8

### 一、选择题

1. 以下运算符中优先级最低的是＿＿＿＿，最高的是＿＿＿＿。

　　A. &&　　　　　　　　B. &　　　　　　　　C. ||　　　　　　　　D. |

2. 若有运算符 "<<" "sizeof" "^" "&=",则按优先级由高到低的正确排列次序是_____。

  A．sizeof, &=, <<, ^      B．sizeof, <<, ^, &=

  C．^, <<, sizeof, &=      D．<<, ^, &=, sizeof

3. 以下叙述中不正确的是_____。

  A．表达式 a&=b 等价于 a=a&b    B．表达式 a|=b 等价于 a=a|b

  C．表达式 a!=b 等价于 a=a!b    D．表达式 a^=b 等价于 a=a^b

4. 若 x=2，y=3，则 x&y 的结果是_____。

  A．0      B．2      C．3      D．5

5. 在位运算中，运算数每左移一位，则结果相当于_____。

  A．运算数乘以 2       B．运算数除以 2

  C．运算数除以 4       D．运算数乘以 4

## 二、解释题

1. 指出下面每个代码段的输出。其中，i、j 和 k 都是 unsigned int 类型的变量。

```
（1）i=8; j=9;
    printf(" %d", i >> 1 + j >> 1);
（2）i=1;
    printf ("%d",i&~i);
（3）i=2; j=1; k=0;
    printf(" %d" , ~i&j^k);
（4）i=7; j=8; k=9;
    printf ("%d" , i^j&k);
```

2. 编写一条语句实现变量 i 的第 4 位变换（即 0 变为 1、1 变为 0）。

3. 函数 f 定义如下。

```
unsigned int f(unsigned int i , int m, int n)
    {return (i >> (m+1-n) & ~(~0<<n));}
```

（1）~(~0<<n)的结果是什么？

（2）函数 f 的作用是什么？

## 三、程序设计

1. 在计算机图形处理中，红、绿、蓝 3 种颜色组成显示颜色（三基色）。每种颜色由 0~255 灰度表示。将 3 种颜色存放在一个长整型变量中，请编写名为 MK_COLOR 的宏，包含 3 个参数（红、绿、蓝的灰度），MK_COLOR 宏需要返回一个 long int 值，其中后 3 字节分别为红、绿和蓝，且红在最后一字节。

2. 定义字节交换函数为

```
unsigned shor t;
int swap_byte (unsigned short int i) ;
```

函数 swap_byte 的返回值是将 i 的 2 字节调换后的结果。如 i 的值是 0x1234（二进制形式为 00010010 00110100），swap_byte 的返回值应该是 0x3412（二进制形式为 00110100 00010010）。程序以十六进制读入数，然后交换 2 字节并显示为

```
Enter a hexadecimal number: 1234
Number with byte swapped: 3412
```

提示：使用&hx 转换来读入和输出十六进制数。另外，试将 swap_byte 函数的函数体化简为一条语句。

3. 循环函数定义为

```
unsigned int rotate_left(unsigned int i , int n);
unsigned int rotate_right(unsigned int i , int n);
```

函数 rotate_left (i, n) 的值应是将 i 左移 n 位并将从左侧移出的位移到 i 的右端。如整型占 16 位，rotate_left(0x1234, 4)将返回 0x2341。函数 rotate_right 也类似，只是将数字中的位向右循环移位。

# 第 9 章

# 数据文件处理

计算机存储设备包括内存和外存，用于存储与管理数据。大批量的数据以文件形式存储于外存中，而内存只能存储正在处理的数据，因此计算机内存和外存的数据需要进行交互（即输入、输出，或称读、写）。数据文件是操作系统文件管理的基本单位，通过文件名可以访问文件。计算机语言提供内存和外存的数据交互功能（语句、函数），在操作系统支持下，完成内存与外存之间的数据交互。数据文件与组织形式和交互方法的使用规范及语句有关。通过数据文件的学习，掌握文件概念、文件分类及文件处理方法，实现程序对数据文件的正确读/写（输入/输出）。

## 9.1 文件概述

计算机文件（简称文件）一般指存储在外部介质上相关数据信息的有序集合。操作系统以文件名作为标识，并以文件为单位进行管理。

### 1. 文件分类

从不同的角度，如文件格式、应用背景等可对文件进行不同的分类。根据文件内容，文件可分为以下两种。

（1）程序文件，即程序代码文件。如源程序文件（后缀为.c）、目标文件（后缀为.obj）、可执行文件（后缀为.exe）等。

（2）数据文件，即程序运行时读/写的文件。如在程序运行过程中输入/输出的学生成绩数据、图书馆藏信息数据等。

根据文件编码形式，文件可分为以下两种。

（1）ASCII 文件，即按 ASCII 字符编码的文件。如源程序文件（后缀为.c）、记事本建立的文件（后缀为.txt）等。

（2）二进制文件，即按二进制编码的文件。如目标文件（后缀为.obj）、可执行文件（后缀为.exe）等。

本章主要讨论数据文件，根据数据的编码表示形式，介绍 ASCII 数据文件与二进制数据文件，数据在内存中是以二进制形式存储的，可直接进行处理。若内存中数据不进行转换，则直接输出（写出）到外存建立的文件就是二进制文件。二进制文件是数据在内存中的映像，也称为映像文件。如整数 32767，在内存中的二进制编码为 01111111 11111111，在数据文件中也是这个编码。ASCII 文件又称文本文件，每字节内容对应一个字符的 ASCII 码。如整数 32767，在内存中的二进制编码为 01111111 11111111（2 字节），在外存中是字符"3""2""7""6""7"对应的 ASCII 码，即 00110011 00110010 00110111 00110110 00110111（5 字节）。程序读入文本文件中的数据后需要转换为二进制数据，才能对其进行处理；反之，内存二进制数据也需要转换成 ASCII 字符形式才能建立文本文件。可以简单理解，二进制文件方便计算机处理，但不方便与人的交流；反之，文本文件方便与人的交流，但计算机只有将文本文件进行转换才能处理。总之，内存数据在外存上的存储有两种形式：一是，数据以 ASCII 码形式存储，数据的每个（数字）字符对应 1 字节，用于存放每个（数字）字符对应的 ASCII 码。二是，数值型（整型或浮点型）数据可用 ASCII 码形式存储，但所占存储空间较大，并且 ASCII 文件读/写过程中需要进行二进制数和 ASCII 码之间的转换，导致时间的开销比较大。二进制文件中数据与内存中数据编码形式一致，对二进制文件读/写过程不需要数据转换，提高了读/写效率，并且占用存储空间较少，但文件中 1 字节不代表一个字符，不能直接显示。

操作系统把外部设备（如键盘、显示器等）也作为文件，对外部设备的输入/输出等同于对磁盘文件的读/写过程。显示器作为标准输出文件，在屏幕上显示信息就是向标准输出文件输出数据，如 printf、putchar 函数就是标准文件的输出函数。键盘作为标准输入文件，即从键盘输入数据也就是从标准输入文件上输入数据，如 scanf、getchar 函数就是标准文件的输入函数。

### 2．文件名

文件需要唯一的文件标识，以便识别和引用。文件标识包括 3 部分：文件路径、文件主干名和文件后缀名。如 C:\Windows\temp\file1.dat，其中，"C:\Windows\temp\"为文件路径（由盘符、各级文件夹构成，C:为盘符，Windows、temp 为两级顺序文件夹名，或称目录名）；"file1"为文件主干名；".dat"为文件后缀名（文件扩展名）。

文件标识通常被称为文件名，应包括 3 部分，而不仅是文件主干名。但文件主干名也经常简称为文件名，其命名遵循标识符的命名规则。

文件后缀名用来表明文件的类别，一般不超过 3 个英文字母，如 doc 为 Word 建立的文件，txt 为记事本建立的文件，dat 为数据文件，c 为 C 语言源程序文件，obj 为目标文件，exe 为可执行文件等。

文件路径表示文件在外部存储设备中的位置，由盘符和文件目录（也称文件夹）组成，如 C:\Windows\temp\file1.dat 表示 file1.dat 文件存放在 C 盘中 Windows 目录下的 temp 子目录中。

### 3．文件缓冲区

根据文件处理方式的不同，文件系统分为缓冲文件系统和非缓冲文件系统。ANSI C 标准采用"缓冲文件系统"读/写数据文件，实现数据的输入/输出。所谓缓冲文件系统是指文件系统自动在内存区为程序中每个正在访问的文件开辟文件缓冲区（如图 9.1 所示）。从内存向磁盘输出数据必须先把数据送到内存输出缓冲区，数据装满输出缓冲区后才自动把数据从输出缓冲区一次性写出到磁盘中。若从磁盘向计算机读入数据，则一次性从磁盘文件将一批数据输入到内存输入缓冲区（充满缓冲区），然后程序再自动从输入缓冲区逐个地将数据读入到程序数据区（给程序变量）。采用缓冲文件系统可以在一定程度上克服内存和外存读/写速度不匹配的难题，并且以字符、字符串、格式方式和数据块（二进制）方式进行文件读/写，丰富了文件的访问。

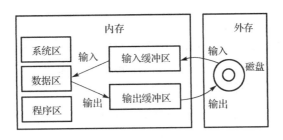

图 9.1　缓冲系统文件的读/写过程

## 9.2　文件打开与关闭

### 9.2.1　文件类型指针

缓冲文件系统是通过文件类型指针（简称文件指针）实现文件与程序之间的联系的。每个被访问的文件都在内存中开辟一个相应的文件信息区存放文件的有关信息（如文件号、文件状态及文件当前位置等）。这个信息区对应一个结构体变量，该变量属于由系统定义的结构体类型 FILE，并把 FILE 结构体类型包含在头文件 "stdio.h" 中。不同编译系统的 FILE 类型的成员不完全相同，但大同小异，如

```
typedef struct
{
    int   _fd;              //文件号
    int   _cleft;           //缓冲区中剩下的字符
    int   _mode;            //文件操作模式
    char  *_nextc;          //下一个字符位置
    char  *_buff;           //文件缓冲区位置
} FILE;
```

FILE 含有文件号、文件状态和文件当前位置等信息。在编写程序时，不必关心 FILE 的成员细节，只需了解它对应的正在访问的文件及其有关文件的信息。

当程序需要访问文件时，设置指向 FILE 类型变量的指针变量，称为文件指针。通过文件指针才能实现对文件的各种操作。定义文件指针形式为

```
FILE 《*文件指针变量名1》,《*文件指针变量名2》;
```

其中，FILE 为文件类型，"文件指针变量名" 是用户自定义的标识符，如

```
FILE *fp;
```

表示 fp 是指向 FILE 类型变量的指针变量，通过 fp 指向存放文件信息的结构体变量，该结构体变量的创建和成员信息的获取是由 fopen 函数完成的，建立文件读/写与文件的联系。

程序涉及 $n$ 个文件的访问，需要定义 $n$ 个文件指针变量，分别指向 $n$ 个 FILE 类型变量，也就是文件指针与文件一一对应。文件结构体数据单元内容由文件系统维护。

### 9.2.2　数据文件打开

文件在进行读/写操作（数据输入/输出）之前要先打开该文件。实际上，打开文件是为文

件建立相应的文件信息区（用来存放有关文件的信息）和文件缓冲区（用来暂时存放输入/输出的数据），并使文件指针变量指向 FILE 类型的变量（文件信息区），也就是建立文件指针变量与文件之间的联系，以便通过文件指针对文件进行读/写操作。文件的打开通过 fopen 函数（文件打开函数）实现，文件打开函数原型为

```
FILE *fopen(char *filename, char *mode)
```

其中，"filename"为以字符串表示的被访问文件的文件名；"mode"为以字符串表示的文件类型（文本文件或二进制文件）和访问方式（读、写、追加）。函数返回指向文件类型的指针。如

```
FILE *fp1;
fp1=fopen("file1.dat","r");
```

表示打开当前目录下的文件 file1.dat，该文件为文本文件，并只允许对文件进行"读"操作（只读方式）。简单地说：以文本文件只读方式打开文件 file1.dat。fopen 函数的返回值是与文件 file1.dat 相关的文件类型指针。赋值后，使 fp1 指向该文件结构体变量（含有 file1.dat 文件信息），简称指向文件。又如

```
FILE *fp2;
fp2=fopen("c:\\test\\file2.dat','"wb");
```

表示打开 C 盘 test 目录下的 file2.dat 文件，该文件为二进制文件，并只允许进行"写"操作（只写方式）。简单地说：以二进制文件只写方式打开文件 file2.dat。两个反斜线 "\\" 中的第 1 个反斜线表示转义字符，第 2 个反斜线表示目录路径分隔线。指针 fp2 指向文件 file2.dat。

文件访问也就是程序对文件的读/写操作，或称程序对数据文件的输入/输出。通常文件访问方式有 12 种（如表 9.1 所示），但不同的编译系统可能不完全提供所有的功能，甚至符号使用也可能不同。

表 9.1　文件访问方式

| 使 用 方 法 | | 含　义 | 如果文件不存在 |
| --- | --- | --- | --- |
| r | 只读 | 为输入打开一个文本文件 | 出错 |
| w | 只写 | 为输出打开一个文本文件 | 建立一个新文件 |
| a | 追加 | 向文本文件末尾增加数据 | 出错 |
| rb | 只读 | 为输入打开一个二进制文件 | 出错 |
| wb | 只写 | 为输出打开一个二进制文件 | 建立一个新文件 |
| ab | 追加 | 向二进制文件末尾增加数据 | 出错 |
| r+ | 读/写 | 为读/写打开一个文本文件 | 出错 |
| w+ | 读/写 | 为读/写建立一个新的文本文件 | 建立一个新文件 |
| a+ | 读/写 | 为读/写打开一个文本文件 | 出错 |
| rb+ | 读/写 | 为读/写打开一个二进制文件 | 出错 |
| wb+ | 读/写 | 为读/写建立一个新的二进制文件 | 建立一个新文件 |
| ab+ | 读/写 | 为读/写打开一个二进制文件 | 出错 |

对于文件使用方式有以下 9 点说明。

（1）文件访问方式由 "r" "w" "a" "b" "+" 5 个字符组成，各字符分别是 read（只读）、write（只写）、append（追加）、binary（二进制）的首字母，而 "+" 表示可读可写。

（2）用 "r" 打开文本文件时，该文件必须已经存在，且只能从该文件读入数据，而不能用作向该文件输出的数据。

（3）用 "w" 打开文本文件时，只能向该文件写出数据。若该文件不存在，则以指定的文件名建立该文件；若该文件已经存在，则将该文件删去，重建一个新文件。

（4）用 "a" 打开文本文件时，若该文件存在，则保留原有数据，并向文件尾部追加新的数据（原有数据保留）；若该文件不存在，则新建立文件，并只能向该文件写出数据。

（5）用 "r+" "w+" "a+" 方式打开的文本文件既可以用于输入数据，又可以用于输出数据。用 "r+" 打开文件时，文件必须已经存在，可对文件进行读/写。用 "w+" 打开文件时，新建立一个文件，先向文件写数据，然后可读此文件中的数据。用 "a+" 打开文件时，可追加新数据，也可读数据。

（6）用 "rb" "wb" "ab" 方式打开二进制文件，用法分别与 "r" "w" "a" 相同。用 "rb+" "wb+" "ab+" 方式打开二进制文件，用法与 "r+" "w+" "a+" 相同。

（7）在打开文件时，若出错则 fopen 返回空指针值 NULL（没有动态分配文件信息区数据单元）。在程序中可用返回指针是否为 NULL 来判断文件是否正常打开，如

```
FILE *fp;
if((fp=fopen("file.dat","w"))==NULL)        //文件是否成功打开？
{
    printf("\ncannot open file!");
    exit(0);                                //终止程序运行
}
```

若返回空指针，则表示文件没能打开，因此给出 "cannot open file!" 的提示信息，exit 函数终止正在执行的程序。

（8）从 ASCII 文件读入字符时，遇到回车换行符，把它转换为一个换行符'\n'；在输出时把换行符'\n'转换成回车和换行两个字符。对二进制文件的读/写，内存的数据形式与文件的数据形式一一对应，内存、外存数据不进行转换。

（9）在程序中可使用 3 个标准的输入/输出文件：标准输入文件、标准输出文件及标准出错输出文件。系统已对这 3 个文件指定了与终端的对应关系：标准输入文件是从终端的输入；标准输出文件是向终端的输出；标准出错输出文件是当程序出错时将出错信息发送到终端。这 3 个标准输入/输出文件是由系统自动打开的，可直接使用，不需要在程序中用 fopen 打开。以前用到的 scanf、printf、getchar、putc、gets、puts 函数从标准终端（键盘）输入/输出到标准终端（屏幕）都不需要打开终端文件。

### 9.2.3　数据文件关闭

打开文件是开辟文件信息区与输入/输出缓冲区（可理解为程序动态分配内存数据单元，并初始化，其内容由文件系统自动维护）；而关闭文件则是指撤销文件信息区和文件缓冲区（可理解为动态分配的数据单元需要程序进行撤销回收），断开指针与文件之间的联系。文件访问完毕后，需要用文件关闭函数完成关闭文件任务，这样不仅能回收文件信息区和输入/输出缓冲区的数据单元，而且可以避免文件数据丢失等错误。关闭文件用 fclose 函数，函数原型为

```
int fclose(FILE *fp)
```

其中，fp 是指向已打开文件的文件指针，如

```
fclose (fp);
```

若能够正常关闭文件，则 fclose 函数返回值为 NULL；否则返回非 NULL，表示有错误发生。在访问文件结束后，都必须由 fclose 函数关闭文件。

对于新建立或追加数据的文件，当关闭文件时加入文件结束标记 EOF（End of File，值为-1）。

## 9.3  文件顺序访问

### 9.3.1  文件访问位置

文件读/写过程涉及"访问位置"（也称"读/写位置指针"），该"访问位置"如同编辑软件（如 Word、记事本等）的编辑位置（光标）。每次读/写文件，当前的"访问位置"都会向后移位。除读/写数据外，文件访问还包括读/写的顺序，进一步可分为文件顺序访问和随机访问。当进行顺序写数据时，先写出的数据存放在文件前面，后写出的数据存放在文件后面。当进行顺序读数据时，先读入文件前面的数据，后读入文件后面的数据。文件顺序访问对文件读/写数据的顺序与数据在文件中的顺序一致。顺序读/写需要用库函数实现，在 C 语言中提供了多种文件读/写函数，包括字符读/写函数、字符串读/写函数、格式化读/写函数及数据块读/写函数。这些函数都包含 stdio.h 头文件。

### 9.3.2  文本文件访问

#### 1. 读/写文件字符

（1）从文件中读入字符函数，即

```
int fgetc(FILE *fp)
```

从文件指针 fp 所指向文件的"访问位置"读入一个字符。若读入成功，则返回读入的字符，"访问位置"自动向后移一位（字节）；否则返回文件结束标记 EOF。

（2）向文件中写出字符函数，即

```
int fputc(char ch, FILE *fp)
```

把字符 ch 写到文件指针 fp 所指向文件的"访问位置"单元中。若写出成功，则返回写出的字符，"访问位置"自动向后移一位（字节）；否则返回 EOF。

例 9.1  从键盘输入一行字符写到文本文件中。

```
#include <stdio.h>
int main()
{
    FILE *fp;                        //文件类型指针变量
    char ch;
    fp=fopen("file1.txt","w");       //以只写方式打开文本文件
    ch=getchar();                    //键盘输入字符
    while(ch!='\n')                  //输入回车换行时结束 while 循环
    {
```

```
        fputc(ch,fp);                           //ch 写出到 fp 指向的文件中
        ch=getchar();
    }
    fclose(fp);                                 //关闭文件
    return 0;
}
```

运行结果：

```
Program↵（回车）
```

在当前目录下建立了文本文件 file1.txt，文件内容为 Program，可用记事本等编辑器进行浏览。以文本文件只写方式（w）打开文件，然后从键盘读入一个字符后进入循环。当读入字符不是回车换行符时，把该字符写入文件之中（fputc(ch,fp);），然后继续从键盘读入下一个字符。每写出一个字符，文件"访问位置"向后移一位（字节）。当写入完毕后，文件指针已指向文件末尾，自动插入一个文件结束标记 EOF，最后使用 fclose 函数关闭数据文件。实际上，从键盘输入的数据放置在输入缓冲区，程序从输入缓冲区逐个读入数据（字符）并判断该字符是否为回车换行符。写出数据的过程是先把数据写到输出缓冲区，在撤销回收缓冲区前，一次性把数据输出到磁盘文件中。文件读/写过程由系统自动维护。

例 9.2　将一个磁盘文件中的信息复制到另一个磁盘文件中。要求将例 9.1 建立的 file1.txt 文件内容复制到另一个磁盘文件 file2.txt 中，即从 file1.txt 文件中逐个读入字符，然后逐个输出到 file2.txt 中。

```
#include <stdio.h>
#include <stdlib.h>                             //用到 exit 函数
void main( )
{
    FILE *in,*out;                              //文件指针变量
    char ch;
    if((in=fopen("file1.txt","r"))==NULL)       //能否打开文件
    {
        printf("error\n");
        exit(0);                                //结束程序
    }
    if((out=fopen("file2.txt","w"))==NULL)      //能否打开文件
    {
        printf("error\n");
        exit(0);                                //结束程序
    }
    ch=fgetc(in);                               //从文件读入一个字符
    while(ch!=EOF)                              //是否文件结束标记
    {
        fputc(ch,out);                          //写出一个字符到文件
        putchar(ch);                            //写出一个字符到屏幕
        ch=fgetc(in);                           //从文件读入一个字符
    }
    fclose(in);                                 //关闭文件
```

```
        fclose(out);
    }
```

运行结果:

```
Program
```

一旦任何一个文件都不能正常打开,则必须通过 exit 函数终止程序运行。文件 file2.txt 是文件 file1.txt 的拷贝。由于读/写过程中,每次读/写后,文件"访问位置"都自动后移 1 字节,因此要确保两个文件内容及先后顺序一致。

例 9.3  将一个磁盘文件中的信息进行加密后保存到另一个磁盘文件中。要求将例 9.1 建立的 file1.txt 文件加密为 file3.txt 文件。

```
#include <stdio.h>
#include <stdlib.h>                              //用到 exit 函数
char crypto(char c, char key)                    //加密
{  return (c^key); }
int main( )
{
    FILE *in,*out;                               //文件指针
    char  ch, key=0xf;
    if((in=fopen("file1.txt","r"))==NULL)        //能否打开文件
    {
        printf("error\n");
        exit(0);                                 //结束程序
    }
    if((out=fopen("file3.txt","w"))==NULL)       //能否打开文件
    {
        printf("error\n");
        exit(0);                                 //结束程序
    }
    ch=fgetc(in);                                //从文件读入一个字符
    while(ch!=EOF)                               //是否文件结束标记
    {
        fputc(crypto(ch,key),out);               //写出一个字符到文件
        putchar(ch);                             //写出一个字符到屏幕
        ch=fgetc(in);                            //从文件读入一个字符
    }
    fclose(in);                                  //关闭文件
    fclose(out);
    return 0;
}
```

运行结果:

```
Program
```

从文件 file1.txt 中读入字符,经过 crypto 函数加密(字符变换)后写到文件 file3.c 中,形成一个加密文件,加密文件的内容为 "_}'h}nb",很显然这个字符串很难理解。由于 crypto 是

采用异或加密法，因此相同过程就是解密，加解密的密钥为 0xf。也可自己设计密钥，如通过其他位运算进行设计。

### 2．读/写文件字符串

（1）从文件中读入字符串函数，即

```
char *fgets (char *str,int n,FILE *fp);
```

从文件指针 fp 指向文件的"访问位置"读入长度为 n–1 的字符串，存放到字符数组 str 中，并自动加入字符串结束标记'\0'。若成功读入字符串，则返回首地址 str；否则返回 NULL。若在读入 n–1 个字符之前遇到回车换行符'\n'或文件结束符 EOF,则读入结束，但回车换行符'\n'也读入，并加入字符串结束标记'\0'。当读入成功后，文件"访问位置"自动后移 n 个字符，或后移到回车换行符后或文件结束位置。

（2）向文件写出字符串函数，即

```
int fputs (char *str, FILE *fp);
```

把 str 所指向的字符串写到文件指针 fp 所指向文件的"访问位置"后续单元中。若写出成功，则返回 0；否则返回非 0 值。当字符串写出到文件中时，字符串结束标记'\0'不输出到文件。文件"访问位置"自动后移 strlen(str)个字符。

**例 9.4** 从 file1.txt 文件中读入一个含有 5 个字符的字符串。

```
#include<stdio.h>
#include <stdlib.h>
int main()
{
    FILE *fp;                              //文件指针变量
    char str[20];                          //字符数组
    if((fp=fopen("file1.txt","r"))==NULL)  //是否打开文件
    {
        printf("Cannot open file !");
        exit(0);                           //终止程序运行
    }
    fgets(str,6,fp);                       //读入字符串
    printf("%s",str);
    fclose(fp);                            //关闭文件
    return 0;
}
```

运行结果：

```
Progr
```

以读文本文件方式打开文件 file1.txt,从中读入 5 个字符送入 str 数组，并对数组元素 str[5] 赋值字符串结束标记'\0'，数组 str 成为长度为 5 的字符串，在屏幕上显示输出 str 字符串。

**例 9.5** 在文件 file1.txt 中追加一个字符串，再将文件中的内容全部显示出来。

```
#include<stdio.h>
#include <stdlib.h>
```

```
int main()
{
    FILE *fp;                              //文件指针变量
    char ch,st[20];                        //定义字符变量、字符数组
    if((fp=fopen("file1.txt","a+"))==NULL) //能否打开文件
    {
        printf("Cannot open file !");
        exit(0);                           //终止程序执行
    }
    printf("input a string:\n");
    gets(st);                              //输入字符串
    fputs(st,fp);                          //输入字符串到文件
    rewind(fp);                            //文件当前位置回到开始处
    ch=fgetc(fp);                          //读入一个字符
    while(ch!=EOF)                         //是否文件结束
    {
        putchar(ch);                       //屏幕显示字符
        ch=fgetc(fp);                      //文件中读取一个字符
    }
    printf("\n");
    fclose(fp);                            //关闭文件
    return 0;
}
```

运行结果：

```
input a string:
    of C Language.↵（回车）
Program of C Language.
```

以文本文件追加可读方式打开文件 file1.txt，然后输入字符串"of C Language."，并用 fputs 函数把字符串写出（追加）到文件 file1.txt 中。rewind 函数把文件"访问位置"移到文件开头。通过循环逐个读入并显示文件的字符，直至字符为文件结束标记 EOF。有关 rewind 函数见后面介绍。

### 3. 格式化方式读/写文件

scanf 函数和 printf 函数对终端进行格式化数据输入/输出，而 fscanf 函数和 fprintf 函数对文件进行格式化数据输入/输出。

（1）从文件中按格式读入数据函数，即

```
int fscanf (FILE *fp,char *format, args)
```

从文件指针 fp 所指向文件中按 format 格式，将数据读入到 args 指针所指向的内存数据单元。若文件"访问位置"不是文件结束位置，并且读入成功，则返回已输入数据的个数，文件"访问位置"自动后移到读入数据之后；否则返回 0。若读入"访问位置"为文件结束位置，则返回 EOF。有关 format 函数和 args 函数与 scanf 函数的参数相同，参见第 2 章的 scanf 函数介绍。

（2）向文件中按格式写出数据函数，即

```
int fprintf (FILE *fp, char *format[,args])
```

按 format 格式，把运算数列表 args 写出到文件指针 fp 所指向文件的"访问位置"后续单元中。若写出成功，则返回写出的字符个数，"访问位置"自动后移到所输出数据之后；否则返回 0。有关 format 函数和 args 函数与 printf 函数的参数相同，参见第 2 章的 printf 函数介绍。

**例 9.6**　用 fprintf 向文件中写入一个整型数据和一个浮点数。

```c
#include <stdio.h>
int main( )
{
    FILE *fp;                            //文件指针变量
    float f;                             //基本类型变量
    int i,x;
    fp=fopen("a.dat","w");               //打开文本文件
    scanf("%d%f",&i,&f);                 //从键盘读入数据
    x=fprintf (fp,"%d,%6.2f",i,f);       //按格式向文件写出数据
    printf ("%d",x);                     //屏幕输出字符个数
    fclose(fp);                          //关闭文件
    return 0;
}
```

运行结果：

```
123 12.345↵（回车）
10
```

以文本文件只写方式打开文件，通过 fprint 函数从键盘输入的数据写出到文件中，即整数 i 占 3 列，逗号占 1 列，浮点数占 6 列，所以 x 值为 10。可以看出，fprintf 函数的返回值为输出到文件中字符的个数，包括格式中的普通字符及小数点等。a.dat 为文本文件，其内容为 123,12.35。

**例 9.7**　把例 9.6 文件中的数据用 fscanf 函数分别赋给两个变量。

```c
#include <stdio.h>
int main( )
{
    FILE *fp;                            //文件指针变量
    float f;                             //定义基本变量
    int i,x;
    fp=fopen("a.dat","r");               //打开文本文件
    x=fscanf (fp,"%d,%f",&i,&f);         //从文件读入数据
    printf("%d  %f\n",i,f);              //屏幕上输出数据
    printf ("%d\n",x);
    fclose(fp);                          //关闭文件
    return 0;
}
```

运行结果：

```
123  12.350000
2
```

按文本文件只读方式打开文件，fscanf格式说明字符串中对浮点数可用%6.2f，也可用%f。从例9.6生成的文件a.dat中读入两个数据123和12.35分别赋给i和f，fscanf返回值为2，即两个数据。

使用fscanf函数和fprintf函数对文件进行读/写操作比较简单，容易理解，但在读/写过程中涉及ASCII码和二进制值的转换，也就是fscanf函数和fprintf函数为文本文件的输入/输出函数。

**例9.8** 统计一篇文章中小写英文字母的个数和句子的个数（句子的结束标记是句号）。

设源程序文件名为count.c，编译、链接后生成 count.exe。count为命令，可在Windows主菜单"运行…"下或DOS环境中运行。设已通过Windows记事本在磁盘某个文件夹下（如d:\）建立了mytext.txt文件，文件内容为一段英文。

```c
#include <stdio.h>
#include <stdlib.h>
int main(int argc,char *argv[])
{
    FILE *fp;                              //文件指针变量
    int k,m;
    char c;
    if ((fp=fopen(argv[1],"r"))==NULL)     //命令行获取文件名
    {
        printf("connot open %s\n",argv[1]); //文件不能打开
        exit(0);
    }
    k=0;
    m=0;
    while (fscanf(fp,"%c",&c)!=EOF )        //读入字符是否为文件结束标记
    {
        if ( c>='a'&&c<='z') k++;           //小写英文字母个数
        if (c==46) m++;                     //句号个数
        printf("%c",c);
    }
    printf("\n 小写英文字母数:%d",k);
    printf("\n 句子数:%d\n",m);
    fclose(fp);                            //关闭文件
    return 0;
}
```

运行结果：

```
count d:\mytext.txt↵ (回车)
小写英文字母数：337
句子数：3
```

该程序也可在VC++ 6.0环境下编译、链接后得到结果，即在"工程—设置—调试—程序变量"中输入该文件标识名 d:\ mytest.txt，再运行程序得到结果。

### 9.3.3 二进制文件访问

（1）从二进制文件读入数据函数，即

```c
int fread(char *buffer, unsigned size, unsigned count, FILE *fp)
```

从文件指针 fp 指向文件的"访问位置"读取 count 个长度（大小）为 size 的数据，放到 buffer 指向的数据单元中。若读入数据成功，则返回所读数据项的个数（count），"访问位置"自动后移 count*size 位；若遇到文件结束或出错则返回 0。

（2）向二进制文件写出数据函数，即

```
int fwrite(char *buffer, unsigned size, unsigned count, FILE *fp)
```

把 buffer 所指向数据单元中的 count*size 字节写出到文件指针 fp 所指向文件的"访问位置"后续单元中。若写出数据成功，则返回写到文件中数据项的个数（count），"访问位置"自动后移 count*size 位；否则返回 0。

例 9.9　从键盘输入 5 名学生的姓名、学号、年龄及地址，然后存到磁盘文件中。

定义结构体数据类型，包含学生的姓名、学号、年龄及地址的成员，再由结构体类型定义 10 个元素的结构体数组，存放 5 名学生的数据，最后把学生数据存到文件中。

```
#include <stdio.h>
#define SIZE 5
struct Student_type                             //结构体类型定义
{ char name[10]; int num; int age; char addr[15]; }stud[SIZE]; //全局结构体数组
int main()
{
    FILE *fp;                                   //文件指针变量
    int i;
    printf("enter data of students:\n");
    for(i=0;i<SIZE;i++)                         //键盘输入数据
        scanf("%s%d%d%s",stud[i].name,&stud[i].num, &stud[i].age,stud[i].addr);
    if((fp=fopen("stu.dat","wb"))==NULL)        //文件能否打开
    {
        printf("cannot open file\n");
        return 0;                               //结束程序
    }
     for(i=0;i<SIZE;i++)                         //写出数据——1 个结构体变量
        if(fwrite((char *)&stud[i], sizeof(struct Student_type),1,fp)!=1)
            printf("file write error\n");
    fclose(fp);                                 //关闭文件
    return 0;
}
```

运行结果：

```
enter data of students:
Li 122 21 Computer↵（回车）
Zhang 222 23 Maht↵（回车）
Wang 111 22 English↵（回车）
Zhu 333 24 Physics↵（回车）
Zhao 444 34 Information↵（回车）
```

以只写方式打开二进制文件，从键盘输入的数据都是字符串（文本），但通过 scanf 函数给结构体中的成员变量和字符数组赋值，整型成员变量以补码形式存储，而字符数组按字符串

存储，即加入字符串结束标记'\0'。二进制文件存储（外存）的数据与变量、数组（内存）一样，因此用记事本打开文件时，只能看到文本信息（如姓名、住址），不能识别数值信息（如学号、年龄）。数值信息以字符方式显示，并且结果是 ASCII 字符而不是数值，如 Li z Computer Zhang Math Wang 0。

　　**例 9.10**　从例 9.9 建立的磁盘文件"stu.dat"中，读入数据，然后在屏幕上输出。

```c
#include <stdio.h>
#include <stdlib.h>
#define SIZE 5
struct Student_type                          //结构体类型定义
{ char name[10]; int num; int age; char addr[15]; }stud[SIZE];
                                             //全局结构体数组
int main( )
{
    int i;
    FILE *fp;                                //文件指针变量
    if((fp=fopen("stu.dat","rb"))==NULL)     //文件能否打开
        {printf("cannot open file\n"); exit(0); }
    for(i=0;i<SIZE;i++)
    {
        fread ((char *)&stud[i],sizeof(struct Student_type),1,fp);
                                             //读入二进制数据
        printf ("%-s\t%d\t%d\t%s\n",stud[i].name,stud[i].num, stud[i].
            age,stud[i].addr);
    }
    fclose (fp);                             //关闭文件
    return 0;
}
```

运行结果：

```
Li       122     21      Computer
Zhang    222     23      Math
Wang     111     22      English
Zhu      333     24      Physics
Zhao     444     34      Information
```

　　以只读方式打开二进制文件，从二进制文件中读取一个数据块存储在结构体变量中，没有进行数据转换。当输出数据时，整型成员变量（如学号、年龄）以文本方式输出，而字符数组（字符串）还是以文本形式输出。

　　实际上，文本（ASCII 字符）能够直接看得懂，如键盘输入和屏幕输出，而计算机处理的数值数据（如 int、float 型）都是文本，因此对于数值型数据，计算机在输入（scanf、fscanf）、输出（printf、fprintf）时自动进行转换。

## 9.4　文件随机访问

　　对文件顺序读、写、追加都是从文件首部（读/写），或文件尾部（追加）开始向后单一方向进行，其通过文件指针，每次文件访问都是对文件"访问位置"进行读、写、追加数据后，

"访问位置"自动后移重新定位"访问位置",也就是文件访问顺序与数据物理存储顺序是一致的。每个文件都有结束标记 EOF,可作为文件访问结束判断标记。随机访问不是按数据在文件中的物理位置次序进行读/写的,而是对任何位置的数据进行访问。无论是文本文件,还是二进制文件,随机访问的关键是确定文件的"访问位置"。

根据读/写数据的需要,在文件内随意定位文件"访问位置",访问到所需的数据。文件访问位置可从当前"访问位置"前后移动,直接移到文件头或文件尾,实现该位置数据的读/写,即随机读/写。实现文件"访问位置"定位的函数有 rewind、fseek、ftell 等,其原型如下。

（1）rewind 函数,即

```
void rewind(FILE *fp)
```

把文件指针 fp 所指向文件"访问位置"定位到文件的开始处,即无论当前文件"访问位置"在何处都把文件"访问位置"定位到文件的开始位置。

（2）fseek 函数,即

```
int fseek(FILE *fp, long offset, int base)
```

以 base 取值为偏移基准（如表 9.2 所示）,把文件指针 fp 所指向文件的当前"访问位置"定位到 offset 取值（正"+"、负"–"和绝对值"|offset|"）给定的相对位置。返回新定位后的文件"访问位置"（若未能实现移动文件"访问位置",则返回–1）。base 取值为 0、1 或 2,分别表示从文件开始位置、当前文件访问位置或文件末尾位置为移动"访问位置"的基准起点。offset 取值为正"+"、负"–"和绝对值"|offset|",分别表示从基准起点开始,把文件"访问位置"向前、向后移动"|offset|"字节。如 fseek(fp,100L,SEEK_SET)将当前文件"访问位置"移到距离文件头 100 字节处；fseek(fp,–10L,SEEK_END)将当前文件"访问位置"从文件末尾处向后退 10 字节。offset 一般为长整型数据,常数加标识 L。文件的起始位置从 0 开始,rewind(fp)等价于 fseek(fp,0, SEEK_SET)。

表 9.2　base 常量

| 值 | 常　量 | 含　义 |
|---|---|---|
| 0 | SEEK_SET | 从文件头 |
| 1 | SEEK_CUR | 从当前位置 |
| 2 | SEEK_END | 从文件尾 |

（3）ftell 函数,即

```
long ftell(FILE *fp)
```

返回文件指针 fp 所指向文件的当前"访问位置",该位置从文件开头处（位置 0）开始到当前位置的字节数。返回值为–1,表示未能正确返回当前"访问位置"。

通过文件"访问位置"定位函数,结合文件读/写函数可实现文件的随机访问。

**例 9.11**　磁盘文件存有 5 名学生的数据。要求将第 1、3、5 名学生的数据和第 2、4 名学生的数据分组读入,并在屏幕上显示。要求从例 9.9 中建立的"stu.dat"中读入数据。

```
#include<stdio.h>
#include <stdlib.h>
#define SIZE 5
struct Student_type                         //结构体类型定义
{
    char name[10]; int num; int age; char addr[15];
}stud[SIZE];                                //全局结构体数组
void main()
```

```
    {
        int i;
        FILE *fp;                                    //文件指针变量
        if((fp=fopen("stu.dat","rb"))==NULL)         //文件能否打开
        { printf("can not open file\n"); exit(0); }  //终止执行
        for(i=0;i<SIZE;i+=2)
        {
            fseek(fp,i*sizeof(struct Student_type),0); //定位文件"访问位置"
            fread(&stud[i], sizeof(struct Student_type),1,fp); //输入数据块
            printf("%d: %-s\t%d\t%d\t%s\n",
            i+1,stud[i].name,stud[i].num,stud[i].age,stud[i].addr);
        }
        printf("===============\n");
        rewind(fp);                                  //文件指针回到文件开始处
        for(i=1;i<SIZE;i+=2)
        {
            fseek(fp,i*sizeof(struct Student_type),0); //定位文件"访问位置"
            fread(&stud[i], sizeof(struct Student_type),1,fp); //输入数据块
            printf("%d: %-s\t%d\t%d\t%s\n",
                i+1,stud[i].name,stud[i].num,stud[i].age,stud[i].addr);
        }
        fclose(fp);                                  //关闭文件
    }
```

运行结果：

```
1:  Li      122     21      Computer
3:  Wang    111     22      English
5:  Zhao    444     34      Information
===================
2:  Zhang           222     23      Math
4:  Zhu     333     24      Physics
```

以只读方式打开二进制文件，文件"访问位置"在文件开头处，每次文件"访问位置"定位在偶数倍的数据块大小（字节数）位置，读取一个数据块，显示学生信息，即第 1、3、5 名学生信息。文件"访问位置"回到文件开头处，每次文件"访问位置"定位在奇数倍的数据块大小位置，读取一个数据块，显示学生信息，即第 2、4 名学生信息。

　　**例 9.12**　将 5 名学生的数据（包括姓名、学号、性别、成绩）从键盘输入，建立磁盘文件 stu1.dat 保存所有学生信息。将其中男生的数据送入文件 stud2.dat，然后按成绩从高到低排序所有男生的数据，并将排序的男生数据存放在 stu3.dat 文件中，同时显示排序的男生数据。

```
#include <stdio.h>
#include <stdlib.h>
#define SIZE 5
struct Student_type                              //学生信息类型
{
    char name[10]; int num; char sex; int grade;
```

```
}stud[SIZE];                                    //内存中学生信息存储单元
void sort(struct Student_type *stu, int count)
{
    struct Student_type t;
    int i,j,k;
    for(i=0;i<count-1;i++)                       //选择法排序
    {
        k=i;
        for(j=i+1;j<count;j++)
        if(stud[j].grade >stud[k].grade) k=j;
        if(k!=i) {t=stud[i];stud[i]=stud[k];stud[k]=t;}
    }
}
void main()
{
    FILE *fp1,*fp2,*fp3;                         //文件指针变量
    int i;
    int count=0;                                 //统计男生数
    printf("输入姓名 学号 性别 成绩:\n");
    for(i=0;i<SIZE;i++)                          //输入数据
        scanf("%s %d %c %d",stud[i].name,&stud[i].num, &stud[i].sex,&stud[i].grade);
    if((fp1=fopen("stu1.dat","wb"))==NULL)       //能否打开文件
    { printf("cannot open file\n");  exit(0);  }
    if((fp2=fopen("stu2.dat","wb+"))==NULL)      //能否打开文件
    { printf("cannot open file\n");  exit(0);  }
    if((fp3=fopen("stu3.dat","wb"))==NULL)       //能否打开文件
    { printf("cannot open file\n"); exit(0);  }
    for(i=0;i<SIZE;i++)                          //学生信息存盘
        if(fwrite(&stud[i], sizeof(struct Student_type),1,fp1)!=1)
        { printf("file write error\n"); exit(0); }
    for(i=0;i<SIZE;i++)                          //男生信息存盘
        if(stud[i].sex =='m')
        {
            if(fwrite(&stud[i], sizeof(struct Student_type),1,fp2)!=1)
            { printf("file write error\n");    exit(0); }
            count++;
        }
        rewind(fp2);                             //文件"访问位置"重设
        for(i=0;i<count;i++)                     //读男生数据
        fread (&stud[i],sizeof(struct Student_type),1,fp2);
        sort(stud,count);                        //数组排序
        printf("\n 按成绩从高到低排序后的男生数据\n");
        for(i=0;i<count;i++)                     //重写男生数据
        {
            if(fwrite(&stud[i], sizeof(struct Student_type),1,fp3)!=1)
            { printf("file write error\n");    exit(0); }
            printf ("%-s\t%d\t%c\t%d\n",
```

```
                        stud[i].name,stud[i].num, stud[i]. sex,stud[i].grade);
        }
    fclose(fp1);                                              //关闭文件
    fclose(fp2);
    fclose(fp3);
    }
```

运行结果：

```
输入姓名  学号    性别    成绩：
Zhang    102     f      80↵（回车）
Wang     900     m      88↵（回车）
Zhu      201     f      86↵（回车）
Yuan     101     m      90↵（回车）
Li       202     m      89↵（回车）


按成绩从高到低排序后的男生数据
Yuan     101     m      90
Li       202     m      89
Wang     900     m      98
```

## 9.5  文件访问出错检测

在文件访问过程中可能发生错误，在输入/输出函数返回值中会有所反映，同时系统内部也有一个数据单元，单元内容由系统进行维护，可以通过 ferror 函数了解输入/输出错误的发生。

（1）ferror 函数，即

```
    int ferror(FILE *fp)
```

对于最近的输入/输出操作，该函数对文件指针 fp 所指向文件的当前读/写错误情况进行检测。若返回值为 0，则输入/输出未出错；否则表示出错。

每次调用输入/输出函数都产生新的 ferror 函数值，因此调用输入/输出函数后立即检查。当调用 fopen 函数时，ferror 初始值自动置为 0。

（2）clearerr 函数，即

```
    void clearerr(FILE *fp)
```

对文件指针 fp 所指向文件当前读/写的文件错误标志和文件结束标记重新设置为 0。

系统只有一个文件错误标志记录，当调用当前输入/输出函数时出现错误（ferror 值为非零值），则立即调用 clearerr(fp)，使 ferror(fp)值为 0，以便针对下一次输入/输出再进行检测，也就是后面的输入/输出的出错情况可以覆盖以前的输入/输出的出错结果。可以看出，出现文件读/写错误标志一直保留，直到对同一个文件调用 clearerr 函数或 rewind 函数，或任何其他一个输入/输出函数才进行修改。

## 9.6  低级文件系统

缓冲文件系统也称为高级文件系统，以字符、字符串、格式方式和数据块（二进制）方式进行文件读/写，丰富了文件访问形式，但是文件访问效率不如非缓冲文件系统。非缓冲文件系统直接依赖于操作系统，也称为低级文件系统，由程序在程序数据区中开辟缓冲区（如图 9.2 所示），只能按数据块进行二进制文件读/写，具有高效文件访问的特点。在进行结构化大批量数据读/写时，采用非缓冲文件系统更具优势。

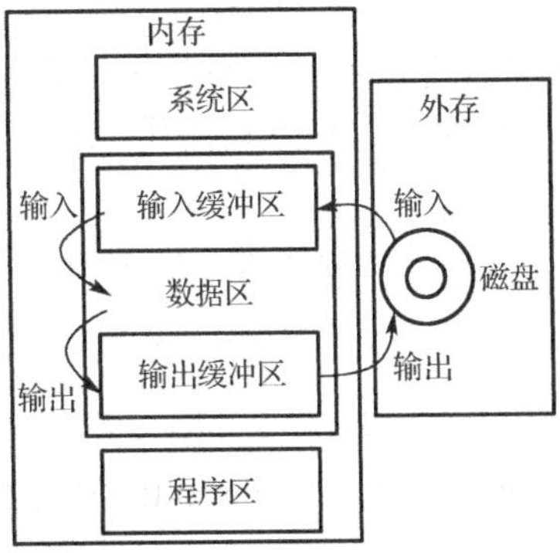

### 9.6.1　文件柄

文件柄（File Handle）是唯一标识被访问文件的整常数，也称为文件号。低级文件系统的所有函数都是通过文件柄来访问文件的，可定义一个整型变量来保留文件柄。当打开文件时，由系统自动分配唯一的文件柄，而且程序中不可随意改变。当关闭文件后，该文件柄失去意义，即使重新打开刚刚关闭的文件，也不一定有相同的文件柄，但打开的文件始终有唯一的文件柄与其对应。当执行程序时，自动打开 5 个标准文件（如表 9.3 所示）。

低级文件系统的"访问位置"与高级文件系统的"访问位置"的概念相同，在此不再赘述。有关非缓冲文件系统的文件访问函数原型包含在"oi.h"头文件中。

图 9.2　非缓冲文件系统的读/写过程

表 9.3　标准设备名与文件柄

| 文　件　柄 | 标准设备名 |
| --- | --- |
| 0 | 标准输入（键盘） |
| 1 | 标准输出（显示器） |
| 2 | 标准出错（显示器） |
| 3 | 标准辅助（串行口 1） |
| 4 | 标准打印（串行口 2） |

### 9.6.2　数据文件的打开与关闭

通过 open 函数打开文件（文件打开函数），其原型为

```
int open(char *filename, int mode)
```

其中，filename 为被访问文件的文件名；mode 为以正整数表示的文件类型（文本文件或二进制文件）和访问方式（读、写、追加）。mode 值及其符号常量如表 9.4 所示，该符号常量在"fcntl.h"头文件中。若成功打开文件，则返回一个文件柄；否则返回 –1。文件柄的大小取决于系统设置。若系统允许同时打开 200 个文件，则文件柄的取值为 1～200。

O_RDONLY、O_WRONLY 或 O_RDWR 可与其他的 mode 符号常量通过位运算构成新的打开文件方式，如

表 9.4　mode 值及其符号常量

| 符　号　常　量 | 含　　义 |
| --- | --- |
| O_CREAT | 创建文件 |
| O_RDONLY | 只读方式 |
| O_WRONLY | 只写方式 |
| O_RDWR | 读/写方式 |
| O_APPEND | 追加方式 |
| O_BINARY | 打开二进制文件 |
| O_TEXT | 打开文本文件 |

```
int fh;                                      //定义文件柄变量
fh = open("myfile.c", O_RDONLY| O_TEXT);     //打开文件，获取文件柄
```

即以只读方式打开文本文件 myfile.c，并把文件柄赋给 fh 变量。

若以 O_RDONLY 方式成功打开文件，则"访问位置"在文件的开始处。若以 O_WRONLY 方式成功打开文件，则"访问位置"在文件的开始处，并在执行写文件时，文件的原来内容被删除。若以 O_APPEND 方式成功打开文件，则"访问位置"在文件的末尾，并在执行写时，

原来内容保存，追加新内容。若以 **O_TEXT** 方式打开文本文件，并当执行读操作时，把读入的"回车"和"换行"符转化为'\n'；当执行写操作时，把'\n'转化为"回车""换行"符。若以 **O_BINARY** 方式打开二进制文件，则访问文件过程不进行"回车""换行"符与'\n'之间的转化。

close 函数实现文件关闭，其原型为

```
int close(int handle)
```

其中，handle 为文件柄。若成功关闭文件，则返回 0，并在文件末尾插入文件结束标记 EOF；否则返回–1，并使 handle 值失去意义，即文件炳与文件失去关联。

### 9.6.3　数据文件的创建

有些 C 语言编译系统不能用 open 函数创建一个以写方式打开的文件，必须用 create 函数创建并打开，其原型为

```
int create(char * filename, int mode)
```

其中，参数与 open 函数参数相同。若成功创建文件并打开，则 create 函数返回一个文件柄；否则返回–1。

### 9.6.4　数据文件的访问

在低级文件系统中，只能按数据块形式访问文件函数，函数原型为

```
int read(int handle, void *buffer, int size)
int write(int handle, void *buffer, int size)
```

其中，handle 为正被访问文件的文件柄；buffer 为读/写文件的缓冲区首地址，每次都是从文件"访问位置"处读/写，而且数据都必须经过 buffer 指向的内存数据单元（即自定义的缓冲区）；size 为一次读/写文件的字节数；read、write 为函数返回实际读/写的字节数，且不大于 size。若读/写遇到文件结束，则返回 0；若读/写文件失败，则返回–1。

### 9.6.5　数据文件的定位

为了实现数据文件的随机访问，需要了解文件"访问位置"和重新定位"访问位置"。有关文件"访问位置"函数均与文件柄 handle 有关，其原型如下。

（1）eof 函数，即

```
int eof(int handle)
```

若"访问位置"在文件末尾，则函数返回 1；否则返回 0。若访问出错，则函数返回–1。

（2）tell 函数，即

```
long tell(int handle)
```

表示返回"访问位置"距文件开头处的字节数。

（3）lseek 函数，即

```
long lseek(int handle, long offset, int base)
```

重新定位文件的"访问位置"。lseek 函数功能及其参数 offset、base 与 fseek 函数相同。

例 9.13　把文本文件中的所有大写英文字母转换成小写英文字母，小写英文字母转换成大写英文字母，其他字符不变。设下面源程序文件名为 change.c。

```c
#include "io.h"
#include "stdio.h"
#include "fcntl.h"
#define BSIZE 512                                      /*缓冲区大小*/
void main(int argc,char *argv[])
{
    int fhandle;
    char buff[BSIZE];                                  /*开辟缓冲区*/
    int count, i;
    long offset;                                       /*偏移量*/
    if(argc!=2) {printf("File number error! \n"); exit();} /*命令参数有误*/
    if((fhandle=open(argv[1], O_RDWR|O_TEXT))==-1)      /*打开文件*/
        {printf("%s can not be open! \n", argv[1]);  exit();}
    while(! eof(fhandle))
    {
        offset=tell(fhandle);                          /*记下访问位置*/
        count=read(fhandle, buff, BSIZE);              /*读文件*/
        if(count==0) break;
        for(i=0; i<count; i++)                         /*变换英文字母*/
        {
            if(buff[i]>='a'&&buff[i]<='z') buff[i]-=32;
            else if(buff[i]>='A'&& buff[i]<='Z') buff[i]+=32;
            lseek(fhandle, offset, SEEK_SET);          /*重设访问位置*/
            write(fhandle, buff, count);               /*写文件*/
        }
        close(fhandle);                                //关闭文件
    }
}
```

经过编译、链接后形成 change.exe 可执行文件，在 DOS 环境中可运行，如

```
c>change change.c ↵（回车）
```
change.c 文件中的大小写英文字母进行了互转。

例 9.14　从键盘上读入若干实数，建立二进制数据文件，并从二进制数据文件中读取奇数位置的数据并显示。

```c
#include "io.h"
#include "stdio.h"
#include "fcntl.h"
void main()
{
    char filename[20];                          //文件名
    int file, num;                              //文件柄
    int ACCESS=O_CREAT|O_RDWR|O_BINARY;         //文件创建、读/写、二进制模式
    void input(), output();                     //函数声明
```

```
        printf("File Name:");
        scanf("%s", filename);              //从键盘上输入文件名
        printf("Data Number:");
        scanf("%d",&num);                   //从键盘上输入数据个数
        if (file=open(filename, ACCESS))    //打开文件
        {printf("%s can not be opened! \n",filename); exit();}
        input(file, num);                   //从键盘上输入数据，建立文件
        output(file, num);                  //从数据文件中读取数据，并在屏幕上显示
        close(file);                        //关闭文件
    }
    void input(int file, int num)           //从键盘上输入若干数据到文件中
    {
        int i;
        float buff;
        for(i=0; i<num; i++)
        {
            printf("a[%d]=",i+1);
            scanf("%f", &buff);             //从键盘上输入浮点数
            write(file,(void*)&buff,sizeof(buff)); //写浮点数到文件中
        }
    }
    void output(int file, int num)          //从文件中读若干实数并显示
    {
        int i;
        float buff;
        lseek(file, 0L, SEEK_SET);          //当前访问位置设在文件开头处
        if(num%2!=0)  num=num/2+1;          //不是偶数
        else num/=2;
        for(i=0; i<num; i++)
        {
            read(file, (void *)&buff, sizeof(float)); //从文件中读一个浮点数
            printf("%-6.2f", buff);
            lseek(file, sizeof(float), SEEK_CUR); //当前访问位置后移一个浮点数
        }
    }
```

运行结果：

```
File Name: dfile.dat ↵（回车）
Data Number:5 ↵（回车）
a[1]=1 ↵（回车）
a[1]=2 ↵（回车）
a[1]=3 ↵（回车）
a[1]=4 ↵（回车）
a[1]=5 ↵（回车）
1.00  3.00  5.00
```

低级文件系统与高级文件系统有些相似（如表 9.5 所示）。由于任何 C 编译系统的高级文件系统都是符合 ANSI C 标准的，因此该系统不仅有处理文本文件的功能，而且也具备处理二

进制文件的功能，同时可以按格式访问文本文件。更重要的是：高级文件系统不依赖于具体操作系统和机器类型，确保程序最大限度在各操作系统和各种机器上具有兼容性和可移植性。高级文件系统与低级文件系统的差异如表 9.6 所示。对低级文件系统只做简单介绍，以免读者在看程序时难以理解，重点还是要掌握高级文件系统。

表 9.5　文件系统函数

| 分　类 | 高级文件系统函数 | 低级文件系统函数 |
| --- | --- | --- |
| 打开 | FILE * fopen(char * filename,char * mode) | int open(char * filename, int mode)<br>int creat(char * filename, int mode) |
| 关闭 | int fclose(FILE * fp) | int close(int handle) |
| 访问 | int fgetc(FILE *fp)<br>int fputc(int ch, FILE * fp)<br>char fgets(char * string, int n, FILE * fp)<br>char * fputs(char * string, FILE * fp)<br>int fscanf(FILE * fp,char * formate, …)<br>int fprintf(FILE * fp,char * format, …)<br>int fread(char * pt, unsigned size,unsigned n, FILE * fp)<br>int fwrite(char * pt, unsigned size,unsigned n, FILE * fp) | int read(int handle, void * buffer, unsigned size)<br>int write(int handle, void * buffer,unsigned size) |
| 定位 | int feof(FILE * fp)<br>void rewind(FILE * fp)<br>void fseek(FILE * fp, long offset, int base)<br>long ftell(FILE * fp) | int eof(int handle)<br>int lseek(int handle, long offset, int base)<br>long tell(int handle) |

表 9.6　高级文件系统与低级文件系统的差异

| 高级文件系统 | 低级文件系统 |
| --- | --- |
| 文件类型结构体 | 无 |
| 通过文件指针访问文件 | 通过文件柄访问文件 |
| 多形式数据读/写 | 数据块读/写 |
| 系统自动开辟缓冲区 | 程序自设缓冲区 |
| 编程较简单 | 编程较难 |
| 文件访问效率低 | 文件访问效率高 |

## 本章小结

　　文件是存储在计算机外部介质上有序的数据集合，并通过文件名唯一标识。文件名一般包括盘符、目录路径、文件主干名和文件扩展名。根据存储内容，文件可分为程序文件和数据文件。根据存储形式（编码），文件可分为文本文件和二进制文件。文本文件按 ASCII 码形式存储数据，内存数据（二进制）与外存数据（ASCII）形式不一致，因此在进行文件读/写时需要进行文本数据和二进制数据的转换。二进制文件以二进制形式存储数据，内存数据与外存数据形式一致，因此在进行文件读/写时无须进行数据转换。本章重点讨论数据的文本文件与二进制文件的访问。C 语言文件系统可分为缓冲文件系统（高级文件系统）和非缓冲文件系统（低级文件系统），前者为编译系统开辟的输入/输出缓冲区，与操作系统无关，可移植性好；后者为程序自设的输入/输出缓冲区，与操作系统相关，可移植性差。

对于缓冲文件系统，有关文件缓冲区、文件读/写等信息，C 语言给出了 FILE 结构类型进行描述。对文件进行访问之前必须先打开文件，其主要任务就是建立文件指针和开辟输入/输出缓冲区。在打开文件后，系统动态分配 FILE 类型的数据单元，并填充和维护相应信息，返回文件指针。在程序中涉及的文件读/写过程只用到该文件指针。在程序结束运行之前，也必须关闭文件，其主要任务是读/写所有缓冲区的数据后回收缓冲区，并在文件尾部插入文件结束标记 EOF。由于文件的访问可分为读、写、追加 3 个操作，又有文本文件和二进制文件之分，因此在文件打开时，就必须涉及文件名、文件打开模式。而文件打开模式包含文件的类型（文本文件、二进制文件）和访问（读、写、可读可写、追加、可读可追加）信息。实现文件打开和关闭的函数有 fopen 函数和 fclose 函数。

在文件打开后，形成唯一的可以变动的文件"访问位置"标记，如同编辑软件中的光标，该位置就是文件读/写位置。根据文件"访问位置"的变动，文件访问过程可分为顺序访问和随机访问。文件顺序访问就是从文件"访问位置"开始（一般从文件头），依次读/写文件，每次进行读/写操作后，文件"访问位置"就自动后移。而随机文件访问就是从文件"访问位置"开始，重新定位文件"访问位置"后再进行读/写。文件"访问位置"的定位由 rewind 函数和 fseek 函数实现。

针对文本文件的访问，文件访问函数有：读/写文件字符（fgetc 函数和 fputc 函数）、读/写文件字符串（fgets 函数和 fputs 函数）、按格式读/写文件数据（fscanf 函数和 fprintf 函数）。针对二进制文件的访问，文件访问函数有按数据块读/写文件数据（fread 函数和 fwrite 函数）。

若文件打开、关闭和文件访问函数出错，则返回错误表示值，也可通过出错检测函数 ferror，获取当前文件访问的错误表示值。对当前错误表示值也可通过 clearerr 函数进行清除处理。

对于非缓冲文件系统，通过打开或创建文件，由操作系统统一分配唯一的文件柄，标识正在访问的文件。由程序自行设置输入/输出缓冲区（变量、数组数据单元），文件、文件柄、输入/输出缓冲区关联在一起，并由操作系统维护。

程序对文件的读/写是对缓冲区的读/写。对于缓冲文件系统，缓冲区数据与外存中的文件数据之间的交互由缓冲文件系统进行维护。通过缓冲文件系统，可以解决内存与外存数据访问速度不匹配的问题。缓冲文件系统能以字符、字符串、格式方式和数据块（二进制）方式进行文件的读/写，丰富了文件访问形式，但是文件访问效率不如非缓冲文件系统。对于非缓冲文件系统，由程序在程序数据区中开辟缓冲区，只能按数据块进行二进制文件读/写，具有高效文件访问的特点。

## 习题 9

1．C 程序处理的文件类型有哪些？

2．高级文件系统（缓冲文件系统）与低级文件系统（非缓冲文件系统）有什么不同？

3．在文件读/写时，为什么要关注当前文件"访问位置"？

4．文件类型指针有什么作用？

5．为什么要对文件打开和关闭？

6．将 10 个整数写入数据文件 f.dat 中，再读出 f.dat 中的数据并求其和（分别用高级文件系统和低级文件系统实现）。

7．用 scanf 函数从键盘读入 5 名学生数据（包括姓名、学号、3 门课程的成绩），然后求出平均成绩。用 fprintf

函数输出所有信息到磁盘文件 stud.rec 中，再用 fscanf 函数从 stud.rec 中读入这些数据并在屏幕上显示出来。

8. 将 10 名职工的数据从键盘输入，然后送入磁盘文件 worker1.rec 中保存。设职工数据包括职工号、职工姓名、性别、年龄和工资，再从磁盘调入这些数据，依次打印出来（用 fread 和 fwrite 函数实现）。

9. 将存放在第 8 题 worker1.rec 中的职工数据按工资从高到低排序，将排好序的各记录存放在 worker2.rec 中（用 fread 函数实现）。

10. 在文件 worker2.rec 中插入一个新职工的数据，并使插入后的数据仍保持原来的顺序（按工资从高到低的顺序插入到原有文件中），然后写入 worker3.rec 中。

11. 删除 worker2.rec 中某个职工记录，再存入原文件中（用 fread 和 fwrite 函数实现）。

12. 对习题 7 中的第 6 题采用文件进行数据管理。当退出人员管理系统时，需要保留人员信息到数据文件中；当启动人员管理系统时，需要导入数据文件中的人员信息，再进行数据操作。

# 附　　录

## 附录 A　常用字符与 ASCII 码表

| 值 | 字符 | 值 | 字符 | 值 | 字符 | 值 | 字符 | 值 | 字符 | 值 | 字符 | 值 | 字符 | 值 | 字符 |
|---|---|---|---|---|---|---|---|---|---|---|---|---|---|---|---|
| 000 | (null) | 032 | (space) | 064 | @ | 096 | ` | 128 | Ç | 160 | á | 192 | └ | 224 | α |
| 001 | ☺ | 033 | ! | 065 | A | 097 | a | 129 | ü | 161 | í | 193 | ┴ | 225 | β |
| 002 | ☻ | 034 | " | 066 | B | 098 | b | 130 | é | 162 | Ó | 194 | ┬ | 226 | Γ |
| 003 | ♥ | 035 | # | 067 | C | 099 | c | 131 | â | 163 | ú | 195 | ├ | 227 | π |
| 004 | ♦ | 036 | $ | 068 | D | 100 | d | 132 | ä | 164 | ñ | 196 | ─ | 228 | Σ |
| 005 | ♣ | 037 | % | 069 | E | 101 | e | 133 | à | 165 | Ñ | 197 | ┼ | 229 | σ |
| 006 | ♠ | 038 | & | 070 | F | 102 | f | 134 | å | 166 | ª | 198 | ╞ | 230 | μ |
| 007 | ● | 039 | ' | 071 | G | 103 | g | 135 | ç | 167 | º | 199 | ╟ | 231 | τ |
| 008 | ◘ | 040 | ( | 072 | H | 104 | h | 136 | ê | 168 | ¿ | 200 | ╚ | 232 | Φ |
| 009 | ○ | 041 | ) | 073 | I | 105 | i | 137 | ë | 169 | ⌐ | 201 | ╔ | 233 | Θ |
| 010 | ◙ | 042 | * | 074 | J | 106 | j | 138 | è | 170 | ¬ | 202 | ╩ | 234 | Ω |
| 011 | ♂ | 043 | + | 075 | K | 107 | k | 139 | ï | 171 | ½ | 203 | ╦ | 235 | δ |
| 012 | ♀ | 044 | , | 076 | L | 108 | l | 140 | î | 172 | ¼ | 204 | ╠ | 236 | ∞ |
| 013 | ♪ | 045 | - | 077 | M | 109 | m | 141 | ì | 173 | ¡ | 205 | ═ | 237 | φ |
| 014 | ♫ | 046 | . | 078 | N | 110 | n | 142 | Ä | 174 | « | 206 | ╬ | 238 | ε |
| 015 | ☼ | 047 | / | 079 | O | 111 | o | 143 | Å | 175 | » | 207 | ╧ | 239 | ∩ |
| 016 | ► | 048 | 0 | 080 | P | 112 | p | 144 | É | 176 | ░ | 208 | ╨ | 240 | ≡ |
| 017 | ◄ | 049 | 1 | 081 | Q | 113 | q | 145 | æ | 177 | ▒ | 209 | ╤ | 241 | ± |
| 018 | ↕ | 050 | 2 | 082 | R | 114 | r | 146 | Æ | 178 | ▓ | 210 | ╥ | 242 | ≥ |
| 019 | ‼ | 051 | 3 | 083 | S | 115 | s | 147 | ô | 179 | │ | 211 | ╙ | 243 | ≤ |
| 020 | ¶ | 052 | 4 | 084 | T | 116 | t | 148 | ö | 180 | ┤ | 212 | ╘ | 244 | ⌠ |
| 021 | § | 053 | 5 | 085 | U | 117 | u | 149 | ò | 181 | ╡ | 213 | ╒ | 245 | ⌡ |
| 022 | ▬ | 054 | 6 | 086 | V | 118 | v | 150 | û | 182 | ╢ | 214 | ╓ | 246 | ÷ |
| 023 | ↨ | 055 | 7 | 087 | W | 119 | w | 151 | ù | 183 | ╖ | 215 | ╫ | 247 | ≈ |
| 024 | ↑ | 056 | 8 | 088 | X | 120 | x | 152 | ÿ | 184 | ╕ | 216 | ╪ | 248 | ° |
| 025 | ↓ | 057 | 9 | 089 | Y | 121 | y | 153 | Ö | 185 | ╣ | 217 | ┘ | 249 | ∙ |
| 026 | → | 058 | : | 090 | Z | 122 | z | 154 | Ü | 186 | ║ | 218 | ┌ | 250 | · |
| 027 | ← | 059 | ; | 091 | [ | 123 | { | 155 | ¢ | 187 | ╗ | 219 | █ | 251 | √ |
| 028 | ∟ | 060 | < | 092 | \ | 124 | | | 156 | £ | 188 | ╝ | 220 | ▄ | 252 | ⁿ |
| 029 | ↔ | 061 | = | 093 | ] | 125 | } | 157 | ¥ | 189 | ╜ | 221 | ▌ | 253 | ² |
| 030 | ▲ | 062 | > | 094 | ^ | 126 | ~ | 158 | ₧ | 190 | ╛ | 222 | ▐ | 254 | ■ |
| 031 | ▼ | 063 | ? | 095 | _ | 127 | ⌂ | 159 | ƒ | 191 | ┐ | 223 | ▀ | 255 | |

# 附录 B　关键字

| 关键字 | 语　义 | 关键字 | 语　义 | 关键字 | 语　义 |
|---|---|---|---|---|---|
| auto | 定义自动变量 | extern | 定义或声明变量、函数有效范围 | sizeof | 计算变量数据单元大小 |
| break | 结束循环，或跳出 switch 语句 | float | 浮点型关键字 | static | 定义静态变量、或声明变量、函数有效范围 |
| case | switch 语句标号 | for | for 循环语句 | struct | 定义结构体类型 |
| char | 字符型关键字 | goto | 无条件跳转语句 | switch | 与 break 结合实现多分支语句 |
| const | 定义常变量 | if | 条件语句 | typedef | 数据类型重命名 |
| continue | 结束当前次循环 | int | 有符号整型关键字 | unsigned | 修饰无符号类型关键字 |
| default | switch 语句省略标号 | long | 修饰整型或双精度关键字 | union | 定义共用体类型 |
| do | 构成 do while 循环语句 | register | 定义寄存器 | void | 定义无返回值函数，或定义无类型指针 |
| double | 双精度类型关键字 | return | 函数返回语句（可以带参数，也可不带参数） | volatile | 说明变量在程序执行中可被隐含地改变 |
| else | if 语句的分支 | short | 有符号短整型关键字 | while | while 循环语句，或与 do-while 循环语句 |
| enum | 定义枚举类型 | signed | 修饰有符号整型关键字 | //, /**/ | //单行注解/*多行注解*/ |

# 附录 C　运算符

| 优先级 | 运算符 | 语　义 | 运算数个数 | 使 用 形 式 | 结合方向 |
|---|---|---|---|---|---|
| 1 | （） | 圆括号运算符 | 1 | （表达式） | 自左至右 |
|  | [ ] | 下标运算符 | 1 | 指针 [正整型表达式]… |  |
|  | —> | 指向成员运算符 | 1 | 结构体指针->成员 |  |
|  | . | 结构体、共用体成员运算符 | 1 | 结构体变量.成员 |  |
| 2 | ！ | 逻辑非运算符 | 1 | ！表达式 | 自右至左 |
|  | ~ | 按位取相反运算符 | 1 | ~表达式 |  |
|  | ++ | 自增运算符 | 1 | ++变量，或变量++ |  |
|  | —— | 自减运算符 | 1 | ——变量，或变量—— |  |
|  | — | 负号运算符 | 1 | —表达式 |  |
|  | （类型） | 类型转换运算符 | 1 | （类型）表达式 |  |
|  | * | 指针运算符 | 1 | *指针 |  |
|  | & | 取地址运算符 | 1 | &变量 |  |
|  | sizeof | 求存储长度运算符 | 1 | sizeof（表达式） |  |
| 3 | * | 乘法运算符 | 2 | 表达式 1*表达式 2 | 自左至右 |
|  | / | 除法运算符 | 2 | 表达式 1/表达式 2 |  |
|  | % | 求余运算符 | 2 | 表达式 1%表达式 2 |  |
| 4 | + | 加法运算符 | 2 | 表达式 1+表达式 2 | 自左至右 |
|  | — | 减法运算符 | 2 | 表达式 1̄表达式 2 |  |
| 5 | << | 左移运算符 | 2 | 表达式 1<<表达式 2 | 自左至右 |
|  | >> | 右移运算符 | 2 | 表达式 1>>表达式 2 |  |
| 6 | < | 小于运算符 | 2 | 表达式 1<表达式 2 | 自左至右 |
|  | <= | 小于等于运算符 | 2 | 表达式 1<=表达式 2 |  |
|  | > | 大于运算符 | 2 | 表达式 1>表达式 2 |  |
|  | >= | 大于等于运算符 | 2 | 表达式 1>=表达式 2 |  |

续表

| 优先级 | 运算符 | 语 义 | 运算数个数 | 使 用 形 式 | 结合方向 |
|---|---|---|---|---|---|
| 7 | == | 等于运算符 | 2 | 表达式 1==表达式 2 | 自左至右 |
| | != | 不等于运算符 | 2 | 表达式 1!=表达式 2 | |
| 8 | & | 按位与运算符 | 2 | 表达式 1&表达式 2 | 自左至右 |
| 9 | ^ | 按位异或运算符 | 2 | 表达式 1^表达式 2 | 自左至右 |
| 10 | \| | 按位或运算符 | 2 | 表达式 1\|表达式 2 | 自左至右 |
| 11 | && | 逻辑与运算符 | 2 | 表达式 1&&表达式 2 | 自左至右 |
| 12 | \|\| | 逻辑或运算符 | 2 | 表达式 1\|\|表达式 2 | 自左至右 |
| 13 | ? : | 条件运算符 | 3 | 表达式 1?表达式 2:表达式 3 | 自右至左 |
| 14 | =<br>+=<br>−=<br>*=<br>/=<br>%=<br>>>=<br><<=<br>&=<br>^=<br>\| = | 赋值运算符<br>算术复合赋值运算符<br><br><br><br><br>移位复合赋值运算符<br><br>按位逻辑复合赋值运算符 | 2<br>2<br><br><br><br><br><br>2<br><br>2 | 变量 op=表达式<br>op=为赋值运算符或复合赋值运算符 | 自右至左 |
| 15 | , | 逗号运算符 | 2 | 表达式 1, 表达式 2 | 自左至右 |

# 附录 D　编译预处理命令

| 编 译 指 令 | 语 义 |
|---|---|
| #include | 文件包含 |
| #define | 宏定义（宏替换） |
| #undef | 取消宏定义 |
| #asm 和#endasm | 加入汇编语言的程序 |
| #ifdef、#ifndef、#else、#endif | 与宏定义配合，用于条件编译 |

# 附录 E　头文件与库函数

　　C 语言功能的强大主要体现在库文件上，由两部分构成：① 扩展名为 ".h" 的头文件，其中包含常量定义、类型定义、宏定义、函数原型，以及各种编译选择设置等信息；② 函数库（也称系统函数），包括函数的目标代码，供程序调用。通常在程序中调用库函数时，在调用之前包含该函数原型所在的头文件。根据不同功能划分头文件，每个头文件包含多个函数原型。Turbo C 部分头文件如下。

　　（1）ALLOC.H 内存管理函数（分配、释放等）。

　　（2）BIOS.H 调用 IBM-PC ROM BIOS 子程序的函数。

　　（3）CONIO.H 调用 DOS 控制台 I/O 子程序的函数。

　　（4）CTYPE.H 字符分类及转换的函数。

　　（5）DIR.H 目录和路径的结构、宏定义和管理维护目录函数。

　　（6）DOS.HMSDOS 和 8086 调用的常量和函数。

（7）GRAPHICS.H 图形绘制函数，调色板配置，颜色常量等。

（8）IO.H 低级 I/O 子程序的结构和说明，中断调用函数。

（9）MATH.H 数学运算函数。

（10）STDIO.H 标准和扩展的类型和宏，输入/输出 I/O 流函数。

（11）STDLIB.H 常用转换、搜索/排序等函数。

（12）STRING.H 字符串操作和内存操作函数。

（13）TIME.H 时间转换函数。

头文件中函数原型基本形式为

《数据类型符》《函数名》（［《数据类型符列表》］⊥《参数声明列表》］）

其中，"数据类型符"为基本数据类型或构造数据类型的标识符，表示调用该函数可获得的值所属数据类型（viod 类型除外），也称函数类型；"函数名"为函数标识符；"数据类型符列表"为若干逗号分隔的数据类型符，表示使用该函数时在对应的位置上所需参数及其数据类型；"参数声明列表"为若干逗号分隔的参数，参数形式为"《数据类型符》《变量名》"。有关数组名的参数均用指针变量表达。此外，函数原型还对函数参数和功能进行描述，如 double sin(double)，或 double sin(double x)表示使用 sin 函数时，需要一个 double 类型的参数，可得到一个 double 类型的数值，该函数参数为弧度，其功能是求解正弦值。部分常用库函数如下。

### 1．数学函数

预处理命令#include "math.h"。

| 函数原型 | 功　　能 | 返回值 |
|---|---|---|
| double acos(double x) | $x \in [-1,1]$，计算 $\cos^{-1}(x)$ 的值 | 计算结果 |
| double asin(double x) | $x \in [-1,1]$，计算 $\sin^{-1}(x)$ 的值 | 计算结果 |
| double atan (double x) | 计算 $\tan^{-1}(x)$ 的值 | 计算结果 |
| double atan2 (double x,　double y) | 计算 $\tan^{-1}(x/y)$ 的值 | 计算结果 |
| double cos (double x) | x 为弧度，计算 $\cos(x)$ 的值 | 计算结果 |
| double exp (double x) | 求 $e^x$ 的值 | 计算结果 |
| double fabs (double x) | 求 x 的绝对值 | 计算结果 |
| double floor (double x) | 求出不大于 x 的最大整数 | 该整数为双精度实数 |
| double fmod (double x, double y) | 求整除 x/y 的余数 | 返回余数的双精度数 |
| double frexp (double val, int *eptr) | 把 val 分解为数字部分（尾数）x 和以 2 为底的指数 n，即 val=x*2ⁿ,n 存放在 eptr 指向的变量中 | 返回数字部分 x $0.5 \leqslant x < 1$ |
| double log (double x) | 求 lnx | 计算结果 |
| double log10 (double x) | 求 $\log_{10}x$ | 计算结果 |
| double modf (double val, int *iptr) | 把 val 分解为整数部分和小数部分,把整数部分存放在 iptr 指向的变量中 | val 的小数部分 |
| double pow (double x, double y) | 计算 $x^y$ 的值 | 计算结果 |
| double sin (double x) | x 为弧度，计算 $\sin(x)$ 的值 | 计算结果 |
| double sinh (double x) | 计算 x 的双曲面正弦函数 $\sin(x)$ 的值 | 计算结果 |
| double sprt (double x) | $x \geqslant 0$，计算 $\sqrt{x}$ 的值 | 计算结果 |
| double tan (double x) | x 为弧度，计算 $\tan(x)$ 的值 | 计算结果 |
| double tanh (double x) | 计算 x 的双曲面正弦函数 $\tanh(x)$ 的值 | 计算结果 |

C 语言及其程序设计

### 2. 字符函数

预处理命令#include "ctype.h"。

| 函 数 原 型 | 功　　能 | 返 回 值 |
|---|---|---|
| int isalnum(int ch) | 检查 ch 是否为英文字母(alpha)或为数字(numeric) | 若是英文字母或数字，则返回 1；否则返回 0 |
| int isalpha (int ch) | 检查 ch 是否为英文字母 | 若是，则返回 1；否则返回 0 |
| int iscntrl (int ch) | 检查 ch 是否为控制字符（其 ASCII 码在 0 和 0x1F 之间） | 若是，则返回 1；否则返回 0 |
| int isdigit (int ch) | 检查 ch 是否为数字（0～9） | 若是，则返回 1；否则返回 0 |
| int isgraph (int ch) | 检查 ch 是否为可打印字符（其 ASCII 码在 0x21 和 0x7E 之间），不包括空格 | 若是，则返回 1；否则返回 0 |
| int islower (int ch) | 检查 ch 是否为小写英文字母（a～z） | 若是，则返回 1；否则返回 0 |
| int isprint (int ch) | 检查 ch 是否可打印字符（其 ASCII 码在 0x21 和 0x7E 之间），包括空格 | 若是，则返回 1；否则返回 0 |
| int ispunct (int ch) | 检查 ch 是否为标点字符（不包括空格），即除数字、英文字母和空格之外的所有可打印字符 | 若是，则返回 1；否则返回 0 |
| int isspace (int ch) | 检查 ch 是否为空格，跳格符（制表符）或换行等 | 若是，则返回 1；否则返回 0 |
| int isupper (int ch) | 检查 ch 是否为大写字母（A～Z） | 若是，则返回 1；否则返回 0 |
| int isxdigit (int ch) | 检查 ch 是否为一个十六进制数字符（即 0～9，或 A～F，或 a～f） | 若是，则返回 1；否则返回 0 |
| int tolower (int ch) | 将 ch 字符转换为小写英文字母 | 与 ch 相应的小写英文字母 |
| int toupper (int ch) | 将 ch 字符转换为大写英文字母 | 与 ch 相应的大写英文字母 |

### 3. 字符串函数

预处理命令#include "string.h"。

| 函 数 原 型 | 功　　能 | 返 回 值 |
|---|---|---|
| char *strcat (char *str1, char *str2) | 把字符串 str2 接到 str1 后面，str1 最后面的'\0' 被取消 | 返回 str1 |
| char * strchr (char *str, int ch) | 找出 str 指向的字符串中第一次出现的字符 ch 的位置 | 返回指向该位置的指针，若找不到，则返回空指针 |
| char * strcmp (char *str1, char *str2) | 比较两个字符串 str1，str2 | 若 str1<str2，则返回负数<br>若 str1=str2，则返回 0<br>若 str1>str2，则返回正数 |
| char * strcpy (char *str1, char *str2) | 把 str2 指向的字符串复制到 str1 中去 | 返回 str1 |
| int strlen (char *str1, char *str2) | 统计字符串 str 中字符的个数（不包括终止符'\0'） | 返回字符串的长度 |
| char * strstr (char *str1, char *str2) | 找出 str2 字符串在 str1 字符串第一次出现的位置（不包括 str2 的串结束符） | 返回该位置的指针。若找不到，则返回空指针 |

### 4. 输入/输出函数

预处理命令#include "stdio.h"。

| 函 数 原 型 | 功　　能 | 返 回 值 |
|---|---|---|
| void clearerr(FILE *fp) | 清楚流指针错误 | 无 |
| int close(int fh) | 关闭文件，释放文件柄 fh | 若关闭成功，则返回 0；否则返回−1 |
| int creat(char * filename, int mode) | 以 mode 所指定的方式建立文件 | 若打开成功，则返回正数；否则返回−1 |
| int eof(int fh) | 检查文件是否结束 | 若遇文件结束，则返回 1；否则返回 0 |
| int fclose(FILE * fp) | 关闭 fp 流，释放缓冲区 | 若有错，则返回非 0；否则返回 0 |
| int feof(FILE * fp) | 检查流是否结束 | 若遇结束符，则返回非 0；否则返回 0 |

（续表）

| 函 数 原 型 | 功　　能 | 返 回 值 |
|---|---|---|
| int fget(FILE * fp) | 从 fp 所指定的流中取得一个字符 | 返回所得到字符的 ASCII 码。若读入出错，则返回 EOF |
| char *fgets(char *buf, int n, FILE * fp) | 从 fp 的流中读取一个长度为（n−1）的字符串，存入起始地址为 buf 的空间 | 返回地址 buf，若遇流结束或出错，则返回 NULL |
| FILE *open(char *filename, char *mode) | 以 mode 指定的方式打开名为 filename 的文件 | 若成功，则返回一个流指针；否则返回 NULL |
| int fprint(FILE *fp; char *format,args,…) | 把 args 的值以 format 指定的格式输出到 fp 文件中 | 返回输出的字符串 |
| int fputc(char ch,FILE *fp) | 将字符 ch 输出到 fp 文件中 | 若成功，则返回该字符的 ASCII 码；否则返回 EOF |
| int fputs(char *str,FILE *fp) | 将 str 指向的字符串输出到 fp 文件中 | 若成功则返回 0；若出错则返回非 0 |
| int fread(char *pt, unsigned size, unsigned n, FILE *fp) | 从 fp 流中读取长度为 size 的 n 个数据项，存到 pt 所指的内存区 | 返回所读的数据项个数，若遇文件结束或出错则返回 0 |
| int fscanf(FILE *fp,char format, args,…) | 从 fp 流中按 format 给定的格式将输入数据送到 args 所指定的内存单元（args 是指针） | 返回输入的数据个数 |
| int fseek(FILE *fp, long offset, int base) | 将 fp 流的访问位置移到以 base 所指出的位置为基准，以 offset 为位移量的位置 | 返回当前位置，否则返回−1 |
| long ftell(FILE *fp) | 返回 fp 文件中的读/写位置 | 返回 fp 所指定的流中的访问位置 |
| int fwrite(char *ptr, unsigned size, unsigned n, FILE *fp) | 把 ptr 所指向的 n*size 字节输出到 fp 文件中 | 写到 fp 所指定的流中的访问位置 |
| int fgetc(FILE * fp) | 从 fp 文件中读入一个字符 | 返回所读的字符，若文件结束或出错，则返回 EOF |
| int getchar() | 从标准输入设备读取下一个字符 | 所读字符，若文件结束或出错，则返回−1 |
| char *gets(char *str) | 从标准输入设备读取一个字符串，并把它们输入 str 所指向的字符数组中 | 若成功，则返回 str 的值；否则返回 NULL |
| int fgetw(FILE *fp) | 从 fp 文件中读取下一个字（整数） | 输入的整数。若流结束或出错，则返回−1 |
| int open(char *filename, int mode) | 以 mode 指出的方式打开已存在的名为 filename 的文件 | 返回文件柄（正数）。若打开失败，则返回−1 |
| int printf(char * format, args,…) | 将表列 args 的值输出到标准设备 | 输出字符的个数。若出错，则返回负数 |
| int fputc(int ch, FILE *fp) | 把一个字符 ch 输出到 fp 文件中 | 输出的字符的 ASCII 码。若出错，则返回 EOF |
| int putchar(char ch) | 把字符 ch 输出到标准输出设备 | 输出的字符 ch。若出错，则返回 EOF |
| int puts(char ch) | 把 str 指向的字符串输出到标准输出设备，将"\0"转换为回车换行 | 返回换行符。若失败，则返回 EOF |
| int putw(int w,int fh) | 将一个整数 w（即一个字）写到 fh 文件中 | 返回输出的整数。若出错，则返回 EOF |
| int read(int fh,unsigned count) | 从文件柄 fh 所指示的文件中读 count 字节到由 buf 指示的缓冲区中 | 返回真正读入的字节个数。若遇文件结束返回 0，则出错返回−1 |
| int rename(char *oldname, char *newname) | 把由 oldname 所指的文件名，改为由 newname 所指的文件名 | 若成功则返回 0，若出错则返回−1 |
| void rewind(FILE *fp) | 将 fp 指示的流中的位置指针置于文件开头位置，并清除文件结束标记和错误标志 | 无 |
| int scanf(char * format , args,…) | 从标准输入设备按 format 指向的格式字符串规定的格式，输入数据给 args 所指向的单元 | 读入并赋给 args 的数据个数，遇文件结束返回 EOF，若出错则返回 0 |
| int write(int fh,char *buf,unsigned count) | 从 buf 指示的缓冲区输出 count 个字符到 fh 所标志的文件中 | 返回实际输出的字节数。若出错返回−1 |

### 5．动态存储分配函数

stdlib.h 头文件包含内容在许多编译系统包含 alloc.h，使用时应查阅有关手册。

ANSI C 标准要求动态分配系统返回 void 指针。void 指针具有一般性，其不规定指向任何具体的数据类型变量。但目前绝大多数 C 编译函数所提供的这类函数返回 char 指针。在使用上都需要用强制类型转换的方法把指针转换成所需的类型。

预处理命令#include "stdlib.h"。

| 函 数 原 型 | 功　　能 | 返　回　值 |
|---|---|---|
| void *calloc(unsigned n，unsigned size) | 分配 n 个数据单元的内存连续区，每个数据单元大小为 size | 分配内存单元的起始地址。若不成功，则返回 0 |
| void free(void *p) | 释放 p 所指的内存区 | 无 |
| void *malloc(unsigned size) | 分配 size 字节的内存连续区 | 所分配的内存区地址，若内存不够，则返回 0 |
| void *realloc(void *p，unsigned size) | 将 p 所指向的已分配内存连续区的大小改为 size。size 可以比原来的分配的空间大或小 | 返回指针该内存区的指针 |

### 6．其他函数

预处理命令#include "stdlib.h"。

| 函 数 原 型 | 功　　能 | 返回值 |
|---|---|---|
| int abs(int num) | 计算整数 num 的绝对值 | 返回 num 的绝对值 |
| double atof(char *str) | 把 str 指向的 ASCII 字符串转换成一个 double 型数值 | 返回双精度的结果 |
| int　atoi(char *str) | 将 str 指向的字符串转换成整数 | 返回整数结果 |
| long atol(char *str) | 将字符串转换成一个长整型值 | 返回长整数结果 |
| void exit(int status) | 使程序立即正常地终止，status 的值传给调用过程 | 无 |
| long labs(long num) | 计算 num 的绝对值 | 返回长整数 num 的绝对值 |
| int rand() | 产生一个伪随机数 | 返回一个 0 到 RAND_MAX 之间的一个整数。RAND_MAX 是在头文件中定义的随机数最大可能值 |

# 参 考 文 献

[1]  李国和. C 语言及其程序设计（讲义）. 北京：中国石油大学（北京），1995.

[2]  张岩，张丽英，李国和等. C 语言程序设计[M]. 山东：中国石油大学出版社，2013.

[3]  谭浩强. C 程序设计（第四版）[M]. 北京：清华大学出版社，2010.

[4]  苏小红，王宇颖，孙志刚等. C 语言程序设计[M]. 北京：高等教育出版社，2013.

[5]  张长海，陈娟. 程序设计基础（第 2 版）[M]. 北京：高等教育出版社，2013.

[6]  钟秀玉，巫喜红. 程序设计基础（C 语言）[M]. 北京：清华大学出版社，2014.

[7]  崔武子. C 程序设计教程[M]. 北京：清华大学出版社，2013.

[8]  尹彦芝. C 语言高级实用教程[M]. 北京：清华大学出版社，1992.

[9]  潘金贵，沈默君，袁峰. Turbo C 程序设计技术[M]. 南京：南京大学出版社，1990.

[10] 谭浩强，张基温，唐永炎. C 语言程序设计教程[M]. 北京：高等教育出版社，1992.

[11] 徐为民，刘益敏等译. Microsoft C6. 0 大全[M]. 合肥：中国科学技术大学出版社，1991.

[12] 王鹰翔，张健. Turbo C 高级程序设计[M]. 北京：宇航出版社，1992.

[13] 严蔚敏，吴伟民. 数据结构（C 语言版）[M]. 北京：清华大学出版社，2016.

# 后　　记

　　软件系统经常是现实物理系统（也可以是虚拟系统）的一种模拟，如财务软件系统就是模拟真实财务管理业务和流程，同时充分利用计算机的高速处理和大量存储及实时交互等优点，使得计算机成为工作、学习、生活中高效、有效的应用工具和手段。计算机硬件的性能（如主频多少、内存大小、总线宽度等）是计算机的基础；而计算机软件的功能（如科学计算、人事管理、游戏等）是计算机的应用，硬件与软件构成完整的计算机系统。在硬件既定的情况下，可以配备不同的软件，使得计算机具有不同的功能，成就不同的效用，扮演不同的角色，如游戏机、学习机、办公系统等。在此意义上，软件成就了计算机的普适性，反过来说，任意一种软件都是针对不同应用背景产业的。

　　软件的模拟性、针对性使得软件开发必须深入研究现实世界的物理系统，尤其物理系统中的客观对象及其关系，如人事管理系统中张三（男，20岁，月薪5000元）、李四（女，18岁，月薪6000）等；地层评价系统中检测深度1000m（自然电位20mv，自然伽马500c/s，电阻率0.4mΩ）、1000.125m（自然电位20.5mv，自然伽马501c/s，电阻率0.42mΩ）等。进一步对客观对象及其关系的共性进行抽象，成为概念世界（人脑）中的对象类型及其关系类型，如人事管理系统中的"人员"，地层评价系统中的"深度点"，尤其对对象属性进行抽象，如人事管理系统中的对象类型为"人员（姓名，性别，年龄，月薪）"，地层评价系统中的对象类型为"测井系列（深度，自然电位，自然伽马，电阻率）"，也可以形式化为 Person(name, sex, age, salary)、Logging(depth, sp, gr, r)，其中 name、sex、depth 等为属性。在概念世界中，还要完成数据变换描述，即进行数据建模，如人事管理系统中平均工资 avg=f(salary)，地层评价系统中含水饱和度 s=g(sp,gr,r) 等。在完成现实世界到概念世界转变后，接着需要通过编程进入计算机世界进行问题求解、事务管理、事务处理等，即数据结构设计、算法设计、编码，完成程序设计，最终生成软件。

　　计算机高级语言（如C语言）是问题求解、事务管理、事务处理等进入计算机世界的工具，而核心是基于数据结构和算法的程序设计，即"数据结构+算法=程序设计"，采用C语言进行的程序设计为C程序设计，还可以用其他语言进行程序设计，如 FORTRAN 程序设计、BASIC 程序设计、Java 程序设计等。

　　为了在计算机世界中进行问题求解、事务管理、事务处理等，通过利用计算机语言的基本数据类型、构造数据类型对概念世界的对象类型及其关系类型一一对应描述，如性别为字符型（char）、年龄为整型（int）、月薪为浮点型（float）、自然电位为浮点型（float）等，Person 为结构体类型（struct Person{char name[20]; char sex; int age; float salary;}）、Logging 为结构体类型（struct Logging{ float depth, sp, gr, r;}）等。根据客观世界中单个对象或对象集合，采用变量、数组和链表等对其进行管理、处理。这些变量、数组和链表节点等都是根据数据类型进行定义生成的。数据类型定义、变量定义、数据定义及链表定义创建就是数据结构设计过程。数据类型、变量和数组等都是由计算机语言规定的字符集生成的标识符表示。标识符进一步分为保留字标识符（如 int、float 等）和自定义标识符（如 Person、Logging，变量名、数组名等）。现实世界中对对象进行增加、删除、修改或排序等操作，概念世界中的建模表达了数据的变换，在进入计算机世界前，需要进行算法设计、表达问题求解、事务管理及事务处理等过程。算法中每个步骤是确定无异议的，除决定算法的跳转或循环走向外，更多步骤是表达对象或变换对象属性的处理。采用计算机语言（如 C 语言）描述数据结构设计和算法设计就是程序设计（如 C 语言程序设计）。为了增强程序的可读性，提高软件质量，因此算法设计、程序设计都是结构化的。无论多么复杂的算法或程序，都采用结构化，包括顺序结构、选择（分支）结构和循环结构。算法中变换处理表示，在程序中由表达式表示，即由运算数（可以是常量、变量、表达式、函数）和操作符构成的表达式。真正执行程序的基本单位是语句，表达式语句才是真正用来处理数据的。一条语句没有任何判断依次执行相邻下一条语句构成了顺序结构程序，而选择语句（if 语句、switch 与 break 语句），或循环语句（for 语句、while 语句、do-while 语句）根据条件是否满足决定跳转到指定位置再接着执行相关语句，或 break 语句、continue 语句无条件跳转到指定位置再接着执行相关语句，都是改变程序语句执行的走向。求解问题的流程为客观问题、事物→抽象表示、建模→数据结构+算法到结构化程序→程序运行=>完成问题求解、事务管理及事务处理等，可以看出，程序中数据类型反映描述的问题能力，而运算符反映处理问题的能力，结构化语句反映问题的处理，程序反映问题处理的流程。

除结构化外，软件研发还常常需要分工协作，按功能划分，再进行集成，即模块化程序设计——把大功能分解为小功能，进一步分解为更小的功能，直至最简单的基本功能。每个子功能都是功能模块，在 C 语言中就体现为函数。除可以增强程序可读性外，模块化程序设计还可以增强程序的可修改性、可重用性。模块的链接通过模块接口进行，具体到 C 语言就体现在函数调用和函数返回上。这是模块间唯一的联系方式，因此模块具有相对独立性。这就使得一个模块的变化不影响到其他模块，使得模块具有很好的可修改性。一方面，一个模块可以被多个模块调用，实现了对这个模块代码的共享，模块也就具有可重用性（复用性），提高了软件开发的效率；另一方面，相同功能的模块可由不同算法实现，导致不同的执行效率，模块单一接口形式可以确保优选高效的模块，从而提高软件的性能。这种"强功能，弱耦合"是模块化的优点，但是单一的数据通道等局限了软件效率，因此模块化也提供了外部变量作为模块间数据交互的通道。为了数据访问安全，外部变量增加了有效范围；为了程序安全，在不同文件间，对外部变量、函数也增加了有效范围，使得变量和函数访问更加安全。此外，对变量还增加了动态和静态的处理方式，提高了内存空间的管理效果。

计算思维是运用计算机科学的基础概念、原理和方法进行问题求解、系统设计，以及人类行为理解等涵盖计算机科学之广度的一系列思维活动，也就是基于计算机科学的思维，其与理论思维（以数学为代表）和实验思维（以物理为代表）构成当代思维体系，因此计算思维是现今社会所有人必须具备的一类普遍的认识和普适的思维能力，不仅是计算机科学家，而且是每个人都应该热心学习和运用的思维。计算机基础教育承载着计算思维教育，主要体现在计算机基础知识和应用技能的培养，其包括计算机文化基础与使用、计算机硬件/软件技术基础和计算机应用基础 3 个层次。计算机语言及其程序设计是计算机技术基础的重要组成部分，涵盖了问题描述、数据结构设计、算法设计、程序设计、程序运行与问题验证，因此也是计算思维教育核心内容的组成部分。对 C 语言的学习不能只简单理解为工具性的掌握，而是要以 C 语言为载体，不仅掌握一门语言，而且要掌握基于计算机的问题求解方法——计算思维培养。